普通高等学校"十二五"规划教材

Android 智能手机软件开发教程

高凯 王俊社 仇晶 编著

国防工业出版社

·北京·

内 容 简 介

本书以基础知识讲解为先导,以案例说明和工程实践为特色,以提高工程实践水平和动手能力为目的,深入浅出地叙述了 Android 开发平台下的程序设计方法、技巧等,内容涵盖 Android 应用程序的基本组成、Android 事件处理机制和常用 Widget 组件、基于 Intent 的 Activity 切换及基于 Bundle 的数据传递、Service、BroadcastReceiver、数据存取机制、多媒体应用等,并给出几个相关案例的设计与实现。所有练习均在 Eclipse 和 Android SDK 2.2 环境下进行过演练。无论是刚开始接触 Java 和 XML 的新手,还是有一定基础的程序员,本书都是适合的。本书读者对象包括计算机、通信、电子信息类本专科学生,以及从事手机软件开发与维护的工程技术人员。

图书在版编目(CIP)数据

Android 智能手机软件开发教程/高凯,王俊社,仇晶编著.
—北京:国防工业出版社,2012.6(2017.1 重印)
普通高等学校"十二五"规划教材
ISBN 978-7-118-08015-5

Ⅰ.①A… Ⅱ.①高…②王…③仇… Ⅲ.①移动电话机-应用程序-程序设计-高等学校-教材 Ⅳ.①TN929.53

中国版本图书馆 CIP 数据核字(2012)第 048355 号

※

国防工业出版社 出版发行
(北京市海淀区紫竹院南路23号 邮政编码100048)
三河市众誉天成印务有限公司
新华书店经售

*

开本 787×1092 1/16 印张 18¼ 字数 473 千字
2017 年 1 月第 1 版第 4 次印刷 印数 7501—9500 册 定价 35.00 元

(本书如有印装错误,我社负责调换)

国防书店:(010)88540777 发行邮购:(010)88540776
发行传真:(010)88540755 发行业务:(010)88540717

前　言

可以说,Windows 操作系统的诞生成就了微软的霸主地位,也造就了 PC 时代的繁荣与辉煌。随着 21 世纪移动互联网及 3G 时代的来临,Android 将成为移动设备上的主宰。与其他移动设备上的操作系统(如 Windows Mobile、Symbian 等)相比,由谷歌力推的 Android 有很大的优势:(1)源代码完全开放,具有强大的社区支持,便于提高开发人员的技术水平;(2)采用了对有限内存、电池和 CPU 优化过的虚拟机 Dalvik,运行速度快;(3)众多运营商的大力支持以及产业链的热捧,使其成为实际的业界标准;(4)源代码遵循 Apache V2 软件许可,有利于商业开发;(5)基于 Unix 和 Java,支持 Windows、Linux、ARM 等跨平台应用开发。因此,自 2007 年问世以来,Android 得到了全球众多厂商和运营商的支持,迅速成为智能手机的主流操作系统。它不仅得到了全球开发者社区的关注,而且一大批世界一流的手机生产厂商和运营厂商(包括 HTC、三星、诺基亚、索尼—爱立信、中国移动、中国联通等)都已经或准备采用 Android (包括定制机型)。

随着越来越多的手机厂商和移动运营商加入了开放手机联盟,Android 平台日益受到广大开发者的关注和推崇,一些大学和培训机构也相继开设了 Android 课程。这不仅合乎时代发展需要,而且有助于学生就业,更能满足国内日益增长的移动应用程序开发需求。

本书的编写指导思想是以基础知识讲解为先导,以案例说明和工程实践为特色,以提高工程实践水平和动手能力为目的。全书深入浅出地叙述在 Android 开发平台下的程序设计方法、技巧等。无论是刚开始接触 Java 和 XML 的新手,还是有一定基础的程序员,都可以从本书中吸取到营养。它既可帮助初学者快速上手,也能为有一定基础的工程技术人员提供参考。全书理论联系实际,材料组织合理,知识体系完整,内容由浅入深,叙述简捷清晰,示例丰富完整,程序有代表性,案例有针对性和实用性,注重对实践能力的培养,为读者进一步的程序设计与软件开发奠定坚实的基础。全书通过新颖丰富的实例讲解,使读者掌握实际的 Android 编程技巧;从实用角度出发,分析案例并列出了相关的代码,相对重要的内容以粗体显示。

全书分为上下两篇,上篇是有关 Android 程序设计基础部分,包括第 1~10 章;下篇是有关 Android 程序设计及案例分析部分,包括第 11~15 章。主要章节及内容安排如下:第 1 章介绍了智能手机及其操作系统平台以及 Android 平台的总体架构,并对完成 Android 应用程序软件开发的 SDK 及其组成进行简要说明;第 2 章介绍在 Windows 系统 Eclipse 环境下搭建 Android 应用程序开发平台的主要步骤,以及在 Eclipse 环境中使用 ADT 插件及其纠错与调试等工具来调试/输出错误的方法,并对 APK 文件签名、打包、应用的方法进行介绍;第 3 章概述了 Android 应用程序的基本组成,并对 Android 应用程序中的 Activity、Intent 与 Intent Receiver、Service、Content Provider、Broadcast Receiver 等主要成分及特点、作用等进行了概述;第 4 章介绍了 Android 界面布局与常用资源的使用方法,对以 XML 方式和在 Activity 中通过编程的方法实现的线性布局、相对布局、绝对布局、表格布局、帧布局等方法进行了介绍;第 5 章介绍 Android 事件处理机制和常用 Widget 组件及其使用方式,并对 Widget 组件中的 TextView、EditText、Button、CheckBox、RadioButton、ListView、Spinner、AutoCompleteTextView 等的设计与编程技巧进行了介绍;第 6 章介绍对话框中常用的 AlterDialog 的开发与设计方法,简要介绍了选项菜单 Options Menu、子菜单 SubMenu、快捷菜单 Context Menu 的设计方法,对提示信息 Toast、Notification 进行了说明,并通过简易计算器程序的设计介绍了相应的编程技巧;第 7 章介绍了基于 Intent 的 Activity 切换及基于 Bundle 的数据传递,并给出了应用实例;第 8 章对 Service 与 Broadcast Receiver 进行了简介,并通过实例说明了 Service 和 Broadcast 联合使用的方法;第 9 章介绍了数据存取和访问机制,对 Android 的文件存储、基于 SQLite 的数据存储、Content Provider 等进行了分析与说明,并分析了基于 Content Provider 实现的简易通讯录的设计与实现过程;第 10 章介绍在 Android 中的多媒体应用,并对音频及视频播放、基于 Camera 的照相机制、音视频的录制等进行了简介;第 11 ~ 15 章是实际案例及分析,通过对"搜搜问问"、"谷歌地图"、"宿舍通"、"RSS 阅读器"、"俄罗斯方块"游戏等应用的设计和分析,阐述在 Android 中进行较复杂的应用程序设计的步骤和思想,并通过相应的案例分析,给出比较详尽的设计技巧和方法。针对没有编程经验的部分读者,本书在附录中讲解了相关的技术基础,包括 Eclipse 的 IDE 环境使用、XML 及其规范等。

  本书可作为高等院校相关专业教科书和工程实训、技能培训用书,也可供工程技术人员参考。本书提供源代码下载和课件下载,相关源代码以及包括各章"思考与实践"中的程序代码和课件资源均在课程网站上(网址是:www.ndip.cn)发布。各章相应工程的完整代码可以在相应章节中的对应工程中找到,方便师生自学和实践。所有练习均在 Eclipse 和 Android SDK 2.2 环境下进行过测试,保证了程序的可用性。针对一些教学和培训机构的需要,本书提供每章的教学课件,方便师生使用和下载。教学时,建议第 3 章内容放在第 8 章之后讲解,下篇为选讲内容,可根据课时安排,酌情讲授。

  本书读者对象包括计算机、通信、电子信息类本专科学生,以及从事手机软件开发与维护的工程技术人员。

  全书由高凯、王俊社和仇晶编著。高凯和王俊社、仇晶提出写作大纲,并合作完成了书中上篇第 1 ~ 10 章中的大部分内容,其中第 6 章中的"计算器"工程案例由龙朝忠完成,第 9 章中的"通讯录"工程案例由李红媛完成,第 8 ~ 10 章中的示例代码由刘邵博和王明哲协助完成。下篇中的第 11 章由王学稚完成,第 12 章由刘淑芬完成,第 13 章由周运飞、王亮亮协作完成,第 14 章由代欢完成,第 15 章由赵骁然、李跃鹏协作完成。最后由高凯完成了全书的通稿和审校工作。

  在本书的写作与相关科研课题的研究工作中,得到了多方面的支持与帮助。刘邵博、王明哲、周二亮、沈琳、王亚歌、李炎、葛亚、张志超、翟晨阳、牛志星等整理和校对了书中的部分内容。在写作过程中,有关 Android 智能手机软件开发的相关网站亦为本书提供了良好的基础,我们也参考了相关文献和互联网上众多热心网友提供的素材,本书的顺利完成也得益于参阅了大量的相关工作及研究成果，在此谨向这些文献的作者、热心网友以及为本书提供帮助的老师，特别是那些由于篇幅所限未在参考文献中提及的相关文献的作者和网站，致以诚挚的谢意和崇高的敬意。在本书写作过程中，也得到了国防工业出版社责任编辑刘炯的大力支持和帮助，在此一并表示衷心感谢。

由于我们的学识、水平均有限，书中不妥之处在所难免，恳请广大读者批评指正。

高凯　王俊社　仇晶

目 录

[上篇　Android 程序设计基础]

第1章　Android 智能手机软件开发概述 ………………………………………… 1
1.1　智能手机及其操作系统 ………………………………………………… 1
1.1.1　Symbian 简介 ……………………………………………… 2
1.1.2　Android 简介 ……………………………………………… 2
1.1.3　Windows Mobile 简介 …………………………………… 3
1.1.4　IOS 简介 …………………………………………………… 3
1.2　为什么要学习 Android? ………………………………………………… 4
1.3　Android SDK 简介 ……………………………………………………… 5
1.3.1　总体架构概述 ……………………………………………… 5
1.3.2　简单的 Android 应用程序组成 …………………………… 6
1.4　用于在 Eclipse 中开发程序的外挂工具 ADT ………………………… 6
1.5　Dalvik 虚拟机 …………………………………………………………… 7
1.6　虚拟仿真器 AVD ………………………………………………………… 7
1.7　在 Android Market 上发布自己的应用程序 …………………………… 8
1.8　本章小结 ………………………………………………………………… 9
思考与实践 ……………………………………………………………………… 9

第2章　Android 程序开发与应用环境 ………………………………………… 10
2.1　搭建 Android 应用程序开发环境 ……………………………………… 10
2.1.1　JDK 的下载与验证 ……………………………………… 10
2.1.2　Eclipse 的下载 …………………………………………… 10
2.1.3　Android SDK 的下载与安装 …………………………… 11
2.1.4　配置 Android ADT ……………………………………… 11
2.1.5　在 Eclipse 中设定 Android SDK 位置 …………………… 14
2.1.6　创建手机虚拟设备 AVD ………………………………… 14
2.2　建立 Android 应用程序 ………………………………………………… 17
2.2.1　应用程序的主要构成 …………………………………… 18
2.2.2　XML 布局文件 …………………………………………… 19

  2.2.3 工程的运行与状态信息查看 ……………………………………… 22
 2.3 Android 应用程序调试及开发流程 ………………………………………… 23
  2.3.1 DDMS 及其启动 …………………………………………………… 23
  2.3.2 DDMS 功能简介 …………………………………………………… 23
  2.3.3 Android 应用程序的一般开发流程 ……………………………… 25
 2.4 APK 文件的签名、打包 ……………………………………………………… 26
 2.5 APK 文件的安装 ……………………………………………………………… 27
  2.5.1 用 HTC Sync 同步连接 …………………………………………… 27
  2.5.2 用 91 手机助手连接 ……………………………………………… 28
 2.6 本章小结 ……………………………………………………………………… 28
 思考与实践 …………………………………………………………………………… 28

第 3 章 Android 应用程序基本组成概述 …………………………………………… 30
 3.1 Android 应用程序及其主要结构概述 …………………………………… 30
  3.1.1 源码文件夹 src 和 gen\R.java …………………………………… 32
  3.1.2 Android.jar 与 asserts ……………………………………………… 32
  3.1.3 资源目录 res ………………………………………………………… 33
  3.1.4 应用程序整体布局文件 AndroidManifest.xml …………………… 35
  3.1.5 default.properties 文件 …………………………………………… 37
 3.2 Activity 简介 ………………………………………………………………… 37
 3.3 Intent、Intent – filters、Intent Receiver、Broadcast Receiver 简介 ………… 38
 3.4 Service 简介 ………………………………………………………………… 40
 3.5 Content Provider 简介 ……………………………………………………… 41
 3.6 Android SDK 部分 API 功能简介 ………………………………………… 41
 3.7 本章小结 ……………………………………………………………………… 42
 思考与实践 …………………………………………………………………………… 42

第 4 章 界面布局与常用资源使用 ……………………………………………………… 43
 4.1 概述 …………………………………………………………………………… 43
  4.1.1 组件的 ID 属性 …………………………………………………… 44
  4.1.2 尺寸参数 …………………………………………………………… 46
  4.1.3 部分 XML 布局组件标记及布局属性 …………………………… 46
 4.2 布局及其加载 ………………………………………………………………… 48
 4.3 线性布局 LinearLayout 及其使用 ………………………………………… 49
 4.4 相对布局 RelativeLayout 及其使用 ……………………………………… 50
 4.5 绝对布局 AbsoluteLayout 及其使用 ……………………………………… 52
 4.6 表格布局 TableLayout 及其使用 ………………………………………… 53

4.7 帧布局 FrameLayout 及其使用 …………………………………………………… 54
4.8 在 Activity 中定义和引用布局 …………………………………………………… 55
4.9 资源的管理与使用 ………………………………………………………………… 57
4.10 本章小结 ………………………………………………………………………… 58
思考与实践 ……………………………………………………………………………… 58

第 5 章 Android 事件处理机制与常用 Widget 组件应用 …………………………… 59
5.1 Widget 概述 ……………………………………………………………………… 59
5.2 Button ……………………………………………………………………………… 59
　5.2.1 在 Activity 中设定和使用 Button ………………………………………… 60
　5.2.2 侦听按钮被单击的动作 …………………………………………………… 61
5.3 Android 中的事件处理机制概述 ………………………………………………… 62
　5.3.1 基于回调机制的事件处理 ………………………………………………… 63
　5.3.2 基于监听接口的事件处理 ………………………………………………… 66
5.4 TextView 与 EditText …………………………………………………………… 68
　5.4.1 TextView …………………………………………………………………… 68
　5.4.2 EditText …………………………………………………………………… 70
　5.4.3 TextView 与 EditText 联合使用 …………………………………………… 70
5.5 CheckBox ………………………………………………………………………… 71
5.6 RadioButton ……………………………………………………………………… 72
5.7 列表 ListView …………………………………………………………………… 73
5.8 下拉列表 Spinner ………………………………………………………………… 74
5.9 自动输入提示 AutoCompleteTextView ………………………………………… 75
5.10 Tabs ……………………………………………………………………………… 76
5.11 本章小结 ………………………………………………………………………… 77
思考与实践 ……………………………………………………………………………… 77

第 6 章 对话框、菜单与提示信息 ………………………………………………………… 79
6.1 对话框 ……………………………………………………………………………… 79
　6.1.1 创建简单的提示对话框 …………………………………………………… 80
　6.1.2 创建具有简单界面的提示对话框 ………………………………………… 80
6.2 菜单 ………………………………………………………………………………… 83
　6.2.1 选项菜单 Options Menu 及其编程实现 ………………………………… 85
　6.2.2 子菜单 SubMenu 及其编程实现 ………………………………………… 87
　6.2.3 快捷菜单 Context Menu 及其编程实现 ………………………………… 89
6.3 提示信息 Toast …………………………………………………………………… 91
6.4 温馨信息 Notification …………………………………………………………… 92

6.5 实例:简易计算器的设计与实现 ……………………………………… 94
  6.5.1 计算器的基本功能实现 ……………………………………… 94
  6.5.2 Menu 设计 ……………………………………………………… 96
6.6 本章小结 ……………………………………………………………… 98
思考与实践 ………………………………………………………………… 98

第7章 基于 Intent 的 Activity 切换及基于 Bundle 的数据传递 …… 99
7.1 Intent 概述 …………………………………………………………… 99
7.2 Intent 的组成 ………………………………………………………… 100
7.3 intent-filter ………………………………………………………… 102
7.4 Intent 的实现 ………………………………………………………… 103
  7.4.1 启动同一个工程中的另一个 Activity ……………………… 103
  7.4.2 启动不同工程中的 Activity ………………………………… 104
  7.4.3 Intent 的 Uri 参数及其应用 ………………………………… 105
7.5 基于 Bundle 的消息传递 …………………………………………… 106
  7.5.1 通过 Bundle 传递单参数 …………………………………… 106
  7.5.2 通过 Bundle 传递多参数 …………………………………… 108
7.6 本章小结 ……………………………………………………………… 109
思考与实践 ………………………………………………………………… 109

第8章 Service 与 Broadcast 简介 ……………………………………… 111
8.1 Service 简介 ………………………………………………………… 111
8.2 创建和启动、停止本地 Service …………………………………… 111
8.3 Broadcast 及其使用 ………………………………………………… 116
  8.3.1 系统广播概述 ………………………………………………… 118
  8.3.2 注册 BroadcastReceiver ……………………………………… 118
  8.3.3 静态与动态注册广播 ………………………………………… 119
  8.3.4 使用 Service 和 Broadcast 的实例 ………………………… 123
8.4 本章小结 ……………………………………………………………… 126
思考与实践 ………………………………………………………………… 127

第9章 数据存取和访问 …………………………………………………… 128
9.1 内部文件存取操作 …………………………………………………… 128
9.2 SQLite 数据库及其数据管理机制概述 …………………………… 130
  9.2.1 SQLite 中部分类及其使用 …………………………………… 131
  9.2.2 基于 SQLite 的工程示例 …………………………………… 136
9.3 基于 Content Provider 的数据存取 ……………………………… 142
  9.3.1 系统 Content Provider ……………………………………… 142

IX

		9.3.2	自定义 Content Provider 的主要步骤 ……………………………	144

    9.3.2 自定义 Content Provider 的主要步骤 ……………………………………… 144

    9.3.3 基于 ContentProvider 的数据存储 ………………………………………… 144

    9.3.4 基于 Content Provider 通讯录的设计与实现 …………………………… 147

  9.4 本章小结 ……………………………………………………………………………… 156

  思考与实践 ………………………………………………………………………………… 157

第 10 章　Android 中的多媒体应用 ………………………………………………………… 158

  10.1 音频及视频播放 …………………………………………………………………… 158

    10.1.1 从 raw 源文件中播放 ……………………………………………………… 158

    10.1.2 从本地文件系统中播放 …………………………………………………… 158

    10.1.3 从网络文件中播放 ………………………………………………………… 159

  10.2 音视频文件播放实例 ……………………………………………………………… 160

    10.2.1 raw 文件播放 ……………………………………………………………… 160

    10.2.2 本地文件播放 ……………………………………………………………… 160

    10.2.3 网络文件播放 ……………………………………………………………… 161

  10.3 基于 Camera 类的照相功能的实现 ……………………………………………… 162

    10.3.1 主要实现步骤简介 ………………………………………………………… 162

    10.3.2 基于 Camera 的工程实例 ………………………………………………… 164

  10.4 音视频的录制 ……………………………………………………………………… 166

    10.4.1 音频文件的录制 …………………………………………………………… 166

    10.4.2 视频文件的录制 …………………………………………………………… 168

    10.4.3 音视频文件的录制实例 …………………………………………………… 169

  10.4 本章小结 …………………………………………………………………………… 175

  思考与实践 ………………………………………………………………………………… 175

[下篇　Android 程序设计案例及分析]

第 11 章　案例分析:"搜搜问问"应用程序的设计与实现 ……………………………… 176

  11.1 背景知识:KSoap、HttpClient、WebView ……………………………………… 176

    11.1.1 基于 KSoap 的网络通信 …………………………………………………… 176

    11.1.2 Apache HttpClient 客户端 ………………………………………………… 177

    11.1.3 WebKit 与 WebView ……………………………………………………… 178

  11.2 "搜搜问问"应用程序主要功能的设计与实现 ………………………………… 179

  11.3 存在的不足和下一步的工作 ……………………………………………………… 189

  11.4 本章小结 …………………………………………………………………………… 189

  思考与实践 ………………………………………………………………………………… 189

第 12 章 案例分析：简易地图程序的设计与实现 ………………………… 190
12.1 应用背景和功能需求简介 ………………………………………… 190
12.1.1 应用背景 ……………………………………………………… 190
12.1.2 功能需求分析 ………………………………………………… 191
12.2 系统总体功能概览 ………………………………………………… 191
12.3 数据库设计 ………………………………………………………… 192
12.4 申请 Android Maps API Key ……………………………………… 193
12.5 系统各模块功能简介 ……………………………………………… 194
12.6 相关功能的设计与实现 …………………………………………… 196
12.6.1 编写欢迎页面布局 …………………………………………… 196
12.6.2 页面及菜单的设计与实现 …………………………………… 196
12.6.3 规划路径页面的实现 ………………………………………… 197
12.6.4 编写规划路径页面代码 ……………………………………… 198
12.6.5 路径记录页面的实现 ………………………………………… 199
12.6.6 路径列表页面的实现 ………………………………………… 201
12.6.7 设置页面的实现 ……………………………………………… 201
12.7 程序简要使用说明 ………………………………………………… 202
12.8 本章小结 …………………………………………………………… 203
思考与实践 ……………………………………………………………… 203

第 13 章 案例分析："宿舍通"应用程序的设计与实现 ………………… 204
13.1 应用背景 …………………………………………………………… 204
13.2 设计思路与注意事项 ……………………………………………… 204
13.2.1 设计思路 ……………………………………………………… 204
13.2.2 注意事项 ……………………………………………………… 204
13.3 布局的设计与实现 ………………………………………………… 205
13.4 文件读写类的设计与实现 ………………………………………… 209
13.5 发送短信及拨打电话相关函数的设计与实现 …………………… 212
13.5.1 发送短信相关功能的设计与实现 …………………………… 212
13.5.2 ProgressDialog 的使用 ……………………………………… 213
13.5.3 拨打电话功能的实现 ………………………………………… 216
13.6 MainAcitivity 主要逻辑的设计与实现 …………………………… 217
13.7 菜单功能的设计与实现 …………………………………………… 222
13.8 Setting Activity 及其主要逻辑的设计与实现 …………………… 223
13.9 其他相关工作 ……………………………………………………… 225
13.9.1 权限的完善和 Activity 的注册 ……………………………… 225

13.9.2 有关生命周期的修改 ………………………… 226
13.10 不足之处和下一步的完善计划 ………………………… 226
13.11 本章小结 ………………………… 226
思考与实践 ………………………… 226

第14章 案例分析：RSS阅读器的设计与实现 ………………………… 227
14.1 软件功能简介 ………………………… 227
14.2 SAX及其使用 ………………………… 228
14.3 欢迎界面的设计与实现 ………………………… 231
14.4 网络文件的解析 ………………………… 232
  14.4.1 主界面的布局和实现 ………………………… 233
  14.4.2 二级界面的布局和实现 ………………………… 236
  14.4.3 解析器回调函数 ………………………… 238
  14.4.4 数据提取 ………………………… 241
  14.4.5 属性封装 ………………………… 242
14.5 本章小结 ………………………… 243
思考与实践 ………………………… 243

第15章 案例分析："俄罗斯方块"游戏的设计与实现 ………………………… 244
15.1 开发背景简介 ………………………… 244
15.2 Android界面组件间的关系 ………………………… 244
15.3 定义和使用View类 ………………………… 245
  15.3.1 继承View类 ………………………… 246
  15.3.2 使用自定义组件 ………………………… 247
15.4 游戏规则及分析 ………………………… 248
15.5 游戏设计 ………………………… 249
15.6 游戏实现 ………………………… 250
  15.6.1 实现begin.xml并在Tetris中实现其功能 ………………………… 251
  15.6.2 实现Map.java ………………………… 253
  15.6.3 实现Block.java ………………………… 256
  15.6.4 完善GameView.java ………………………… 264
  15.6.5 实现Tetris的控制功能 ………………………… 265
15.7 本章小结 ………………………… 268
思考与实践 ………………………… 268

附录 IDE开发环境Eclipse、XML及智能手机简介 ………………………… 269
参考文献 ………………………… 279

上篇 Android 程序设计基础

第 1 章 Android 智能手机软件开发概述

随着移动设备的普及,其功能越来越完善,移动设备的系统平台也日渐丰富。本章首先介绍智能手机及其操作系统平台(如 Symbian、Android、Windows Mobile、IOS 等),并对学习 Android 手机软件开发的必要性进行阐述。之后,介绍 Android 平台的总体架构,并对完成 Android 应用程序软件开发的 SDK 及其组成进行简要说明。最后,对通过 Android Market 发布自己应用程序的方法进行介绍。学习本章内容时,要求重点掌握如下内容:

- 了解常见的智能手机操作系统平台。
- 了解 Android 的总体结构及主要功能。
- 了解 Dalvik 虚拟机、AVD 等。
- 了解 Android Market 及发布应用程序的方法。

1.1 智能手机及其操作系统

据中国互联网络信息中心于 2012 年 1 月发布的《中国互联网络发展统计报告》显示,我国手机网民规模继续稳步扩大。截至 2011 年 12 月底,我国手机网民规模达到 3.56 亿,占整体网民比例为 69.3%,较上年底增加 5285 万人(如图 1.1 所示)。可以说,智能手机正在快速走进人们的生活。就目前来看,已经有越来越多的人开始把智能手机当作日常看视频、办公的首选设备。随着 A9 架构、双核概念的问世,智能手机能更广泛、轻松地走进生活和工作中[1]。因此,学习和研究智能手机软件开发,具有广阔的社会需求和工程实践意义。

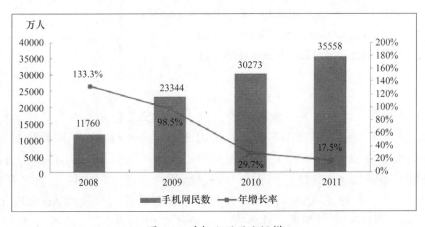

图 1.1 手机上网网民规模

智能手机一般指像个人电脑一样具有独立操作系统、可由用户自行安装软件等第三方服务商提供的程序的手机，并且用户能对手机功能进行扩充。目前全球多数手机厂商都有智能手机产品，如芬兰的诺基亚公司、美国的苹果公司，以及加拿大的黑莓、美国的摩托罗拉、中国台湾的宏达 HTC、韩国的三星等[2]。由于这些智能手机多使用 ARM 而非 X86 的 CPU 体系架构，因此有不同于普通计算机的操作系统和软件开发环境。目前，常见的移动开发平台有当下正在逐步兴起的 Google 的 Android，以及 Symbian、Windows Phone、iPhone、RIM 公司的黑莓 BlackBerry、Web OS(又称 Palm OS)、MeeGo(米狗)等。

自 iPhone 在 2007 年初次登台并将智能手机直接带向移动互联网时代后，一方面智能手机普及率直线上升，另一方面整个市场目前也呈现了 iPhone 与 Android 手机两强争霸(亦有说 iPhone、Android、Windows Phone 三雄争霸)的局面。随着智能手机的普及，各大手机平台都推出了用于开发手机软件的 SDK(Software Development Kit)。如苹果推出了 iPhone 的 SDK，谷歌推出了 Android 的 SDK，塞班推出了 S60 SDK 等。SDK 大大降低了开发智能手机软件的门槛。但由于手机有着和普通 PC 机不一样的特点(如一般要考虑到屏幕大小、内存大小、背景色、省电模式的使用、实际的操作特点等)，因此开发智能手机应用软件也有着和开发普通计算机应用程序不一样的特点。下面，对常见的智能手机操作系统进行简要介绍。

1.1.1 Symbian 简介

Symbian 是一个实时、多任务的纯 32 位操作系统，具有功耗低、内存占用少等特点，适合手机等移动设备使用。虽然 Symbian 在智能手机市场取得了成功并一度居于首位，但 Symbian S60 等系统近两年亦遭遇到发展瓶颈。另外，并不是所有的 Symbian 系统都是智能系统。限于篇幅，这里不再对 Symbian 进行详细介绍，有兴趣的读者可以参阅如下文献或网站资料：

[1] 李树仁，孙晨，时磊. Symbian OS C++编程指南.北京：人民邮电出版社，2009.

[2] 华清远见嵌入式培训中心，侯茂清. Symbian 手机应用开发标准教程.北京：人民邮电出版社，2009.

[3] 赵希哲，司维，宋昱鹏. Easy Symbian:手机应用开发入门.北京：人民邮电出版社，2009.

[4] Richard Harrison，Mark Shackman. Symbian OS C++手机应用开发.北京：人民邮电出版社，2009.

[5] 尚邮论坛，http://bbs.shangmail.com/forumdisplay.php?fid=30.

[6] 百度贴吧，http://tieba.baidu.com/f?kw=symbian.

[7] 搜狐数码公社，http://symbian.zone.it.sohu.com/.

1.1.2 Android 简介

Android 是谷歌公司推出的一款高效的、以 Linux 为基础的、专为智能手机设计的操作系统平台，它也是免费、开放的智能手机开发平台。Android 包括中间件(负责硬件和应用程序之间的沟通)、应用软件等。在开发智能手机软件时，Android SDK 是很有用的工具，它方便了开发人员开发 Android 应用程序。一般地,用户可以使用 Java 语言来开发 Android 平台上的应用程序，并通过 Android SDK 提供的一些工具将其打包为 Android 平台使用的 APK 文件，再使用模拟器来测试该软件在 Android 平台上的实际运行情况和效果(当然，也可以直接将其安装到实际的 Android 智能手机上应用)。有关 Android 的参考文献或网站资料主要有：

[1] 杨丰盛. Android 应用开发揭秘. 北京：机械工业出版社，2010.
[2] E2E Cloud 工作室. 深入浅出 Google Android. 北京：人民邮电出版社，2009.
[3] 韩超，梁泉. Android 系统原理及开发要点详解. 北京：电子工业出版社，2010.
[4] Ed Burnette. Android 基础教程. 北京：人民邮电出版社，2009.
[5] 机锋，http://bbs.gfan.com/.
[6] 安卓网，http://www.hiapk.com/bbs/index.php.
[7] Android 开发者门户，http://www.eoeAndroid.com/forum.php.
[8] 安卓手机论坛，http://Android.pconline.com.cn/.
[9] 开发者网站，http://www.Androidin.com.

1.1.3 Windows Mobile 简介

作为微软的掌上版操作系统，Windows Mobile 与桌面 PC 和 Office 办公软件的兼容性很好，而且 Windows Mobile 具有强大的多媒体性能，使其成为较有潜力的操作系统之一。但目前 Windows Mobile 尚不是 Android 与苹果的竞争对手。为此，微软与诺基亚于 2011 年 2 月 11 日宣布达成战略合作伙伴关系，两者对未来的计划是打造一个全球移动"生态系统"，届时诺基亚手机将采用微软的 Windows Phone 系统作为主要的智能手机系统，以期能优势互补，占据更大的市场份额。但结果如何，尚需拭目以待。限于篇幅，本书不对 Windows Mobile 进行介绍，有兴趣的读者可以参阅如下文献或网站资料：

[1] 杨云. Windows Phone 3G 手机软件开发. 北京：机械工业出版社，2010.
[2] Charles Petzold. Programming Windows Phone 7. Microsoft Press，2010.
[3] Nick Randolph. Professional Windows Phone 7 Application Development: Building Windows Phone Applications and Games Using Silverlight and Xna.Wrox Pr/Peer Information Inc. Press，2010.
[4] Charles Petzold. Microsoft Silverlight Programming for Windows Phone 7. Microsoft Press，2010.
[5] Windows 移动设备论坛，http://social.msdn.microsoft.com/Forums/zh-CN/category/windowsmobiledevicecn.
[6] 智机网，http://www.wpxap.com/.
[7] Windows Mobile 讨论区，http://sj.bbs.91.com/board/26-68.html.
[8] 中文社区，http://www.winbile.net/BBS/.

1.1.4 IOS 简介

IOS 又称 MAC OS，是苹果公司为 iPhone 开发的操作系统，主要是为 iPhone、iPod touch 以及 iPad 所使用。该系统的人机界面设计非常优秀且应用软件丰富，已经赢得了可观的市场份额。限于篇幅，本书不对 IOS 进行介绍，有兴趣的读者可以参阅如下文献或网站资料：

[1] Dave Mark. Jeff LaMarche，iphone3 开发基础教程. 北京：人民邮电出版社，2009.
[2] Christopher Allen，Shannon Appelcline. iPhone 开发实战. 北京：人民邮电出版社，2009.
[3] Duncan Campbell. iphone SDK 3 开发快速上手. 北京：机械工业出版社，2010.
[4] John Ray，Sean Johnson. iPhone 开发入门经典. 北京：人民邮电出版社，2010.

[5] iPhone 论坛，http://iphonebbs.cnmo.com/~.
[6] 泡泡网，http://bbs.pcpop.com/005900050-00137-000008520s-1_right.html.
[7] 手机论坛，http://bbs.imobile.com.cn/forum-id-68621.html.
[8] 苹果开发中文站，http://www.cocoachina.com.

1.2 为什么要学习 Android？

为什么要学习 Android 智能手机应用程序开发呢？这不仅是由于 Android 背后有强大的谷歌作为后盾，并开放了 Android SDK 软件开发组件，可以让第三方的开源社区方便快捷地开发众多实用的 Android 应用程序，而且它与手机产业链中最具有影响力的龙头公司联盟——这个联盟由包括中国移动、摩托罗拉、高通、宏达和 T-Mobile 等在内的几十家技术和无线应用的领军企业组成——建立了战略合作关系，并且建立了标准化、开放式的通信软件平台。也就是说，只要采用 Android 操作系统平台，就基本不受限于硬件装置，程序的可移植性好，能很好地解决当前由于众多手机操作系统的不同而造成的不同智能手机间文件格式不同、无法让信息顺利流通的问题。总的来说，学习和采用 Android 的理由有：

(1) 国内外很多移动巨头都开始着手进行基于 Android 的应用软件开发，国内厂商可以借鉴其开发经验，更好地促进移动技术的开发与应用，其良好的盈利模式使得运营商、制造商、独立软件生产商都可以从中获得不菲的利益。

(2) Android 拥有完善的程序开发环境，如设备模拟器、调试工具、内存和性能分析工具等。另外，Android 继承了开源技术的基本特征，社区支持度高，系统应用的移植性好。

(3) 采用了对有限内存、电池和 CPU 优化过的虚拟机 Dalvik，处理速度更快。

(4) 应用程序框架可以方便地重用。

(5) 集成了基于开源的 WebKit 引擎的浏览器。

(6) 集成了轻量级数据库管理系统 SQLite。

(7) 拥有优化的图形系统，自定义了 2D/3D 图形库。

(8) 支持常见的音频和视频以及各种图片格式。

(9) 在相应硬件环境(注：这些硬件环境多是目前智能手机能够提供的)支持下，可集成 GSM、蓝牙、EDGE、3G、Wi-Fi、摄像头、GPS、罗盘、加速度计等。

> Tips：一般地，Android 系统内核是 Linux；程序开发语言是 Java；编程 IDE 可以采用 Eclipse；由其 dx 工具转换为 Dalvik Executable(.dex)文件格式后，再由 Dalvik 虚拟机器在 Linux 平台上运行。

目前，Android 的成长很快。谷歌创始人及 CEO 佩奇曾透露，全球有超过 1.5 亿部 Android 设备被激活，每天激活的设备数量高达 55 万部，这些设备遍及全球 123 个国家的 231 家运营商的网络上。Android 手机不仅在美国的市场占有率居首(达 38%)，而且在全球智能手机的占有率也已经超过了苹果手机[3]。有数据显示，虽然苹果公司在 2011 年第二季度一跃而成为全球最大的智能机制造商，市场份额也超过 19%，但如果按照操作系统来划分，Android 则反超苹果公司的 IOS 操作系统[4]。2011 年 8 月 15 日，谷歌更是宣布已与移动巨头摩托罗拉签署收购后者的协议。收购摩托罗拉移动有助于谷歌进一步强化 Android 生态系统，从而提升在移动计算市场的竞争力。交易完成后,摩托罗拉移动将作为谷歌的独立业务继续运营,而 Android 仍将保持开放。可以预见,上述举措将会进一步强化整个 Android 的开发系统[5]。2011 年 11 月 3 日,由 CSDN 和创新工场联合主办的"2011 中国·移动开发者大会"在北京召开。会上,创新工场董事长兼首席执行官李开复表示,国内移动互联网发展还处于初级阶段,但可以看到国内的发展速度非常之快,其中基于 Android 的开发在 2012 年会迎来发展爆发点。另据路透社报道,由于 RIM 的黑莓服务故障影响了 4 个大洲的无数用户,有分析家认为,这次事故将推动黑莓用户加速转向 iOS 和 Android 设备。

因此,学习 Android,开发基于 Android 的应用程序,是时代发展的需要。

1.3 Android SDK 简介

Android SDK 提供了在 Windows/Linux/Mac 平台上开发 Android 应用程序的相应的开发组件,它含有在 Android 平台上开发应用程序的工具集,如用于模拟和测试该软件在 Android 平台上的运行情况和效果的模拟仿真器(注:在仿真器上开发程序后可将其部署到真实的手机上),以及用于在 Eclipse 中的开发工具插件 ADT、调试工具(如 DDMS 等)、打包成 APK 文件的工具、用来运行 Android 的应用程序的 Dalvik 虚拟机、Webkit 网页浏览引擎、2D/3D 图形界面、SQLite 数据库、照相机、指南针等[6]。程序开发者可以直接调用这些 API 函数。

1.3.1 总体架构概述

参照相关资料上的介绍,Android 总体架构如图 1.2 所示。

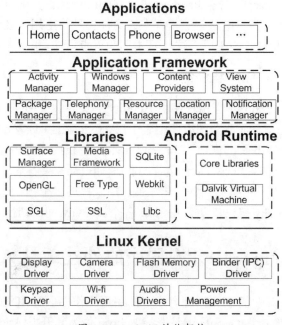

图 1.2　Android 总体架构

Android 最底层是基于 Linux 2.6 内核实现的,它负责硬件驱动、网络管理、电源管理、系统安全、内存管理等。例如它可以负责显示驱动、基于 Linux 的帧缓冲驱动、键盘驱动、Flash 驱动、照相机驱动、音频视频驱动、蓝牙驱动、基于 IEEE 802.15.1 标准的无线传输技

5

术、Wi-Fi 驱动、基于 IEEE 802.11 标准的驱动、Binder IPC 驱动、能源管理等。

Android 的第二层(即 Libraries & Android Runtime 层)由大多数开源的函数库组成,如标准的 C 函数库 Libc、OpenSSL、SQLite 等。其中的 WebKit 负责 Android 网页浏览器的运行,2D SGL/3D OpenGL 图形与多媒体函数库分别支持各种影音与图形文件的播放(如 MPEG4、AAC、AMR、JPG);SQLite 提供了轻量级的数据库管理系统。在这一层中的 Android RunTime 提供了 Android 特有的 Java 内核函数库。另外,Android 为每个应用程序分配了专有的 Dalvik 虚拟机,可以通过 Java 语言编写应用程序并在 Android 平台上同时运行多个 Java 应用程序。Dalvik 虚拟机拥有可在一个设备上运行多个虚拟机的特性,Dalvik 虚拟机下的.dex 格式文件经过了优化,占用的内存非常小,执行效率高。

> **Tips**:Dalvik 虚拟机和一般 Java 虚拟机有所不同,它执行的不是 Java 标准的字节码,而是 Dalvik 可执行格式.dex 文件。和普通的基于栈的 Java 虚拟机不同,Dalvik 是基于寄存器的虚拟机。Dalvik 的好处在于可以实现更多的优化,这更适合移动设备的特点。

第三层是应用程序架构(即 Application Framework 层),它为应用程序层的开发者提供用于软件开发的 API。由于最上层的应用程序是以 Java 构建的,因此本层次提供的组件包含了用户界面 UI 程序中所需要的各种控件,相应功能有显示(如消息方块、条列消息、按钮、内嵌式浏览器等)、消息提供(如访问信息、分享信息)、资源管理(如图形、布局文件等)、提示消息(显示警告信息等)。例如,这里的 Activity Manager 负责在仿真器上生成窗口事件,而 View System 则在窗口显示设定的内容。

最上层是应用程序(即 Applications 层)。Android 本身已经提供了一些简单的应用,如主屏幕(Home)、联系人(Contact)、电话(Phone)、浏览器(Browers)、游戏,以及谷歌 Maps、E-mail、即时通信工具、MP3 播放器、电话、照相程序、文件管理等应用。同时,开发者还可以使用 Android 提供的 API 开发自己的程序。这也是本书的重点所在。

1.3.2 简单的 Android 应用程序组成

总的来说,简单的 Android 应用程序由 Activity、Content Provider、Service、Intent 等部分组成(可能只包含其中部分而非全部组件)。其中,Activity 相当于 Windows 应用程序的对话框窗口或网络应用程序的 Web 页面窗口;Content Provider 提供应用程序使用的数据存储;Service 被设计成和 Activity 独立的可以保持后台运行的服务(如设计需要在后台运行的音乐播放器时需要用到 Service),Intent 是一种运行时的绑定机制,用来描述一个程序想要做什么事情,从一个 Activity 跳到另一个 Activity 等,借助于 Intent,各个 Activity 间的切换是很方便的。

1.4 用于在 Eclipse 中开发程序的外挂工具 ADT

虽然专门用于手机开发的 J2ME 拥有众多的图形工作界面和 IDE(如 Eclipse、Fastpace、MIDP、NetBeans 等),但最终 Google 还是选择 Eclipse 作为其开发 Android 智能手机应用程序的 IDE,并将开发 Android 应用程序所需的程序创建、运行测试与纠错功能等完全集成到 Eclipse 外挂的 ADT(Android Development Tools)中。可见,ADT 是 Google 开发的 Eclipse 外挂程序,它在常规的 Eclipse 中打造了一个 Android 专属的开发环境,并扩展了传统 Eclipse

的功能，可以让用户快速、方便地建立和调试 Android 项目，如创建 Android 开发实例、运行与除错、在基于 Android 框架的 API 上添加组件，以及用 SDK 工具集(如 DDMS 等)调试应用程序、导出签名(或未签名)的 APK 程序以便发布应用程序等功能。这些功能已经多数集成到 Eclipse 的开发环境中，因此不需要额外的使用命令行指令(如 adb.exe 和 ddms.exe 等)进行处理。可见，通过 ADT 扩充 Eclipse 的功能，可让程序开发者在 Eclipse 中快速创建 Android 程序，并自动将应用程序发送到 Android 仿真环境中运行、测试和除错，并在程序可能出错的地方，提供断点插入功能。有关在 Eclipse 中集成 ADT 的方法参见第 2 章，而 Eclipse 的简介参见本书附录。

1.5 Dalvik 虚拟机

众所周知，Java 程序运行时需要 JRE 运行环境。Google 为了让 Android 避开可能的版权问题，使用了自己的 JRE，它就是位于总体架构中间层的 Dalvik 虚拟机。就是说，Android 通过 Dalvik 非直接采用 Java 的虚拟机来运行 Android 程序。Dalvik 虚拟机针对手机的实际情况进行了功能优化，如支持多进程与内存管理、低功耗支持等。和普通 Java 虚拟机不同的是，Dalvik 支持运行的文件格式是特殊的，因此它需要将普通 Java 的 Class 的文件用 Android SDK 中的 dx 工具转换为.dex 格式的文件(这些转换对使用 Eclipse ADT 的程序开发者而言是透明的，编程人员无需分神关注)。

1.6 虚拟仿真器 AVD

在设置了 Java JDK、Eclipse 集成开发环境、ADT、Android SDK 路径后，就可以开始编写 Android 应用程序了。在 Eclipse 中完成应用程序的开发后，可以先在虚拟手机上仿真而不必将其真正放到手机上运行(虽然这种方式更直观些)。

Android 仿真器 AVD(Android Virtual Device)是由 Qemu 改装而成的。Qemu 是一套由 Fabrice Bellard 所编写的模拟处理器的自由软件，其高速度及跨平台特性很突出，它支持三个版本(即 Windows、Linux、Mac OS 版)来供 Android 开发者使用。Qemu 可以在 x86 平台上仿真 ARM 处理器运行 Android，可以在系统中仿真出虚拟的 CPU，然后将要仿真的操作系统交给这个虚拟 CPU 去处理，能够达到在同一平台却能同时执行不同操作系统的目的。可见，Android 实际上是通过 Qemu+device skin 功能来显示当前所看到的手机虚拟器。

在 Android SDK 1.5 及其以后的程序开发中，需要创建至少一个 AVD，每个 AVD 模拟了一套设备来运行 Android 平台。

> **Tips**：第一次在 Eclipse 中用模拟器启动应用程序时，其启动时间是比较长的。当其启动后，每次运行新的应用程序时不必关闭旧的模拟器。可以直接在 Eclipse 中右击工程，在弹出的快捷菜单中执行【Run As】|【Android Application】，运行程序即可。

但模拟器 AVD 毕竟不是真实的手机，它不具备以下真实手机的功能[6]：
(1) 不支持实际呼叫和接听电话。
(2) 不支持 USB 连接。

(3) 不支持相机和视频捕获。
(4) 不支持音频输入(捕获)，但支持输出(播放)。
(5) 不支持扩展耳机。
(6) 不能确定连接状态。
(7) 不能确定电池水平和充电状态。
(8) 不能确定 SD 卡的插拔。
(9) 不支持蓝牙功能。

从 SDK1.5 开始，在模拟器中支持中文输入。如果模拟器中不能输入中文而出现日文等，并且你又想使用中文时，可以选择模拟器右侧的主页按钮，在弹出的"Settings"中，找到"Language&keyword"，如图 1.3 所示，选择谷歌拼音输入法，同时去掉"Android Keyboard"选项即可。

图 1.3 输入法语言设置

1.7 在 Android Market 上发布自己的应用程序

Android Market 是个开放的平台，开发者可以上传和销售自己的作品，用户可以随时随地下载、安装和评价它。据 Google Android 平台负责人 Eric Chu 称，Android Market 对应用程序开发者最大的吸引力是他们可以很轻松地进入这个市场。与 YouTube 相似，开发者仅需三个简单的步骤即可注册、上传内容并加以描述、发布。Google 表示不会像苹果那样对 iTunes AppStore 内的软件应用进行严格的监管，这可能也是 Android Market 称为 Market 的意图。软件开发商只需要注册并一次性支付一定的申请费，之后就可以在 Android Market 上销售他们的软件作品了，并从每次交易中获得 70%的利润，这类似于苹果的销售模式，不同的是，交易所得的其他利润将属于运营商而不是 Google[7]。

要想将自己开发的应用上传到 Google Android Market 上，必须申请 Market 账号。打开 http://market.android.com/publish/signup 页面，单击右下角的【Create an account now】按钮进入账号注册页面，输入基本信息后，向指定手机号发送确认码。在用户输入正确的确认码后，注册成功。限于篇幅，细节不再赘述。

1.8 本章小结

Android 智能手机在市场上拥有巨大的发展潜力，值得应用程序开发人员重视。Android SDK 提供了在 Windows/Linux/Mac 平台上开发 Android 应用程序的相应的开发组件，含有在 Android 平台上开发应用程序的工具集。借助于 Android SDK 提供的四层架构以及相应工具的支持，程序开发人员可以方便地开发 Android 应用程序。

在进行应用程序开发时，一般需要在 Eclipse 中使用 Java 语言开发，之后 Android 中的 RunTime 的 Dalvik 虚拟机将其转换运行 dex 字节码，应用程序的使用界面 UI 需要通过 XML 和 Java 程序设计来实现，Android Market 则提供了发布、交流应用程序的窗口。

思考与实践

1. Android SDK 由几层基础架构所组成？各层的主要功能、组成各是什么？
2. 参阅本书附录，了解 Eclipse 的使用，了解在 Eclipse 中建立、运行、调试 Java 应用程序的方法，了解 Eclipse 插件(如 Log4j)的添加与使用方法。
3. 参阅本书附录，了解 XML 技术，熟悉 XML 文档的组成成分及其作用等。
4. 由于 Android 应用程序是使用 Java 语言编写的，因此具备 Java 技术方面的经验是必需的。请了解 Java 中有关字符串操作、流与文件读写等的方法。

第 2 章 Android 程序开发与应用环境

本章首先介绍在 Windows 系统 Eclipse 环境下搭建 Android 应用程序开发平台的主要步骤，包括 Android SDK 的下载与设置、ADT 插件与 AVD 配置等。其次，通过搭建 Android 应用程序来了解典型的 Android 程序的架构与组成，并通过导入和学习 Android 的示例程序，进一步熟悉 Android 程序。另外，介绍在 Eclipse 环境中使用 ADT 插件及其纠错与调试工具(包括 ADB、DDMS、LogCat 等)来调试/输出错误的方法。最后，介绍对 APK 文件签名、打包、应用的方法。学习本章内容时，要求重点掌握如下知识点：
- 掌握在 Windows 平台下搭建基于 Eclipse 的 Android 应用程序开发环境的主要步骤。
- 了解 Android 应用程序的组成及其相应功能。
- 学会常用调试工具的使用。
- 学会对 APK 文件的签名、打包、应用等的方法。

2.1 搭建 Android 应用程序开发环境

开发 Android 应用程序，可以在 Windows 平台上进行，也可在 Linux 等平台上完成(如果在 Linux 上安装，需要诸如 Linux、Ubunto 等平台环境)。可选择自己熟悉的环境来开发 Android 应用程序。本书以 Windows 平台为例，说明 Android 应用程序开发环境的搭建(在其他系统平台上搭建应用程序开发环境的方法可参阅相关文献，在此不再赘述)。

搭建 Android 应用程序开发环境除了需要 Android SDK 外，还需要一些基础平台和工具，如 Java 运行时库(注：这里需要安装 JDK 而不是 JRE)、Eclipse、ADT 插件等。

2.1.1 JDK 的下载与验证

到 SUN 网站下载 JDK(如 JDK6)。为了日后编程方便，可以为 JDK 建立环境变量。如在 Windows XP 环境下，右击【我的电脑】|【属性】|【高级】，单击【环境变量】|【系统变量】|【新建】，在【变量名】处输入【JAVA_HOME】，变量值输入 JDK 的安装目录。另外，还可以新建一个变量名【ClassPath】，其值可设为【.;%JAVA_HOME%/lib/rt.jar;%JAVA_HOME%/lib/tools.jar】。之后，找到其 PATH 变量，单击【编辑】，在变量值最前面加上【%JAVA_HOME%/bin;】即可。

2.1.2 Eclipse 的下载

到 http://www.eclipse.org/downloads/去下载 Eclipse，其版本最好在 3.3 以上，如 Eclipse 3.5 (Galileo)等。下载后，双击解压到某个文件夹即可使用。

> Tips：Eclipse 不需要安装，只需要将下载到计算机上的压缩包解压到硬盘上的某个目录即可。

2.1.3 Android SDK 的下载与安装

Android SDK 提供的 API 是一个庞大的程序设计实例库,它包含了应用程序、属性提供、图形处理、多媒体、操作系统、文字编辑与显示组件等工具。Android SDK 可以到如下网址下载(如在 Windows 环境下开发,可下载 Android SDK 的 Windows 版本):

- http://androidappdocs-staging.appspot.com/sdk/index.html
- http://developer.android.com/sdk/index.html
- http://developer.android.com/index.html

下载完 Android 的 SDK 后,把相应的 zip 文件解压到计算机上某个位置上即可。为方便日后应用程序开发,最好在系统环境变量中设置相应的环境变量。和前述增加 JDK 的环境变量类似,如在 Windows XP 环境下,可以右击【我的电脑】|【属性】|【高级】|【环境变量】|【系统变量】),在其中的 Path 中,增加在前述步骤中下载的 Android SDK 所在路径中的 tools 目录,如:【;d:\android\android-sdk-windows\tools】(注:这里假定 SDK 位于 d:\android\android-sdk-windows 中)。

2.1.4 配置 Android ADT

ADT 对 Android 应用程序的开发是至关重要的。Android 的 ADT 是 Android 为 Eclipse 定制的一个插件,它提供了开发 Android 程序的综合环境。它不仅扩展了 Eclipse 的功能(如设置程序断点、查看线程和进行信息等),还提供了一个 Android 代码编辑器,用于为 Android 的 Manifest 和其他相关的资源文件编写有效的 XML 文件。程序开发者可以添加组件,可以用 SDK 工具集调试应用程序,也可以导出签名或未签名的 APK 文件,以便在手机上发布应用程序。安装 Android ADT 的主要步骤如下:

(1) 启动 Eclipse,单击【Help】|【Install New Software】。

(2) 单击对话框中的【Add】按钮,在【Name】框中输入站点名称(如"ADT plugin"),在【Location】框中输入如下的 URL:https://dl-ssl.google.com/android/eclipse/。在对话框中部会展现出相应组件的名称,将该对话框下部的【Android DDMS】和【Android Development Tools】都选中(因为这些都是重要的调试工具),如图 2.1 所示。

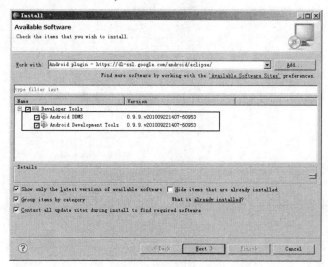

图 2.1 选中相应的选项

> **Tips**：如果在输入 URL 地址时连接失败，可以在 URL 地址栏中尝试输入 http://dl-ssl.google.com/android/eclipse/

(3) Eclipse 自动连接相应站点，并将连接结果显示在如图 2.2 所示的列表中。单击【Next】按钮，将弹出显示所要安装 ADT 插件的细节。

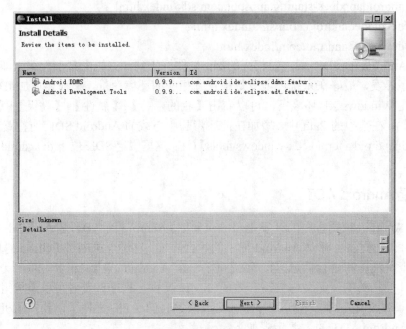

图 2.2　显示安装细节

(4) 单击【Next】，弹出如图 2.3 所示的确认安装插件界面，选中右下角的"I accept the terms of the license agreements"单选按钮。

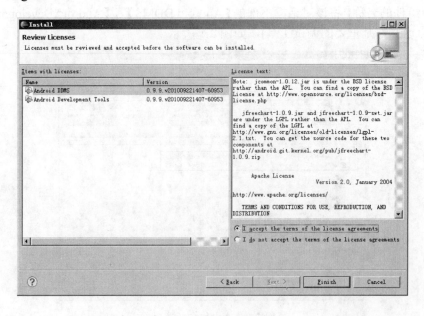

图 2.3　确认安装插件界面

(5) 单击【Finish】按钮，Eclipse 将进行 ADT 和 DDMS 等选中工具的安装，如图 2.4 所示。

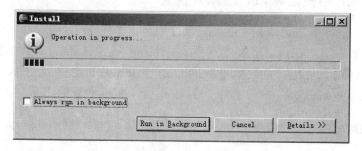

图 2.4　安装进行中

(6) 在安装过程中，可能会弹出插件中包含为注册内容的警告信息，单击【OK】继续安装。在安装结束后，会弹出对话框询问是否重启 Eclipse，单击【Yes】重启 Eclipse。

(7) 在 Eclipse 重启后，要设定 SDK 所在的位置，以便 Eclipse 能指向正确的 Android SDK 目录，详情可参见下一小节中的内容。

> 注意：如果 Eclipse 中的应用程序都同时出现红叉错误标记，并且在 Eclipse 的 Problem 框中出现错误提示信息 "Error generating final archive: Debug certificate expired on ****"，可能是 Debug 证书过期所致(如图 2.5 所示)。这是由于在开发调试阶段，ADT 工具帮我们对 apk 文件进行了签名，采用的是默认的 Debug 版本的签名文件。安装之后，Android SDK 会生成一个 Debug 签名证书并保存在 debug.keystore 文件中。ADT 使用这个证书对每个生成的应用进行数字签名。但每个 Debug 证书的有效期限是 365 天，如果 ADT 使用超过一年，就会有证书过期的问题了。解决办法是：将 debug.keystore 直接删除。Android SDK 发现 debug.keystore 丢失了，就会生成一个新的。Windows 系统下，这个 Debug 证书一般保存在 C:/Documents and Settings/username/.android 目录下。

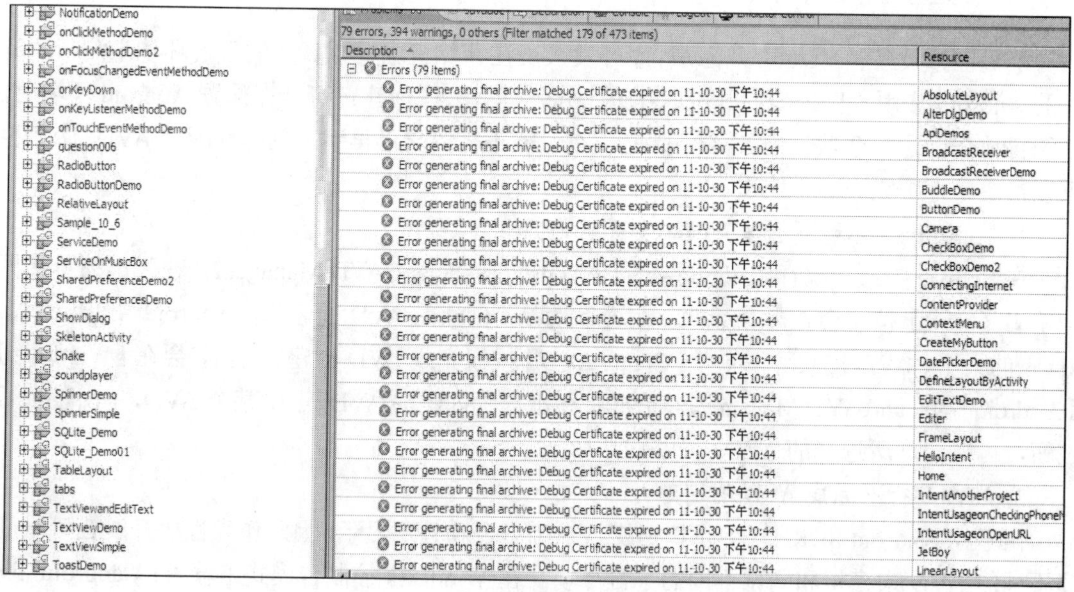

图 2.5　证书过期提示的错误信息

2.1.5 在 Eclipse 中设定 Android SDK 位置

启动 Eclipse，选择【Window】|【Preferences】菜单，在打开的视图左边单击【Android】(此时有可能会提示尚未指定 Android SDK 的路径)，在对话框右边的【SDK Location】中选择 Android SDK 所在位置，输入 SDK 目录地址或者单击【Browse】定位到 SDK 安装目录，如 d:\android\android-sdk-windows，单击【Apply】，完成设定 SDK 位置的任务，如图 2.6 所示。

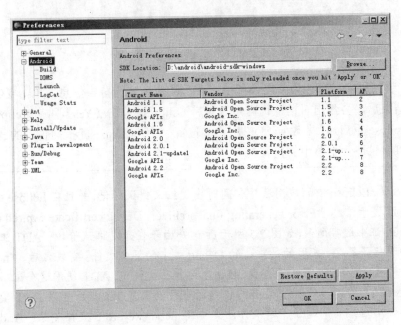

图 2.6　设置 Android SDK 的位置

2.1.6 创建手机虚拟设备 AVD

手机虚拟设备 AVD 可以帮助程序开发人员在计算机上模拟真实的手机环境来测试所开发的 Android 应用程序。我们既可以在 Eclipse 中创建 AVD(注：可能在配置 Android 环境时，系统自动会创建一个默认的 AVD，因此，有可能不需要自己再手工创建并配置 AVD 了)，也可以在命令行中完成这个工作。

1. 在 Eclipse 环境下创建 AVD

在 Eclipse 中选择执行【Windows】|【Android SDK and AVD Manager】，在弹出的对话框中单击【New】按钮会弹出对话框，在这里设置要创建的 AVD 的名称、Android API Level、SD 卡的大小、AVD 皮肤等，单击【Create AVD】按钮完成 AVD 创建。之后，会在【Windows】|【Android SDK and AVD Manager】对话框中列出已经创建的 AVD，选中某个 AVD，单击【Start】按钮，可以启动所选择的 AVD，如图 2.7 所示。

2. 在命令行下完成 AVD 的创建

由于在 Android SDK 1.5 版本以后支持多个平台和外观显示，因此作为程序开发者可以创建不同的 AVD 来模拟和测试不同的平台环境。在 Windows 控制台模式下输入："android list target"，可以显示当前可用的设备列表，如图 2.8 所示。

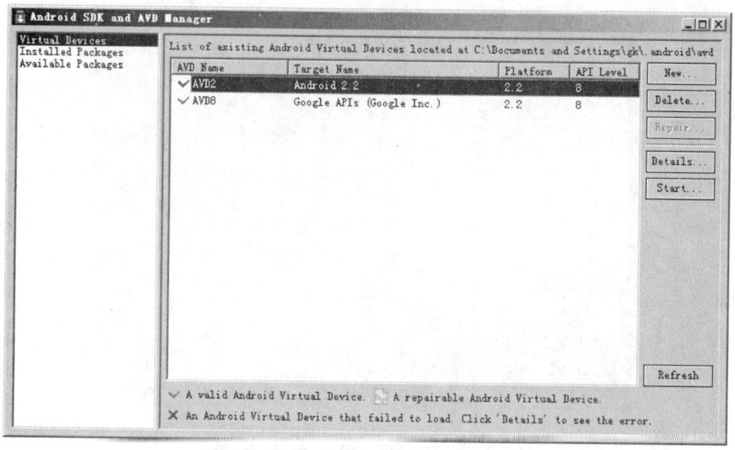

图 2.7　启动指定的 AVD

```
C:\Documents and Settings\gk>android list target
Available Android targets:
id: 1 or "android-2"
     Name: Android 1.1
     Type: Platform
     API level: 2
     Revision: 1
     Skins: HVGA (default), HVGA-L, HVGA-P, QVGA-L, QVGA-P
id: 2 or "android-3"
     Name: Android 1.5
     Type: Platform
     API level: 3
     Revision: 4
     Skins: HVGA (default), HVGA-L, HVGA-P, QVGA-L, QVGA-P
id: 3 or "Google Inc.:Google APIs:3"
     Name: Google APIs
     Type: Add-On
     Vendor: Google Inc.
     Revision: 3
     Description: Android + Google APIs
     Based on Android 1.5 (API level 3)
     Libraries:
      * com.google.android.maps (maps.jar)
          API for Google Maps
     Skins: HVGA (default), HVGA-L, QVGA-P, HVGA-P, QVGA-L
id: 4 or "android-4"
     Name: Android 1.6
     Type: Platform
     API level: 4
     Revision: 3
```

图 2.8　当前可用的 AVD 列表

在命令行中输入“Android create avd --name 创建的具体 AVD 名 --target XXX”(注：这里的 target XXX 就是在图 2.8 中显示出的可用的 AVD 的 id 编号，如 XXX 可设为“4”)，回车即完成 AVD 的创建，如图 2.9 所示(注：图中显示创建的 AVD 名为 MyOwnAVD，见图 2.9)。

```
C:\Documents and Settings\gk>Android create avd --name MyOwnAVD --target 4
Android 1.6 is a basic Android platform.
Do you wish to create a custom hardware profile [no]
Created AVD 'MyOwnAVD' based on Android 1.6,
with the following hardware config:
hw.lcd.density=160
```

图 2.9　创建 AVD

之后，可以通过在命令行中输入“emulator –avd 某 AVD 名”来启动某个 AVD，效果如同在 Eclipse 中启动 AVD 一样，如图 2.10 所示，注意在图 2.10 标题栏中显示的 AVD 名称就是在图 2.9 中创建的 MyOwnAVD。

图 2.10　通过控制台启动 AVD

同时，在命令行中创建的 AVD 也可以在 Eclipse 的【Windows】|【Android SDK and AVD Manager】中看到，如图 2.11 中显示出的 MyOwnAVD 就是通过上述控制台方式创建的。当然，也可以在 Eclipse 中启动它。

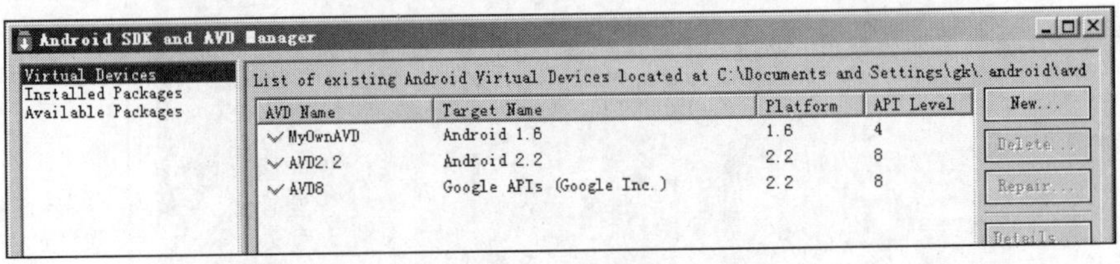

图 2.11　Eclipse 中显示了在控制台中创建的 AVD

可以想见，在 Eclipse 中运行开发 Android 应用程序后，也可以选择在某个指定的 AVD 而不是默认的 AVD 上运行它。在 Eclipse 中右击某个工程，在弹出的快捷菜单中执行【Run As】|【Run Configurations】，在弹出对话框的 Target 标签下，可以选择在哪个 AVD 上运行该应用程序，如图 2.12 所示。

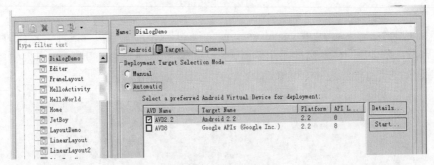

图 2.12　选择 AVD

> **Tips**：搭建 Android 开发环境，需要安装 JDK、Eclipse、Android SDK、ADT，需要进行 SDK Home 设置、创建 AVD 等。如果在运行程序时出现提示"No compatible targets were found. Do you wish to a add new Android Virtual Device?"，说明可能没有创建模拟器。只需执行 Eclipse 的【window】|【Android SDK and AVD Manage】，配置好 AVD 就可以了。

3. 模拟器出错后的处理方法

由于某些操作失误，可能会导致模拟器不能正常工作，此时在运行应用程序时，可能会弹出类似"emulator: ERROR: the user data image is used by another emulator. aborting"的错误提示信息，更新模拟器时也会出现类似的错误提示，如图 2.13 所示。此时，可以通过如下两种不同的方法来解决这个问题：

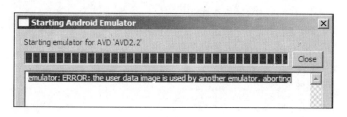

图 2.13　AVD 出错提示信息

方法一：打开 C:\Documents and Settings\用户名\.android\avd\你可用的 AVD 名称，如果发现有几个文件夹名字是以.lock 结尾，将它们删除，重启模拟器即可。

方法二：在控制台模式下，输入"adb kill-server"，再输入"adb start-server"，一般就能解决此类问题。

2.2　建立 Android 应用程序

在 Android 应用程序开发环境已经搭建起来之后，就可以创建 Android 应用程序了。

首先，在 Eclipse 中单击【File】|【New】|【Android Project】，开始建立应用程序。在弹出如图 2.14 所示对话框上方的【Project Name】中输入工程名称(它是 Eclipse 中用来辨别实例的一个名称)；对话框下方的【Application Name】中的应用程序名称是在安装所开发的应用程序到仿真器时，在应用程序菜单中看到的应用程序名称，一般与工程名一样；【Package Name】是包的名字(即 APK 组件名)，注意这个名字采用网络域名方式来命名，即按照以 com.开头的的形式命名(如取名为 com.helloworld)，将来这个实例开发成功并安装到仿真器上后，就可以在 helloworld\bin\com 目录查找到这个工程；【Activity Name】就是 src 源码下的主 Activity 文件(即 java 文件)的名称，它主要用来创建窗口 Activity，将来 Android 系统运行所开发的程序时，就是以这个 Activity Name 来辨别程序是否处于启动、暂停、继续或关闭状态，以此来完成一个程序的活动周期。

图 2.14 中间的【Build Target】用于设置项目所用到的库，图中有多个 Android SDK 版本及 Google API 版本。不使用 Google 网络功能时选择 Android X.X 即可，当所开发的程序只能在某个特定的 Android 版本操作系统中运行时，应选择相应版本的 Android；具有网络服务功能的程序可选择 Google API。选择不同的 Android 版本，对应要选择不同的 API Level。表 2.1 是二者之间的对应关系。

> 注意包的命名需要以 com.开头；根据选定的 Build Target，指定 Min SDK Version。

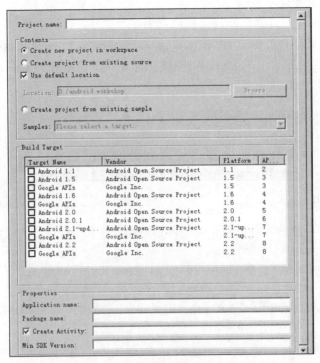

图 2.14 新建工程

表 2.1 Android 版本及其对应的 API Level

Android 版本	1.0	1.1	1.5	1.6	2.0	2.0.1	2.1	2.2
API Level	1	2	3	4	5	6	7	8

2.2.1 应用程序的主要构成

一般来说，Android 应用程序可能包括视图(即 Views，它代表了一块可以显示内容的区域)，内容提供器(Content Providers)，资源管理器(Resource Manager)，通知管理器(Notification Manager)，活动管理器(Activity Manager)等，其中最重要的是 Activity。系统默认生成的 Activity 源码文件中的内容大致如下：

```
package com.mydrawing.demo; //包名，这里的 com.mydrawing.demo 名是在建立工程时指定的
import android.app.Activity; //每一个 Android 的 Activity 都需要继承自 Activity 类
import android.os.Bundle; //用于映射字符串值
public class myactivity extends Activity {//myactivity 是主 Activity 名，扩展自 Activity
    @Override
    public void onCreate(Bundle savedInstanceState) { //应用程序创建时所执行的过程
        super.onCreate(savedInstanceState);
        setContentView(R.layout.main); //设置当前布局，它调用 res/layout/main.xml 中定义的界面元素来决定具
                                       体的布局格式
    }
}
```

这里暂且将 Activity 简单地理解为用户界面。@Override 表示重写这个 onCreate 方法(使用 onCreate()创建相应的 Activity)；Bundle 参数保存了应用程序上次关闭时的状态，并且可以通过一个 Activity 传给下一个 Activity；在 Activity 的生命周期中，只要离开了可见阶段(或者说失去了焦点)，它就很可能被进程终止，这时就需要有某种机制，能保存当时的状态，这就是参数 savedInstanceState 的作用。有关 Bundle 的细节详见后续说明。有关 Android 程序的架构及其功能说明详见表 2.2[8]。

表 2.2 Android 程序架构表

工程目录	子目录	资源文件	文件作用
Project/			
	src/	*.java	源码文件
	gen/	R.java	自动生成的资源代码
	res/anim/	*.xml	动画设置文件
	res/drawable	*.png, *.jpg, *.gif	应用程序图像文件
	res/layout	main.xml	窗口布局文件
	res/values	arrays.xml	数组定义文件
		colors.xml	绘图演示定义文件
		dimens.xml	尺寸定义文件
		strings.xml	文字资源文件
		styles.xml	样式定义文件
	res/xml	*.xml	程序运行时需读取的 XML 文件
	res/raw	*.raw	程序运行时所采用的资源文件(如音效文件)
	AndroidManifest.xml		应用程序设置文件
	default.properties		定义 SDK 版本文件

2.2.2 XML 布局文件

除负责界面、逻辑和数据处理的Activity外，Android应用程序还使用XML文件存储布局(一般在工程的res/layout下)、字符串常量(一般在res/values下)、全局信息(一般在AndroidManifest.xml中)等。例如，上述代码的setContentView(R.layout.main)显示了由res/layout/main.xml这个文件设置的Activity外观，可见所有的布局信息可以在res/layout/main.xml文件中定义(当然也可以自定义新的布局XML文件，只需要在setContentView中引用相应的XML文件即可)。如果不采用任何布局文件(即去掉setContentView语句)，则Activity不再有有效的界面显示，参见图2.15(a)所示。

下面的代码是布局文件 res/layout/main.xml 中的部分内容，其中第二行的<LinearLayout>说明这是一个线性布局(其他布局如表格布局、帧布局等的介绍参看后文)，各 widget 组件是垂直放置的(由 android:orientation="vertical"来标示)，并指定了这些组件的宽度(android:layout_width)和高度(android:layout_height)。在 XML 中可以修改或添加欲显示的 widget 组件，如在这里添加了显示文字的组件<TextView>，并指定了其文字宽(值为"fill_Parent")、高(值为"wrap_content")。android:text = "@string/字符串变量名"是用 res/values/string.xml 中定义的文字字符串内容作为<TextView>上的显示文字，因此这里的字符串变量 hello 需首先在 res/values/strings.xml 中定义(当然也可在这里直接指定某个确定的字符串，而不必引自 string.xml)。

```xml
<?xml version="1.0" encoding="utf-8"?>
<LinearLayout xmlns:android="http://schemas.android.com/apk/res/android"
    android:orientation="vertical"
    android:layout_width="fill_parent"
    android:layout_height="fill_parent"    >
<TextView
    android:layout_width="fill_parent"
    android:layout_height="wrap_content"
    android:text="@string/hello"
    />  <!--TextView 的结束标记-->
</LinearLayout>  <!--线性布局 LinearLayout 的结束标记-->
```

如果需要修改布局(如在 Activity 中添加新的 Button 控件)，可修改这个 main.xml 文件。如在上面的例子中，可以在</LinearLayout>中添加按钮组件<Button……/>。在添加按钮 Button 组件时，为了方便日后在 Activity 中能捕获到针对这个按钮的动作(如单击等)，需要在"<Button"标记后使用 ID 资源属性来声明相应的 Button 的 ID 号，如 android:id ="@+id/……"，其中"@+id/"用于为资源加上 ID 号，这样才可以让应用程序中的 R.java 类资源文件以及 Activity 文件能正确地记录并引用该资源。下面的代码是在线性布局中增添了一个 ImageButton 和 Button 按钮，有关它们的详细属性也在其中进行了定义。

```xml
<?xml version="1.0" encoding="utf-8"?>
<LinearLayout xmlns:android="http://schemas.android.com/apk/res/android"
    android:orientation="vertical"
    android:layout_width="fill_parent"
    android:layout_height="fill_parent"
    ><!-- 线性布局 -->
    <ImageButton
            android:id="@+id/button1"
            android:layout_width="wrap_content"
            android:layout_height="wrap_content"
            android:text="wrap_content 模式"
            android:src = "@drawable/icon"
    /> <!-- 将某图像显示在按钮上 -->
    <Button android:id="@+id/button2"
            android:layout_width="fill_parent"
            android:layout_height="fill_parent"
            android:text="fill_parent 模式"
```

/> <!-- 这个按钮显示模式为 fill_parent -->
</LinearLayout>

对于按钮 Button 而言，其本身的 layout 可以指定为 wrap_content(即让按钮的大小可以刚好包覆文字长度)模式，也可以指定为铺满父窗口的 fill_parent 显示模式，二者的效果是不一样的，在本章示例工程中的 LinearLayout2 中，ID 号为 button2 的按钮的文字显示模式即为"fill_parent"，而<ImageButton>图像按钮则是用存放在工程 res/drawable 下的 icon.png 图像作为按钮标识，此时文字显示模式不再起作用。显示效果参见图 2.15(b)所示。

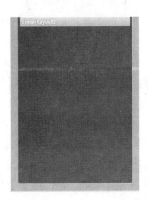

图 2.15　不同模式的显示效果

(a) 不采用任何布局后的显示；(b) 采用 fill_parent 显示模式。

> Tips：在布局 XML 文件中并没有具体的处理逻辑(如按下按钮后的动作等)，也没有需要生成的事件或动作。它的作用相当于在 VB 或 C#中将显示控件(注：Android 中一般为 widget 组件)拖放到窗体(注：Android 中为 Activity)中。

如果不用 XML 布局文件，是否就不能在屏幕上显示任何内容呢？当然不是。编程人员可以不用 XML 文件，但如果想在屏幕上显示文字、按钮等，只需在 Activity 文件中通过 import 语句引用相应的 widget 控件(如 import android.widget.TextView)，之后将其实例化(如 TextView tv = new TextView (this))，设定显示内容，并由 setContentView 来完成最终的显示工作。可能的实现代码为：

```
package com.LinearLayout2;   //包名，根据实际情况而定
import android.app.Activity;
import android.graphics.Color; //颜色
import android.os.Bundle;
import android.widget.TextView; //引入 TextView
public class LinearLayout2_Activity extends Activity {
    @Override
    public void onCreate(Bundle savedInstanceState) {
        super.onCreate(savedInstanceState);
        TextView tv = new TextView (this); // this 保存 TextView()函数传递进来的内容
        tv.setText("你好");//设置文字
        tv.setTextSize(48.0f);//字体大小
```

```
        tv.setTextColor(Color.BLUE);//字体颜色为 BLUE
        setContentView(tv);//注意 setConventView 语句的参数为实例对象名,而不是 XML 布局文件
    }
}
```

在本章示例的 LinearLayout 工程文件中,布局是通过 setContentView(R.layout.main)语句采用 main.xml 文件中的布局。在 main.xml 中布放了两个按钮和文字,注意这里引用字符变量的方式(@string/button1name),而字符串 button1name 在 res\values\string.xml 中定义。这里的"wrap_content"值为包住文字,android:layout_marginTop="5px"为按钮距顶距离。TextView 是要显示的文字,其中的 hello 字符串变量的值也是取自 res\values\string.xml 中的字符串定义。

2.2.3　工程的运行与状态信息查看

运行 Android 程序时,可以右击工程,在弹出的快捷菜单中选择【Run As】|【Android Application】,此时 Java 源码不会被编译为常见的 class 文件,而是被 Ant 编译为 Dalvik Bytecode(*.dex)。

在进行程序开发过程中,从调试等的角度出发,有时需要有关 Log 输出信息。在 Java 代码中,通过"import android.util.Log"语句,在执行类似 Log.d("tag", "message");代码后,会输出信息到 LogCat 窗体中。在 Eclipse 中,通过【Window】|【Show View】|【Other】,打开 Android 下的【LogCat】即可看到这个 LogCat 窗体。在应用程序开发过程中,可以通过这种方式输出中间结果信息,如图 2.16 所示。表 2.3 是 Log 类中部分方法及其说明,表中的 tag 是日志标签,可用于过滤日志信息;表中的 msg 是输出的日志消息。

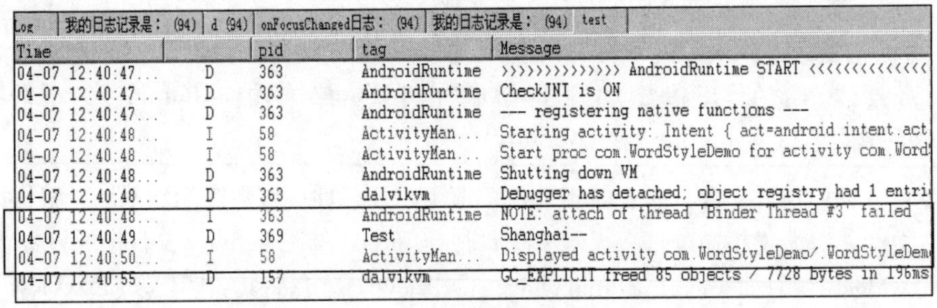

图 2.16　显示 LogCat 信息

表 2.3　Log 类中的方法及其说明

方　法　名	方　法　说　明
Log.v(String tag，String msg)	输出冗余消息
Log.d(String tag，String msg)	输出调试消息
Log.i(String tag，String msg)	输出普通消息
Log.w(String tag，String msg)	输出警告消息
Log.e(String tag，String msg)	输出错误消息

例如,可以在上述的 LinearLayout2 工程的 Activity 中,添加相应的 Log 语句,则会在相应的输出窗口中,看到对应的信息,如图 2.17 所示。

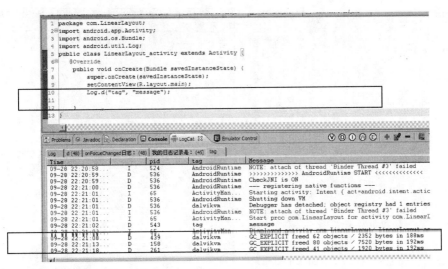

图 2.17　显示 LogCat 信息

2.3　Android 应用程序调试及开发流程

在开发 Android 应用程序时，可以直接在 Eclipse 环境中使用 ADT 插件的纠错与调试工具(如 ADB、DDMS、LogCat 等)来调试/输出错误。

2.3.1　DDMS 及其启动

DDMS 即 "Dalvik Debug Monitor Service"，主要用于监控 Android 应用程序的运行并打印日志、模拟电话打入与接听、模拟短信收发、虚拟地理位置等。有了 DDMS 的帮助，可以降低应用程序的测试成本。

DDMS 集成在虚拟机 Dalvik 中，主要用于管理运行在模拟器或设备上的进程，并协助用户进行调试。可以用它来处理进程、选择特定应用程序进行调试、生成跟踪数据、查看堆和线程数据、对模拟器或设备进行屏幕快照等[6]。在 Eclipse 中，单击其右上角的"Open Perspective"，选择其中的"DDMS"即可，如图 2.18 所示。在 Eclipse 中启动 DDMS 后的界面如图 2.19 所示。也可以执行在 Android SDK 安装路径下的 Tools 文件夹中的 ddms.bat 文件来启动 DDMS，如图 2.20 所示。

图 2.18　启动 DDMS

2.3.2　DDMS 功能简介

不论通过什么方式启动 DDMS，都会看到出现的 Devices 面板，在这里可以看到与 DDMS 连接的设备终端的信息及设备终端上运行的应用程序(如果没有应用程序在运行，则这个面板为空)。在 Devices 面板中，可以设置应用程序更新 Heap 状态、更新 Thread 状态，或者直接停止某个应用程序的执行。同时，Devices 面板中还可以截取手机屏幕。在 DDMS 中的 Emulator Control 部分可以向模拟器 AVD 中打入电话或发送短信(前提是支持 GSM 等通信网络)，还可以虚拟模拟器的位置信息等。DDMS 有各种输出面板，主要有：

(1) Thread 更新信息：要使该窗口输出信息，需要单击 Devices 面板中的相应按钮(见图 2.21)，这个窗口主要显示应用程序当前状态下所有正在执行的线程的状态。

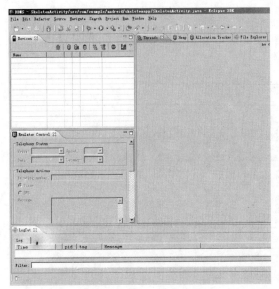

图 2.19　Eclipse 中的 DDMS

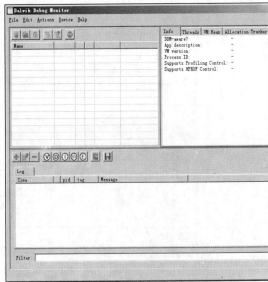

图 2.20　通过 ddms.bat 命令启动 DDMS

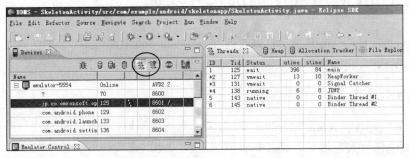

图 2.21　Thread 更新信息

(2) Heap 更新信息：要使该窗口输出信息，需要单击 Devices 面板中的相应按钮，这个窗口主要显示当前状态下堆的分配与回收信息。

(3) File Explorer：该窗口主要显示 Android 模拟器中的文件，如果模拟器启动时加载了 SD 卡，也可以在该窗口中查看 SD 卡的信息，见图 2.22。

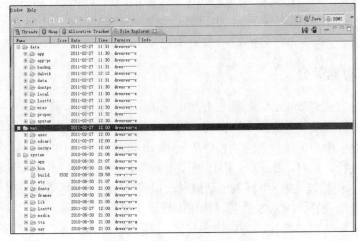

图 2.22　File Explorer 窗口信息

(4) LogCat：显示应用程序的运行信息、调试信息、警告信息、错误信息等。不同类型的信息具有不同的颜色。当 LogCat 输出的信息量很大时需要对其内容进行过滤，可以在这里根据不同的标签进行过滤，使应用程序调试更加方便，见图 2.23。

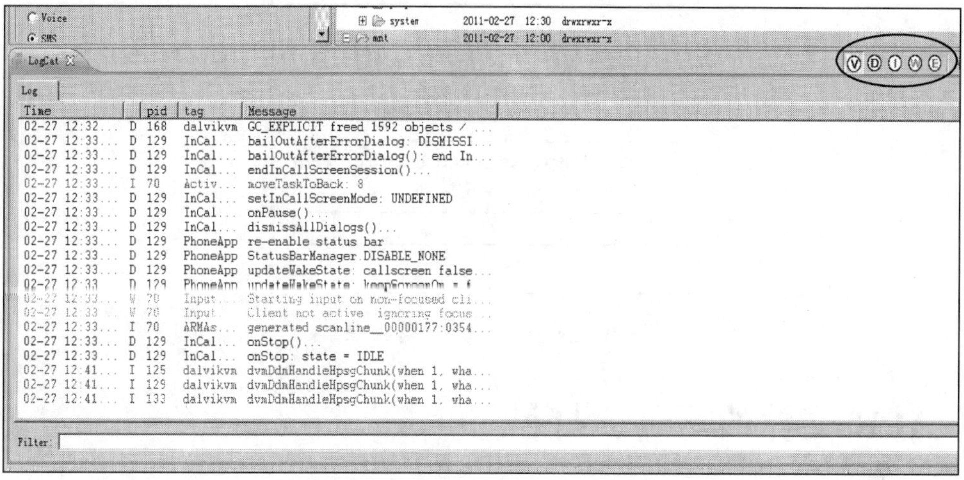

图 2.23　LogCat 输出信息

2.3.3　Android 应用程序的一般开发流程

Android 应用程序大致包含资源文件(含布局资源文件与文字资源文件)、Activity 等。Activity 是应用程序必备的部分。如果将应用程序看成是由多个页面组成的，则每个页面就是一个 Activity。Android 应用程序就是由多个 Activity 间的相互交互和跳转所构成的。主 Activity 在创建应用程序时就创建完毕，在其中可以指定处理逻辑、显示 XML 布局信息等，可以在 src 文件夹相应的包下找到 Activity 文件。对于要实现多 Activity 跳转的情况(如菜单跳转、单击按钮后弹出另一个 Activity、事件监听和捕捉用户的操作事件等的处理)，需要设计多个 Activity。如果添加了多个 Activity，应该将新添加的 Activity 文件添加到 AndroidManifest.xml 中，也只有这样，才能让应用程序接纳这个新添加的 Activity 文件。

开发 Android 应用程序，一般需要设计界面 UI，可以使用 XML 布局模板描述应用程序界面。布局文件和资源文件通常存放在工程的 res 文件夹下，这里有定义外观的 layout 文件夹以及 values 文件夹。一般地，main.xml 描述了布局信息，而 string.xml 描述了字符串信息。AndroidManifest.xml 是描述工程全局信息的资源文件。

在下面的 AndroidManifest.xml 中有两个<activity></activity>段，其中第一个为系统默认生成的 Activity，而第二个就是用户新建的 Activity。有关 AndroidManifest.xml 的示例可参看本章示例的 EditTextDemo 应用程序。在这个应用程序中设定了两个基于 Java 的 Activity。请注意在 AndroidManifest.xml 中添加这两个 Activity 的方法，而这个应用程序中有关 Widget 组件以及 Bundle 的说明详见后续章节，此处暂不赘述。

如果应用程序涉及数据处理方面的操作，就要涉及数据存储方式，常见的数据来源包括 SharedPreferences、文件系统、数据库、Content Provider、网络等。此时要明确数据的格式、内容、存储方式等。简单地说，开发 Android 应用程序的大致流程如图 2.24 所示。

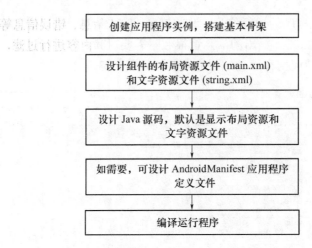

图 2.24 程序开发大体流程

2.4 APK 文件的签名、打包

当完成 Android 应用程序的开发后，虽然可以使用模拟器显示其在真实手机上的运行效果，但模拟器毕竟还不是真正的手机，应用程序也并未真正发送到真实的手机上。和其他 Java 应用程序不同，Android 应用程序一般要打包成 APK 文件后再发送到真实的手机上。APK(Android Package)是 Android 安装包，是一种类似于 Symbian Sis 或 Sisx 的文件格式。通过将 APK 文件直接传入 Android 模拟器或 Android 手机中即可安装。

> Tips：APK 是 Android 安装包的扩展名。一个 Android 安装包包含了与某个 Android 应用程序相关的所有文件。APK 文件将 AndroidManifest.xml、应用程序代码(.dex 文件)、资源文件和其他文件打成一个压缩包。一个工程只能打进一个.APK 文件中。

如果想将其上传到 Android Market 上供别人下载，可以首先在 Market 上注册成为会员，之后将签名后的 APK 文件上传到这个网站上即可。需要注意的是，Android Market 要求发布的应用程序是经过签名的且不能是 Debug 模式下的签名。签名可以采用命令行方式，也可以在 Eclipse 中使用 ADT 完成。限于篇幅，这里仅给出在 Eclipse 中使用 ADT 完成签名的方法。

首先，在 Eclipse 中右击某个拟生成 APK 的应用程序，选择快捷菜单中的【Android Tools】|【Export Signed Application Package】命令。

第二，选择欲导出的工程项目名，之后单击【确定】按钮，选择 Keystore 位置(即存放该签名文件的地址)。选择【Create new keystore】，如图 2.25 所示，输入相应的密码。

如果在上述的对话框中选择"Use existing keystore"，也可选择以前生成的 APK 文件，在输入相应的密码后会弹出对话框，也可以再次对其生成签名。

第三，输入相应的签名文件信息，可根据具体情况填写。

第四，设定具体的 APK 文件存储路径，单击【Finish】按钮生成 APK 文件并同时生成签名文件。

至此，已经完成了对 APK 文件的签名，可以将其发布到 Android Market 平台。发布成功后，可以在控制台上看到其被下载、安装的次数、星级评价等。

除了上面提到的方法外，也可以通过 AndroidManifest.xml 来导出 APK 程序(有关 AndroidManifest.xml 的介绍参见后文)。打开相应的应用程序中的 AndroidManifest.xml，单击"Manifest"标签页，再单击图下方的 Exporting 中的"Use the Export Wizard to export and sign an APK"，便可将该项目的 APK 文件导出，如图 2.26 所示。

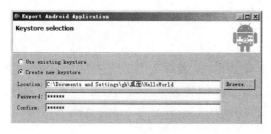
图 2.25 Keystore 设置

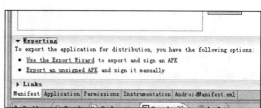
图 2.26 导出 APK 文件

按照 Wizard 提示，在设定相应的信息后将应用程序打包为 APK 文件，可以使用 Winzip 之类的压缩软件将其解压缩，会看到相应的 AndroidMainifest.xml、resources.资源文件与 res 资源目录，以及一个由 dx tool 编译而成的 classes.dex 文件(APK 组件里的应用程序就是通过这些文件来运行 Android 程序的)。

2.5 APK 文件的安装

生成了 APK 文件之后，在向手机中安装之前，需要对手机进行设置。下面的安装以 Windows 系统下 APK 文件的安装为例进行说明，它是在 HTC Desire 机器上设置的。对于其他品牌的手机，安装过程类似。针对 HTC 手机，可以直接用 HTC Sync，也可以使用一些客户端软件，如 91 手机助手、360 手机助手等。

2.5.1 用 HTC Sync 同步连接

首先，到相应网站去下载相应的同步软件 HTC Sync。针对 HTC Desire，需要到 http://www.htc.com/www/support.aspx 下载，选择相应的机型，单击 Download，会弹出对话框。选择【Application：HTC Sync for all HTC Android Phone & HTC Smart】后，下载 Setup 文件，执行相应的安装程序安装 HTC Sync。

第二，打开 HTC Sync 进行连接同步。首先在手机菜单中选择【设置】|【应用程序】，在打开的菜单中将【未知源】选项勾选；进入【开发】子选项勾选【USB 调试】选项，完成手机设置。

第三，在 Eclipse 中运行相应的 Android 应用程序，就会将相应的 APK 文件部署在手机中。和早先版本不同的是，不必在 cmd 命令行模式下输入"adb install 带路径的 APK 文件"完成 APK 向手机的迁移，而且该应用程序也不必事先生成好 APK 文件，当用户在 Eclipse 中运行应用程序时，生成 APK、向手机中的迁移会同时在后台完成。

> Tips：当手机和计算机连接时，在 Eclipse 中运行应用程序不再打开模拟器，而是直接在手机中运行。

2.5.2 用 91 手机助手连接

安装软件、同步备份等，只需要 HTC Sync 即可，但如果想实现截图等其他功能，需要配合诸如"91 手机助手"或"360 手机助手"等客户端软件来实现。

第 1 步：计算机上安装 91 手机助手。

第 2 步：安装完 HTC Sync 同步软件，使其在运行中。

第 3 步：打开 91 手机助手，系统会自动识别您的手机。

之后，可以进行数据复制、应用程序安装与卸载、手机屏幕截图等。打开"91 手机助手"软件，单击开始界面中的"程序管理"，会弹出图 2.27 所示的对话框，单击其中的"添加"按钮。此时会打开对话框用于选择文件。选择相应的 APK 文件(如从 Internet 上下载的 APK 软件)后，确定后开始安装。之后，在您的手机中就可以看到并运行相应的应用程序了。

图 2.27　添加应用程序

2.6 本章小结

本章主要介绍了 Windows 平台下 Android 应用程序开发环境的搭建，介绍了有关 ADT、AVD 等的操作，介绍了典型 Android 应用程序的构成、布局文件等，并对涉及到的代码进行了解释。通过导入和学习示例程序，可以进一步了解和学习 Android 应用程序开发。最后，介绍在 Eclipse 环境中使用 ADT 插件及其纠错与调试工具(包括 ADB、DDMS、LogCat 等)来调试/输出错误的方法，并介绍了对 APK 文件签名、打包、应用的方法。

思考与实践

1. 将 SDK 自带的 API Demos 示例导入 Eclipse 开发环境中，通过浏览代码，了解 Android 编程风格。

2. 新建一个 Android 应用程序，采用水平排列的线性布局，并在 Activity 上添加一个按钮<Button>，其上的文字来源于在工程中的 string.xml 中设定的字符串信息。

3. 将在上题中建立的应用程序签名并打包为 APK 文件输出。

4. 尝试安装 Android 开发环境，并记录安装和配置过程中所遇到的问题。

5. 浏览 Android SDK 帮助文档，了解 Android SDK 帮助文档的结构和用途，这样会对以后的学习带来极大的便利。

6. 在 Android 中，Android 模拟器、Android 调试与监控工具 DDMS 是 Android 应用程序开发过程中经常使用到的两个工具，简述这两个工具的用途。

第3章 Android 应用程序基本组成概述

本章主要概述 Android 应用程序基本组成,涉及源文件夹 src、R.java 文件、Android.jar 文件、资源与布局 XML 文件、AndroidManifest.xml 文件等,介绍 Android 应用程序中的 Activity、Intent 与 Intent Receiver、Service、Content Provider、Broadcast Receiver 等主要成分及特点、作用,并简介 Android SDK 主要包的功能以及 Android 的进程,目的是为后续开发 Android 应用程序打下良好基础。学习本章内容时要求重点掌握如下知识点:

- 了解 Android 应用程序基本结构。
- 了解资源与布局文件,掌握其作用。
- 了解 Activity、Intent、Service、Content Provider、Broadcast Receiver 等各自特点、使用、作用等。
- 了解 Android 中进程的分类及各自的特点。

3.1 Android 应用程序及其主要结构概述

一般来说,Android 应用程序由 Activity(一般含有一组用于构建用户界面的 widget 控件,如按钮 Button、文本框 TextView、列表 List 等)及 Activity Manager(管理着应用程序的生命周期)、Intent 与 Broadcast Receiver、Service、Content Provider(提供了应用程序可以实现数据互访和共享的机制)等几个基本组件所组成(但一个应用程序中不一定要全部包含这几个部分)。Activity、Service 和 Broadcast Receiver 都是由 Intent 异步消息激活的。在 AndroidManifest.xml 中,它们以不同的 XML 标签定义。下面简单介绍它们各自的功能。

(1) Activity(使用<Activity>名称):在开发 Android 应用程序时,用户界面(User Interface,UI)是系统和用户之间进行交互的窗口,每个 Activity 须继承自 Activity 并实现其自身的 OnCreate()方法,一般在这里要添加 widget 组件,实现应用界面和用户交互。一个应用程序一般由多个 Activity 构成,这些 Activity 之间可互相跳转,可进行页面间的数据传递。例如显示一个 Email 通讯簿列表画面就是一个 Activity,而编辑通讯簿则是另一个 Activity。一个功能完善的 Android 应用程序一般有多个 Activity。如下的 AndroidManifest.xml 中就含有对两个 Activity 的说明,对应的程序参见本章示例代码中的 TextViewDemo 工程中的 AndroidManifest.xml 文件。

```
<?xml version="1.0" encoding="utf-8"?>
<manifest xmlns:android="http://schemas.android.com/apk/res/android"
    package="com.TextViewDemo"
    android:versionCode="1"
    android:versionName="1.0">
  <application android:icon="@drawable/icon" android:label="@string/app_name">
```

```xml
        <activity android:name=".TextViewDemo_Activity"
            android:label="@string/app_name">
            <intent-filter>
                <action android:name="android.intent.action.MAIN" />
                <category android:name="android.intent.category.LAUNCHER" />
            </intent-filter>
        </activity>
        <activity android:name=".ViewTextActivity"></activity><!--如果工程中有多个activity,需要在这里将其名称列出 -->
    </application>
    <uses-sdk android:minSdkVersion="8" />
</manifest>
```

(2) Intent：Android 使用 Intent 从一个画面跳另一个画面，Intent 用来描述一个程序想要做些什么事情。在 Intent 的数据结构中有两个很重要的部分：动作(action)及对数据产生反应(data to act upon)。Android 使用 intent-filter 来处理对这种信息的接收，例如可以使用 intent-filter，从 android.intent.action.MAIN 类生成该 Activity，然后使用 category 类定义生成的 Activity 并使用 android.intent.category.LAUNCHER 类启动程序(详见上述列出的 Android Manifest.xml 示例)。如果应用程序生成 Intent 后的目的是要接收对方传送的消息，则还需要生成一个 Broadcast Receiver 来处理接收到的信息。例如对于一个拨电话的程序而言，当有来电时，这个拨电话程序就自动使用 Broadcast Receiver 取得对方的来电消息并显示。

(3) Service(使用<service>名称)：如果 Android 应用程序并不需要显示 Activity 画面但却需要长时间运行(如播放背景音乐等)，就要具备 Service 功能。也就是说，为了避免使用者将音乐播放器放到背景后该程序被终止而停播，需要为其添加 Service。使用 Content.startService()，就可以让音乐播放器继续在后台运行，直到使用者再调出音乐播放器界面并关掉为止。在本章示例的 ServiceDemo 工程中给出了使用 Service 在后台播放音乐的方法，编程人员只需建立两个 Activity(分别用于设定 UI 界面和播放音乐)，而在 AndroidManifest.xml 中使用了 Service，用法如下：`<service android:enabled="true" android:name=".Mymusic" />`。

(4) Content Provider(使用<Provider>名称)：其所进行的动作是让使用者可以存储信息或文件，使用 Content Provider 的函数就可以让其他的程序获得、保存、检索信息。一个 Content Provider 提供了一组标准的接口，从而能够让应用程序保存或读取 Content Provider 的各种数据类型。

Android 应用程序的布局可以采用 XML 布局文件来指定(当然也可以采用在 Activity 中书写 Java 代码的方式来设定布局)。有关 XML 布局文件常见的样式标记如表 3.1 所示[8]。

表 3.1 Android 的 XML 布局样式表

XML 布局样式标记	说明
<AbsoluteLayout>	绝对位置布局
<FrameLayout>	框架布局
<LinearLayout>	线性布局
<RelativeLayout>	相对布局
<TableLayout>	表格布局

3.1.1 源码文件夹 src 和 gen\R.java

工程中的 src 文件夹存放诸如 Activity 等 Java 源码，其内部结构根据用户所声明的包(即在新建工程时指定的"Package Name"，包的作用就像文件夹一样，便于分门别类地管理程序)自动组织。在 Android SDK 提供的 API Demos 示例程序中就含有多个包，分别存放着相应的功能代码(如应用程序 app、动画 Animation、属性提供 Content、图形处理 Graphics、多媒体 Media、操作系统 OS、文字编辑显示 Text、显示组件 Views 等)，如图 3.1 所示。

另一个和源码相关的目录 gen 由 ADT 自动生成，在其中存放着 Eclipse 自动生成的 R.java 类资源文件，其作用相当于项目字典，并为文字字符串、UI 布局、图片声音等资源文件等创建一个唯一的 ID 号，如果程序

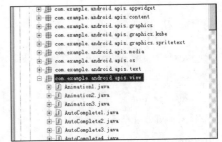

图 3.1　源码在 src 中按包存放

开发人员变更了任何资源文件属性，R.java 文件会随之变动并自动更新 R.java 文件。

> Tips：R.java 是采用 aapt 自动生成的文件，一般不要改动，否则资源的内存地址会发生错误，程序就无法运行了。如果向资源目录中增加或删除了资源文件，可能需要在工程名称上右击，选择 Refresh 来更新 R.java 文件中的代码。

在 R.java 声明 R 资源类后，就可以在 Java 源码、Activity 等程序中使用相应方法导入、使用相应的资源了，基本方法是 R.资源类型.资源名称。如下代码(位于本章示例 ServiceDemo 中)演示了通过这种方式引用按钮的方法(注意：代码中的 id 号为 start 和 stop 的两个 Button，需要事先在 XML 文件中定义，以 start 为例，方法是在 XML 定义了相应的 Button 后，添加如下语句：android:id = "@+id/start")。

```
public void findView(){
    startbutton=(Button)findViewById(R.id.start);//开始按钮
    stopbutton=(Button)findViewById(R.id.stop);//终止按钮
}
```

从如上代码中可见，如果要在 Java 源码中使用 Android 系统的资源文件，则只需在资源变量中使用如下类似的方法表示，即：R.资源类型.资源名称。其中的"资源类型"可以是放置图像的文件夹、XML 文件或布局文件的文件名，而"资源名称"是资源名或 XML 文件中的文件或变量名，如：

(1) R.drawable.background：表示使用资源文件 res\drawable\background.png 背景图片。

(2) R.string.title：表示使用资源文件 res\values\string.xml 中定义的 title 字符串变量。

(3) R.layout.abc：表示使用资源文件 res\layout\abc.xml 布局文件(注：自定义的布局文件 abc.xml 需放置在 res\layout 下)。

(4) R.anim.abc：表示使用 res\anim\abc.xml 动画定义文件(注：abc.xml 需放置在 res\anim 目录下)。

3.1.2 Android.jar 与 asserts

在应用程序中，一般有诸如 Android1.1、Android2.0、Android2.2 等多个文件夹，在其下

面的 Android.jar 文件是支持该应用程序运行的 JAR 包，它同时还包含该应用程序打包 APK 文件时需要的 META-INF 目录，同时它也是 Android 架构中的"Android RunTime"层中与 Dalvik 虚拟机同处一层的 Android Core Library。这个 JAR 文件是应用程序的基础，其中的内容如图 3.2 所示。asserts 存放项目相关的资源文件，例如文本文件等。

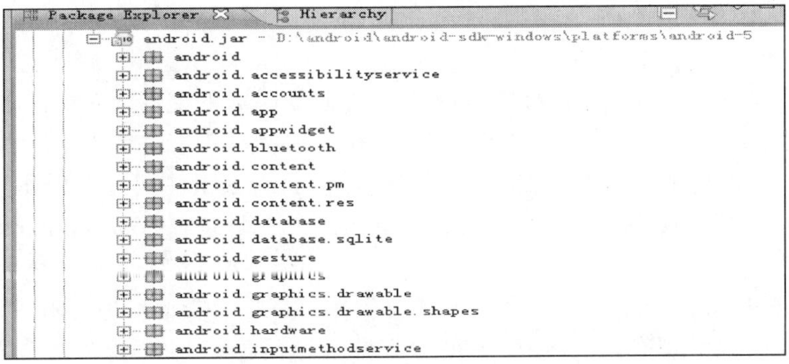

图 3.2 Android Core Library

3.1.3 资源目录 res

res 目录下存放资源文件，常见的资源有图片(一般位于 res\drawable 下，如 icon.png 图标就是将工程安装到仿真器时的应用程序图标)；声音(一般位于 res\raw 下，如果没有这个 raw 文件夹，可新建一个)；动画(一般位于 res\anim 下)；布局文件(一般位于 res\layout 下，其中的 main.xml 是 Android 系统自带的窗口界面设计布局文件，用户可根据需要新建多个 XML 布局文件，这些 XML 文件仅使用简单的描述语言就可以达到布局的目的，比直接写 Java 代码更方便些)；参数描述文件(一般位于 res\values 下，其中的 string.xml 也是系统自带的字符串资源描述文件，可能这里还有定义画面显示风格的 styles.xml、定义绘图或文字字符串颜色的描述文件 colors.xml、定义显示字符串或图像的尺寸描述文件 dimens.xml、数组描述文件 arrays.xml 等)；程序运行时所需读取的其他 XML 文件(一般位于 res\xml 下)等。

> Tips：res 目录下的 anim、xml、raw 文件夹并不是 Android 程序默认生成的，这三个目录一般放置动画文件 anim.xml、其他用途的 XML 文件、音效文件等。

1. string.xml

字符串资源描述文件 string.xml 一般位于工程 res 文件夹下的 values 子文件夹下。下面的代码是一个典型的 string.xml 示例。

```
<?xml version="1.0" encoding="utf-8"?>
<resources>
    <string name="hello">Hello World，HelloActivity!</string>
    <string name="app_name">应用程序的名字</string>
</resources>
```

上述代码段的第 1 行定义了 XML 版本与编码方式；第 2 行以后使用<resources>与

</resources>包围要定义的字符串变量，其中的基本语法是：

<string name="字符串变量名">该变量的具体属性值 </string>

如果需要在 Activity 中显示相应的字符串变量，可以在 strings.xml 文件中添加相应的<resources>，并在其中添加<string>和</string>部分(参见本章示例的 ConnectingInternet 工程文件中的相应代码)。

2. main.xml

main.xml 是对 Activity 中组件进行布局的系统默认生成的文件。对于上面提到的本章示例的 ConnectionInternet 工程而言，单独设定的 strings.xml 是不能完成指定的上网操作的，还需要修改 res\layout\main.xml 内容并给出一个布局。在 main.xml 中可以引用那些在 strings.xml 中定义好的字符，相应代码如下所示。需要说明的是，由于这个 ConnectionInternet 工程需要相应的 URL(而它们以超链的形式存在)，因此这里的 android:autoLink 属性需要设置为"all"。代码段中的 android:autoLink="all"表示只要文字字符串里有类似网址 URL 那样的字符，单击后就会打开内置的浏览器并在手机屏幕上显示该网站。对应的工程参见本章示例的 ConnectingInterent 工程。

```
<?xml version="1.0" encoding="utf-8"?>
<LinearLayout xmlns:android="http://schemas.android.com/apk/res/android"
    android:orientation="vertical"
    android:layout_width="fill_parent"
    android:layout_height="fill_parent">
  <TextView
    android:id="@+id/text"
    android:layout_width="fill_parent"
    android:layout_height="fill_parent"
    android:autoLink="all"
    android:textSize="25sp"
    android:text="@string/autolink_text"/>
    <!-- auto_text 在 strings.xml 中定义 -->
    <!-- 注意这里的 autoLink 属性为 all 时，可以打开指定的超链 -->
</LinearLayout>
```

需要注意的是，在 Android 应用程序中，XML 布局和资源文件并不包含在 Activity 的 Java 源码中，各种资源文件由系统自动生成的 R.java 文件来管理。如果需要引用相应的布局，可在 Java 源码中通过 setContentView(XML 布局文件名称)将其引用(当然这是默认的显示方式)。如果在 Activity 文件中通过其他的某种方式另行指定了显示字符串(如采用如下代码)，则 strings.xml 中设好的默认显示字符串就不再起作用了。

```
setContentView(R.layout.main);
TextView tv = new TextView (this);
tv.setText("显示字符串");//文字
```

另外，在一个工程中，可以为不同的 Activity 指定不同的 XML 布局文件。在本章示例的 DatePickerDemo 工程中，定义了两个不同的 XML 布局文件，其中一个 Activity(即 DatePickerDemo_Activity)使用的 XML 布局文件和另一个 Activity(即 MyActivity)使用的 XML

布局文件是不一样的(二者分别使用了 main.xml 和 mydatepickerlayout.xml 文件作为其布局文件)，详见本章示例的 DatePickerDemo 工程文件。

3.1.4 应用程序整体布局文件 AndroidManifest.xml

Android 程序必须在根目录下包含 AndroidManifest.xml 文件。AndroidManifest.xml 定义了应用程序的整体布局、提供的内容与动作、描述程序的信息(如名字、服务、处理数据、版本、图标)、Activity 以及 intent filter 动作等，它是应用程序的重要组成文件。

打开 AndroidManifest.xml 底部的 Links 选项，会看到 Application(应用程序相关设置)、Permission(权限设置)、Instrumentation(源代码的组成设置)、XML Source(XML 源代码)、Documentation(XML 帮助文件)等内容。例如，打开其 Application 属性，单击 "Label" 字段右侧的【Browse】，可以设置此应用程序的名称(如为 strings.xml 里定义的 app_name 变量设置值)；同样地，可以在 "Icon" 字段中选择 res\drawable\icon.png 图像作为该应用程序图标，如图 3.3 所示(限于篇幅，其他字段功能不再赘述，读者可自行尝试)。完成设置后，所有资源会自动更新到 R.java 中。

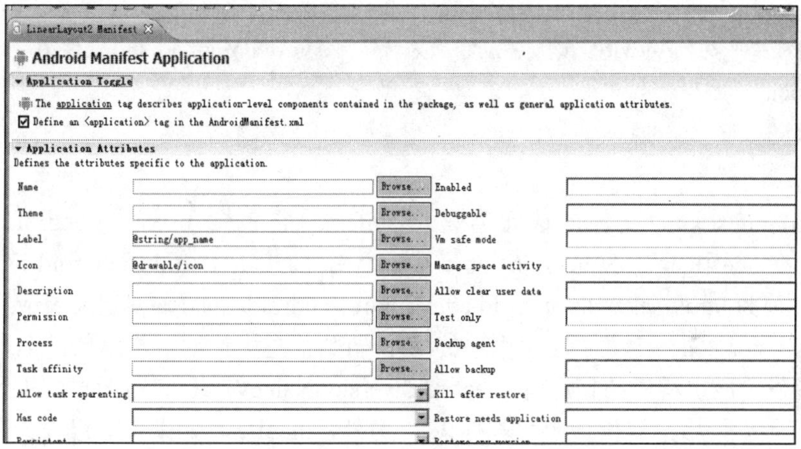

图 3.3 AndroidManifest 中的 Application 属性设置

一个典型的 AndroidManifest.xml 内容可能如下所示，在其中我们对关键部分的代码及其作用进行了注释，详见代码中的 "<!--说明文字-->"。

```xml
<?xml version="1.0" encoding="utf-8"?>   <!--声明 XML 文件开始 -->
<manifest xmlns:android="http://schemas.android.com/apk/res/android"
    package="com.EditTextDemo"
    android:versionCode="1"
    android:versionName="1.0">
    <!—上述为包名、版本号等 -->
    <!-- xmlns 是 XML NameSpace 的缩写，声明自此以后所有的 android 变量都将代表
http://schemas.android.com/apk/res/android 链接引用 Android 系统提供的 UI 资源 -->
    <application android:icon="@drawable/icon" android:label="@string/app_name">
    <!-- 说明：在 android: icon 指定应用程序图标，在 android:label 指定字符 app_name 内容为应用程序名称 -->
```

```xml
            <activity android:name=".EditTextDemo_Activity"
                android:label="@string/app_name">
        <intent-filter>
            <action android:name="android.intent.action.MAIN" />
            <category android:name="android.intent.category.LAUNCHER" />
        </intent-filter>
```
<!--当 Activity 动作发生时它会创造一个 intent object，这个 intent 抽象地描述了 Activity 想要进行的动作，intent 对象可以包含操作 Activity 时所要提供的数据或消息，共有如下几种形式：action(动作)、data(信息)、category(种类)。不同的应用程序有不同的 intent，所以要通过一个 intent-filter 来筛选最适当的数据或消息。这里使用<action>名称定义了由 android.intent.action 类进行 MAIN 动作。它使用类 android.intent.category.LAUNCHER 启动这个程序，这也是 intent 的另一种形式。-->
```xml
        </activity>
```
<!--由<activity>名称所包含的就是程序所要提供的服务。以 android 开头的变量可以用来指定各式各样的 Activity 属性布局，这里指定主 Activity 的名称是 EditTextDemo_Activity -->
```xml
        <activity android:name=".EditTextActivity"></activity>
```
<!-- 如果工程中有多个 Activity，则要手动添加其名称到 AndroidManifest.xml 文件中-->
```xml
    </application>
    <uses-sdk android:minSdkVersion="8" />   <!-- 对应相应的 SDK 版本 -->
</manifest>
```

AndroidManifest.xml 文件的根元素是 manifest，它包含了 xmlns:android、package、android:versionCode 和 android:versionName 共 4 个属性。其中，xmlns:android 定义了 Android 的命名空间，值为 http://schemas.android.com/apk/res/android；package 定义了应用程序的包名称；android:versionCode 定义了应用程序的版本号(数值越大说明版本越新，但仅在程序内部使用，并不提供给应用程序的使用者)；android:versionName 定义了应用程序的版本名称(是一个字符串，仅限于为用户提供一个版本标识)。另外，manifest 元素仅能包含一个 application 元素，application 元素中能够声明 Android 程序中最重要的组成部分，包括 Activity、Service、Broadcast Receiver 和 Content Provider，所定义的属性将影响所有组成部分。其中的 android:icon 属性定义了 Android 应用程序的图标(@drawable/icon 是一种资源引用方式，表示资源类型是图像，资源名称为 icon，对应的资源文件为 res/drawable 目录下的 icon.png)；属性 android:label 则定义了 Android 应用程序的标签名称表。表 3.2 对 AndroidManifest.xml 文件中的可能的部分标记进行了说明。

表 3.2 AndroidManifest.xml 应用程序定义文件部分标记表

XML 标 记	说　　明
<manifest>	声明 AndroidManifest 文件标记
<application>	声明应用程序类型
<uses-permission>	声明开放使用者定义的权限
<permission>	声明开放资源信息访问权限
<instrumentation>	声明仪器检测功能

(续)

XML 标记	说　　明
<users-sdk>	声明 SDK 版本
<activity>	一般的应用程序
<receiver>	接收功能应用程序(如来电显示)
<service>	服务功能应用程序(如音乐播放器，参见本章示例的 ServiceDemo 工程中的 AndroidManifest.xml 文件中的内容)
<provider>	提供功能应用程序(如数据库)
<intent-filter>	intent 过滤标记
<meta-data>	资源信息标记
<action>	动作属性标记
<category>	动作种类标记
<data>	信息标记

3.1.5　default.properties 文件

另外一个和 AndroidManifest.xml 文件有关的是 default.properties，它仅用来定义程序所使用的 Android SDK 版本，也就是目标平台或 Google APIs 是什么。这是一个配置文件，一般不需改动。

3.2　Activity 简介

可以简单地把 Activity 看成一个用户接口 UI，它提供使用者一个交互式的接口。但一个应用程序可能包含不止一个 UI，如一个 Email 程序可能包含三个 Activity：邮件列表 Activity、显示邮件内容的 Activity、写新邮件或回复邮件的 Activity。所有的 Activity 在系统中由 Activity 堆栈进行管理，当一个新的 Activity 被执行后，它将会被放置到堆栈的最顶端，并且变成当前活动的 Activity，而先前的 Activity 原则上还是会存在于堆栈中，但它此时不会在前台。

Activity 分为基本 Activity 和由它启动的 Activity。程序启动后显示的第一幅画面是应用程序的第一个 Activity(默认窗口)，而后可以根据需要从这个 Activity 启动另一个新的 Activity。可见，Android 应用程序一般由一个或多个 Activity 组成，每个 Activity 代表了可以和用户进行交互的可视化界面，并可以通过 setContentView( ) 方法将布局呈现出来，如：setContentView(R.layout.main)。

应用程序中的每个 Activity 都是通过继承和扩展基类 Activity 来实现的。所有应用的 Activity 都继承于 android.app.Activity 基类(有关 SDK 主要包的功能简介参见下文)，其他的 Activity 继承该父类后，通过重载(Override)父类的方法来实现各种需要的功能。

例如，可以在 Activity 中自定义其继承自 View 的画笔、画图等对象，这样便于在界面上绘制相应的图形。在本章示例代码中的 mydrawing 工程中，首先定义了一个主 Activity 文件，在其中通过实例化另一个 Activity(即 MyOwnViewDemo.java，它继承自 View 类，完成绘制相应图形的任务)，实现设置布局文件的目的。下面的代码是 mydrawing 工程中的主 Activity。

```java
//主 Activity 文件 mydrawing_activity，通过实例化 MyOwnDemo 来设置其 UI
package com.mydrawing.demo;
import android.app.Activity;
import android.os.Bundle;
public class mydrawing_activity extends Activity {//主 Activity，继承自 Activity
    MyOwnViewDemo my;//实例化 MyOwnViewDemo，该文件的定义在另一个 Java 文件中
    public void onCreate(Bundle savedInstanceState) { // 重写 onCreate()方法
        super.onCreate(savedInstanceState);
        my = new MyOwnViewDemo(this);//调用 MyOwnViewDemo 类实现其功能
        this.setContentView(my);//通过 my 来设定布局
    }
}
```

下面的代码是 mydrawing 工程中的另一个 Activity——MyOwnViewDemo。

```java
package com.mydrawing.demo;
import android.content.Context;
import android.graphics.Canvas;//画布
import android.graphics.Color;//颜色
import android.graphics.Paint;//画笔
import android.view.View;
public class MyOwnViewDemo extends View{   //定义一个继承自 View 而非 Activity 的 Activity 类
    Paint myownpainter;   //声明一个用于绘图的画笔
     public MyOwnViewDemo (Context context){    // 该 Activity 的构造函数
        super (context);
        myownpainter = new Paint();//类的实例化
        myownpainter.setColor(Color.GREEN);//设置颜色
        myownpainter.setTextSize(28);//设置字体大小
    }
    public void onDraw (Canvas canvas) {//绘图，用于 UI 绘制
        super.onDraw(canvas);
        canvas.drawColor(Color.BLUE);//背景色
        canvas.drawRect(11，22，33，44，myownpainter);//用画笔画一个矩形
    }
}
```

3.3 Intent、Intent-filters、Intent Receiver、Broadcast Receiver 简介

Broadcast 是在组件之间传播数据的一种机制，它就像 Binder 机制一样，起到进程间通信的作用，但它和 Binder 机制不一样的是，广播的发送者和接收者事先是不需要知道对方的存

在的,这样带来的好处是系统的各个组件可以松耦合地组织在一起,系统具有高度的可扩展性,容易与其他系统进行集成。

Activity、Service、Broadcase 等组件之间的通信使用的是 Intent(各个组件使用的 Intent 机制可能不同)。Intent 是一种运行时的绑定机制,用来描述一个程序想要做些什么事情、从一个 Activity 跳到另一个 Activity 等。通过 Intent,应用程序可以向 Android 表达某种请求,Android 会根据请求的内容选择适当的组件来完成请求。如 Activity 希望打开网页浏览器查看某一网页的内容,那么这个 Activity 只需发出相应的请求给 Android,Android 会根据 Intent 的请求内容,查询各组件注册时声明的 intent-filter,找到网页浏览器 Activity 来浏览网页。Intent 对象抽象地描述了要执行的操作。有了 Intent,各个 Activity 间的切换是很方便的,系统通过调用 startActivity()方法并在定义好的 intent-filter 中找到匹配的 Intent 对应的 Activity,startActivity 方法将触发另一个 Intent 的动作。例如,如果需要从 Activity A 跳转到 Activity B,相关代码如下:

import android.content.Intent;//需要引用 Intent 包
//略
Intent my = new Intent (A.this,B.class);
startActivity(my);

或者,也可以这样实现跳转:

import android.content.Intent;//需要引用 Intent 包
//略
Intent my = new Intent( );
my.setClass(A.this,B.class);
startActivity(my);

有关通过 Intent 来启动相应 Activity 的操作,详见本章示例程序中的 HelloIntent 工程。

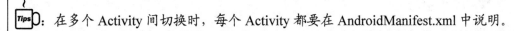:在多个 Activity 间切换时,每个 Activity 都要在 AndroidManifest.xml 中说明。

前面已经提到,应用程序通过 Intent 向 Android 系统发出某种请求后,系统会根据请求查询 intent-filter,找到相应的组件并运行它。如果说 Intent 是一个请求,则 intent-filter 用于描述一个 Activity(或者 Intent Receiver)能够操作哪些 Intent 等。如 Activity 要显示一个人的联系方式,需要声明一个 intent-filter,这个 intent-filter 要知道怎样去处理 VIEW 动作和表示一个人数据的 URI。Intent 以及 intent-filter 会在 AndroidManifest.xml 中声明(参见前文中对 AndroidManifest.xml 的声明)。

一般来说,Intent 对象是对一次即将执行的操作的抽象描述,它主要包含如下 6 类信息(但并非每个都必须包含这 6 类信息):

(1) component name:指定 Intent 的类名称。

(2) action:对执行动作的描述,有程序入口点 MAIN、VIEW、DIAL、PICK、EDIT、DELETE 等多种。

(3) data:对与动作相关联的数据进行描述,使用 URI 的形式表示。

(4) category:对执行动作的附加信息进行描述,如 category android:name="android.intent.category.LAUNCHER"。

(5) extras：对附加信息的描述。

(6) flags：标志如何来启动 activity。

Intent 的主要功能有：

(1) 通过 context.startActivity()或者 activity.startActivityForResult()来启动 Activity(详见本书后续章节内容)。

(2) 通过 context.startService()启动一个新服务。通过 context.bindService()来建立客户端和服务的连接。

(3) 通过广播机制发送出去的 Intent 将会传给所有监听此 Intent 的 Broadcast Receiver。

当希望应用程序能够对一个外部事件(如电话呼入、短信呼叫)做出响应时，可以考虑使用 Receiver。Broadcast Intent Receiver 并不能用来显示 UI 界面，它必须利用 NotificationManager 来通知使用者相关的事件(如电话呼叫、短信等)发生了。Broadcast Intent Receiver 同样需要在 AndroidManifest.xml 中声明，但也可以用写 context.registetReceiver()程序的方式来注册自己的 Broadcast Intent Receiver。需要说明的是，用户自己的程序并不会因为 Broadcast Receiver 被呼叫而执行起来，而是当 Broadcast Receiver 被触发时，系统依照需求来执行相应的应用程序。程序可以利用 context.sendBroadcast()来发出自己的 Intent Broadcast 给其他程序。Intent Receiver 在设定的事件发生时，会使用 NotificationManager 通知用户，但它并不生成一个 UI。Intent Receiver 既可以在 AndroidManifest.xml 中注册，也可以在 Java 代码中使用 context.registerReceiver()注册。注册之后，当事件来临时，即使程序没有启动，系统也在需要的时候启动程序。

另外，应用程序还可以通过使用 context.sendBroadcast()将它们自己的 Intent Broadcasts 广播给其他的应用程序。系统会在需要的时候启动相应的应用，而各种应用还可以通过使用 context.broadcastIntent()将自己的 Intent Receiver 广播给其他的应用程序。

3.4　Service 简介

Service 是运行在后台的具有较长生命周期却没有用户界面的程序，它一般负责处理一些用户看不到但会持续一定时间的事情，如后台播放音乐等就是典型的 Service 服务，这个动作由播放音乐的 Service 进行控制。所有的 Service 继承自系统的 Service 类，并且在配置文件中进行注册。一般地，Service 由 Activity 启动，但它并不依赖于 Activity。因此，即使 Activity 结束后，可能 Service 仍会运行，直到其生命周期结束(如用户按下了停止音乐播放的快捷键时)。

Service 是不能自己启动的，它一般是通过 Context 对象(如一个 Activity)调用 startService(Intent service)或 context.bindService()方法来启动的。例如，对于 startService 这种方法，若 Service 尚未启动，则首先会调用该 Service 的 onCreate 方法，然后再调用 onStart 方法；若 Service 已经启动，则会直接调用 onStart 方法。该方法启动的 Service 可以通过 context 对象调用 stopService 方法来关闭，也可以通过 Service 自身调用 stopSelf()或 stopSelfResult() 来关闭，关闭之前调用 onDestory 方法。限于篇幅，有关 Service 的细节暂不赘述，未尽事宜可参阅本书第 8 章中的内容。

3.5 Content Provider 简介

数据(包括文件数据和数据库数据)可以用数据库、文件、网络等存储，外界可以通过一套标准而统一的接口和数据打交道。当需要在不同程序间交换数据时，可能就要用到 Content Provider。它通过标准的 API 接口，能够让其他的应用程序保存或读取此 Content Provider 的各种数据类型。Android 系统已为一些常用的数据创建了 Content Provider，这些 Content Proivder 大都位于 android.provider 下，只要有相应的权限，自己开发的应用程序就可以访问这些数据。下面是常用的 API 接口：

(1) query(Uri，String[]，String，String[]，String)：通过关键字查询数据。
(2) Insert (Uri，ContentValues)：将一组数据插入到指定的地方。
(3) update(Uri，ContentValues，String，String[])：更新数据。
(4) delete (Uri，String，String[])：删除数据。

对于 Content Provider，最重要的就是数据模型和 URI。Content Provider 为所有需要共享的数据创建一个数据表，表中每行表示一个记录，都包含一个名为"_id"的字段类，用来标识每条数据。每个 Content Provider 都会对外提供一个公开的 URI 来标识自己的数据集，当管理多个数据集时，将会为每个数据集分配一个独立的 URI。大多数的 URI 都以 "content://" 开头。需要说明的是，使用 Content Provider 访问共享资源时，需要为应用程序添加适当的权限才行。

3.6 Android SDK 部分 API 功能简介

Android SDK 中的各种相关包被组织成 android.*的方式，主要有：
(1) android.app：提供程序模型、基本的运行环境等，如 Activity、ListActivity 等。
(2) android.content：提供对数据进行访问和发布的类，如 Content Provider、Intent 等。
(3) android.database：通过 ContentProvider 浏览和操作数据库，如 SQLite、Cursor 等。
(4) android.graphics：提供底层的图形服务。使用时，如果需要不同的颜色，可以在引入 import android.graphics.Color 后，使用相应的颜色值，常用的有 Color.BLACK、Color.BLUE、Color.CYAN、Color.GRAY 等。如果想设置和使用不同的字体，可以引入 import android.graphics.Typeface，之后可以使用不同的字体，如 int Style 类型有粗体 BOLD、粗斜体 BOLD_ITALIC、普通字体 NORMAL 等，而 Typeface 类型有默认的 DEFAULT、单倍间距 MONOSPACE、默认粗体 DEFAULT_BOLD 等多种类型。
(5) android.location：提供定位和相关服务的类。
(6) android.media：提供管理音频、视频媒体的类和接口，如 MediaPlayer 等(参见本章 ServiceDemo 示例工程中的 Mymusic.java 中的相应内容)。
(7) android.net：提供网络访问的类，如 LocalSocket、Proxy 等。
(8) android.os：提供基本的系统服务、消息传输、进程间的通信机制等，如 Debug、Messenger 等。
(9) android.opengl：提供 OpenGL 的工具、3D 加速等。
(10) android.provider：提供用于访问 Content Provider 的类和接口。

(11) android.telephony：提供拨打电话功能的 API，如 CellLocation、ServiceState 等。

(12) android.view：提供基础的用户界面接口框架，如 ViewGroup 等。

(13) android.util：包含一些底层辅助类(如特定的容器类、XML 辅助工具类等)；提供工具方法，如 Log 等。

(14) android.webkit：提供浏览器操作接口，如 WebView 等。

(15) android.widget：提供各种 UI 元素，如 List、Button、Layout 管理等。

(16) android.text：提供文本处理工具，如 Layout 等。

另外，Android 还有许多可选 API，如谷歌地图等，暂不赘述。

3.7 本章小结

本章主要介绍了一些概念，涉及 Android 应用程序基本组成、AndroidManifest.xml 简介、Activity、Intent、intent-filter、Intent Receiver、Broadcast Receiver、Service、Content Provider 等，并简要介绍了 SDK 主要包的功能，以期能为后续开发 Android 应用程序打下良好基础。待学完本书后续相关章节中有关 Activity、Intent、Service、Broadcast、Content Provider 等的内容后，会对本章相关概念有更深入的理解。

思考与实践

1. Activity 和 Intent 间是什么关系？
2. 新建一个 Android 应用程序，打开其 AndroidManifest.xml，了解各组成成分及其功能。
3. 常用的 Android SDK 中的包有哪几种？各提供哪些主要功能？

第 4 章　界面布局与常用资源使用

本章介绍 Android 界面布局与常用资源的使用方法，主要介绍通过 XML 文件进行 UI 布局的方法。Android 应用程序的界面布局方式(如线性布局、相对布局、绝对布局、表格布局、帧布局等)，以 XML 的形式存放在工程中，用户只需编辑 XML 资源文件即可得到相应的界面布局。除此之外，本章介绍在 Activity 中通过编程的方式指定某种布局、在 Activity 中定义和引用布局并将相应的 widget 控件增加到指定的布局中的方法，并给出具体的实现。另外，本章介绍存放在 Android 工程中的资源文件的调用和使用方法。学习本章内容时，要求重点掌握如下知识点：

● 掌握常见的布局方式，会通过 XML 文件构建线性布局、相对布局、绝对布局、表格布局、帧布局等常用布局。

● 掌握在 Activity 中通过编程构建指定布局的方法，会向布局中增加常见的 widget 组件并显示。

● 掌握在应用程序中通过 setContentView()方法引用 XML 布局资源的方法。

4.1　概述

用户界面 UI 一般由一组继承自 View 基类的某个可视化控件和 ViewGroup 构成。基类 View 则提供了控件绘制和事件处理的基本方法，而某个 View 对象的属性存储了屏幕上一个特定区域的布局参数和内容。表 4.1 是 View 类部分常用属性及其说明。任何继承自 View 的子类都会拥有 View 类的这些属性及对应的方法。

表 4.1　View 类部分常用属性说明

XML 属性	Java 中对应方法	Java 中对应方法功能及使用说明
android:background	setBackgroundResource(int)	设置背景，如：linearLayout.setBackgroundColor(Color.BLACK)
android:clickable	setClickable(boolean)	设置是否响应单击事件，如：bt1.setClickable(false)
android:visibility	setVisibility(int)	设置该 View 控件是否可见
android:focusable	setFocusable(boolean)	该 View 控件是否捕获焦点，如 myet1.setFocusable(false)
android:id	setId(int)	设置该 View 控件标识符，如 mytv1.setId(1)，可用 findViewById 方法获取其 ID 值
android:orientation	setOrientation()	布局方向，如：ll.setOrientation(LinearLayout.VERTICAL)

(续)

XML 属性	Java 中对应方法	Java 中对应方法功能及使用说明
android:layout_width 及 android:layout_height		宽度及高度
android:text	setText()	显示文字，如：mytv1.setText("输入框和按钮示例")
android:textColor	setTextColor()	文字颜色，如：myet1.setTextColor(Color.RED)

针对上述表格中 View 常用属性的示例(注：主要是 Java 中对应方法的使用示例)，参见本章示例的 ViewAttributeDemo 工程。需要说明的是，这种布局方法不是采用 XML 文件布局，而是采用直接在 Activity 中定义和编写布局的方法。部分代码如下所示：

```
//import 语句，略
public class ViewAttributeDemo_MainActivity extends Activity {
    private LinearLayout ll;//注意这种定义线性布局实例的方式
    private TextView mytv1;//定义文本控件 TextView 的实例
    private EditText myet1，myet2;//定义输入框 EditText 的两个实例
    private Button bt1;//定义按钮实例
    @Override
    public void onCreate(Bundle savedInstanceState) {
        super.onCreate(savedInstanceState);
        ll = new LinearLayout(this);//实例化 LinearLayout 对象
        ll.setOrientation(LinearLayout.VERTICAL);//设置这个线性布局对象的布局方式是垂直布局
        ll.setBackgroundColor(Color.BLACK);//设置这个线性布局对象的布局背景色
        setContentView(ll);//加载上述设定的 LinearLayout 布局而不是通常的 XML 文件布局
        //赋值 mytv1，myet1，myet2，bt1 中的相应属性，略
        ll.addView(mytv1);//向布局中增添一个文本对象
        ll.addView(myet1);//向布局中增添一个输入框对象
        ll.addView(myet2);//同上
        ll.addView(bt1);//向布局中增添一个按钮对象
    }
}
```

组件可以有多种不同的布局方式，而组件的各种布局由 View 的容器 ViewGroup 类派生。Viewgroup 类作为一个基类为 Layout 服务，其主要功能是装载和管理一组 View 和其他的 ViewGroup，因此可以嵌套 ViewGroup 和 View 对象，而它们共同组建的顶层 View 可以由应用程序中的 Activity 中使用 setContentView()方法来显示。所有的 View 和 ViewGroup 都支持如下的 XML 属性。

4.1.1 组件的 ID 属性

ID 可用于在 Java 代码中引用这个相应的控件(当 Java 程序被编译时，这个 ID 作为一个整数被引用，但通常是在布局 XML 文件中以字符串的形式定义一个 ID)。如果新建了一个组件(如按钮 Button)，可以在 XML 中采用如下方式为其分配 ID 号：android:id="@+id/my_button"(注：

在"@+id/"后面的字符是设定的 ID 号)。这里的"@"表示 XML 解析器应该解析 ID 字符串并把它作为 ID 资源,如对于"@string/button1"而言,解析器会从工程的 values\strings.xml 里面读取 button1 变量的值;"+"表示这是一个新的资源名字,它被创建后应加入到资源文件 R.java 中。如果在 Java 中引用相应的 ID 时,则不需要"+"符号,此时需要创建这个 View 对象(如 Button)的实例(如 myButton),并通过其 ID 号获取它,例如可以用如下代码实现通过 ID 号访问相关资源的方法:

> Button myButton = (Button) findViewById(R.id.my_button);

上述代码中 findViewById()取得布局上元素的句柄(前提是已经在布局 Layout 文件中设置好相应元素的 ID)。

> 注意在定义资源之前一定要先使用 android:id 属性定义它的 ID 号,之后这个资源才能被记录到 R.java 中,然后才能在后面的 Java 源码中使用。

下面的代码则是通过该语句取得 EditText 句柄:

```
public class Editer_Activity extends Activity {
private EditText my;//定义变量
    @Override
    public void onCreate(Bundle savedInstanceState) {
        super.onCreate(savedInstanceState);
        setContentView(R.layout.main);//在这个 main.xml 中应提前定义好 EditText 的 ID
        ((TextView)findViewById(R.id.myedittext)).setText(R.string.hello);//用在 values\strings.xml 中设置的
hello 字符串显示在 ID 号为 myedittext 的 EditText 控件中。此处进行了 TextView 类型转换
        my = (EditText)findViewById(R.id.myedittext);//将用户输入的内容存储到 my 变量中
//略
    }
//后略
}
```

在本章示例的 Editer 工程中,除了演示上面提到的使用 ID 号来操纵组件外,还通过 Log 方式输出中间信息:Log.d("Test", String.valueOf(editText.getText()))。为了能在 Logcat 输出框中看到所设置的信息,只需在控制台的 LogCat 中,单击绿色十字按钮"Create Filter",填入在代码中设定的标识(如在这里我们设置为"Test"),就会在 LogCat 中显示出相应的输出内容,如图 4.1 所示。

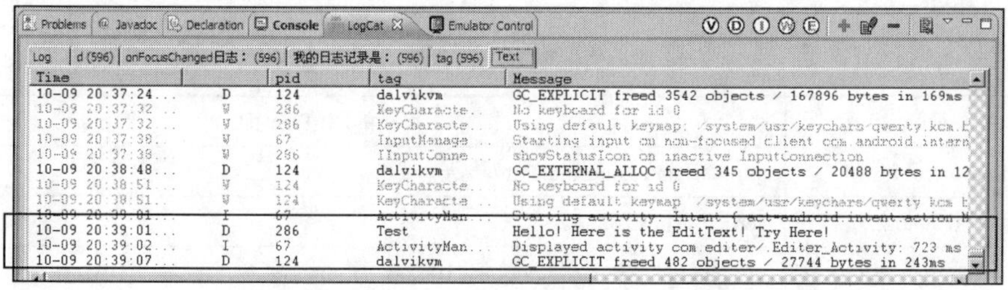

图 4.1 通过 LogCat 输出相应的中间信息

4.1.2 尺寸参数

Layout 尺寸参数一般是指诸如 layout_height、layout_width 等参数,如:android:layout_width="fill_parent"。在表示尺寸时,可用确定的数字(如 50px),也可以采用参数 fill_parent 或者 wrap_content,二者的区别如下:

(1) fill_parent:强制性地使构件扩展,以填充布局单元内尽可能多的空间。

(2) wrap_content:强制性地使视图扩展以显示全部内容。以 TextView 和 ImageView 控件为例,设置为 wrap_content 将完整显示其内部的文本和图像,布局元素将根据内容更改大小。

4.1.3 部分 XML 布局组件标记及布局属性

表 4.2 列出了部分 XML 常用布局组件的标记,它们是可以在 XML 布局文件中引用的。

表 4.2 部分 XML 常用布局组件标记

标 记	说 明	标 记	说 明
<AutoCompleteTextView>	自动提示文字菜单	<ImageView>	图片显示
<TextView>	文字显示组件	<ImageSwitcher>	图片切换显示
<Button>	按钮	<Gallery>	照片艺廊
<ImageButton>	图形按钮	<GridView>	小图标显示
<ToggleButton>	ON/OFF 按钮组件	<Spinner>	下拉式菜单
<RadioButton>	无线选项按钮	<ScrollView>	画面滚动
<RadioGroup>	Radio 按钮组	<TableRow>	在 Table Layout 中增加新行
<CheckBox>	复选选项	<TimePicker>	时间调整
<EditText>	文本编辑框	<VideoView>	影片显示组件
<ListView>	条列菜单	<ViewFlipper>	文字动画显示
<MapView>	地图	<ViewGroup>	显示组
<ProgressBar>	进度条	<WebView>	网页显示
<DatePicker>	日期调整		

表 4.3 列出了部分 XML 常用布局属性(有的 widget 控件可能没有表中列出的部分属性,需根据具体情况选择)。另外,表 4.3 中列出的标记是在 XML 布局文件中使用的,有些标记有对应的 Java 方法(如在 XML 中使用的 android:id = 有对应的 Java 方法:setId()),而有些则没有对应的 Java 方法。

表 4.3 Android 部分布局属性

标 记	可能的取值或说明
xmlns:android	http://schemas.android.com/apk/res/android
android:orientation	vertical,horizontal。
android:layout_width	fill_parent,wrap_content,或 100dip,50dip 等
android:layout_height	同上

(续)

标 记	可能的取值或说明
android:weight android:layout_weight	0,1。有关 layout_weight 的实际应用总结参见后续 13.3 节中的说明
android:layout_gravity	显示位置,默认为 top,可取 bottom、left、right、fill_vertical、fill_horizontal、center、fill、center_vertical、center_horizontal 等。center_vertical 为垂直居中,余类似
android:padding	20sp,20dip 等
android:paddingTop	20sp,20dip 等
android:id	@+id/myname
android:autoText	自动拼写帮助
android:text	@string/myname,或直接给定字符
android:textColor	#rgb,#argb,#rrggbb,#aarrggbb 等
android:textSize	20sp,20dip 等
android:textAlign	文字对齐,如取值 center。(EditText 没有这个属性)
android:textScaleX	控制字与字之间的间距,如取值 1.5
android:textColorHighlight	设置被选中文字的底色,如取值#cccccc,默认为蓝色
android:typeface	字型,取值可以为 normal、sans、serif、monospace 等
android:editable	设置是否可编辑
android:hint	设置显示在控件上的提示信息
android:textColorHint	设置提示信息文字的颜色,如取值#ffff00,默认为灰色
android:numeric	设置输入数字类型,取值为 integer 表示只能输入整数,decimal 表示输入小数
android:capitalize	取值为 characters 时,显示大写字母
android:textSize	设置字体大小,如取值 20dip 等
android:textStyle	字体,取值为 bold、italic、bolditalic 等
android:textColor	设置字体颜色,如取值为#ff8c00 等,或 COLOR.BLUE 等(需引用相应的包)
android:password	取值 true 或 false。为 true 时,输入显示为密码
android:singleLine	取值 true 或 false,设置单行输入是否为真,如设置 true,则不自动换行
android:src	@android:drawable/png,@drawable/png
android:background	@drawable/png 或#rrggbb
android:password	true,false
android:autoLink	All
android:max	0~100
android:progress	0~100
android:numStars	1~5
android:rating	0.5,1,1.5,2,2.5,3,3.5,4,4.5,5
android:flipInterval	1000,2000 (ms)
android:layoutAnimation	@anim.anim_layout
android:animation	@anim/文件名

(续)

标 记	可能的取值或说明
android:verticalSpacing	10dp,10dip 等
android:horizontalSpacing	10dp,10dip 等
android:numColumns	Auto_fit
android:columnWidth	10sp,10dip 等
android:stretchMode	ColumnWidth
android:enabled	True
android:clickable	True

有关添加及使用 View 控件的示例,参见本章示例工程中的 LinearLayout。在这个工程中的布局文件中,添加了 Button、TextView 等,并设定了其显示方式。

4.2 布局及其加载

Android 中的布局管理一般要在 XML 中进行规划和设计。布局方式有线性布局(Linear Layout)、相对布局(Relative Layout)、表格布局(Table Layout)、网格视图(Grid View)、标签布局(Tab Layout)、列表视图(List View)、绝对布局(Absolute#Layout)、帧布局(Frame#Layout)等。一般地,有以下两种创建布局的常用方式。

方式一:在 XML 文件(如 main.xml,也可自定义其他名称的 XML 文件)中声明布局方式,之后在 Java 程序(如 Activity)中用 onCreate()方法调用相应的 setContentView()就可以了,如:setContentView(R.layout.布局 XMl 文件名)。此时一般不需编写很多的 Java 代码,优点是直观、简洁,实现了 UI 界面和 Java 逻辑代码的分离。本章示例工程中的 TextViewSimple 工程是取出存于 main.xml 中 ID 为 mytextview 的 TextView(需先在 main.xml 中定义好),并在 Activity 标题中显示,实现代码如下:

```
import android.app.Activity;
import android.os.Bundle;
import android.widget.TextView;
public class TextViewSimple_MainActivity extends Activity {
    @Override
    public void onCreate(Bundle savedInstanceState) {
        super.onCreate(savedInstanceState);
        setContentView(R.layout.main);//采用 main.xml 布局,其中设定了 TextView(ID 为 mytextview)
        TextView msgTextView = (TextView)findViewById(R.id.mytextview);//得到 TextView 中的内容
        msgTextView.setText(R.string.hello);
    }
}
```

方式二:在 Java 程序中通过代码直接实例化布局及其组件。这种方法不用 XML 布局,但可读性较差,且数据的直观表现和逻辑处理纠缠在一起,往往显得程序比较复杂。如前面提到的本章示例的 ViewAttributeDemo 工程，就是通过编写 Java 代码直接实例化布局及其组件。有关这种方法的更详细的说明参见本章 4.8 节"在 Activity 中定义和引用布局"中的介绍。

4.3 线性布局 LinearLayout 及其使用

线性布局 LinearLayout 是在 res\layout\main.xml 中定义的一个 ViewGroup，以垂直或水平方向显示其中的 view 元素。它将其包含的 widget 控件元素按照一个方向——即垂直和水平方向——进行排列(由属性 orientation 的值来决定，android:orientation="vertical"为垂直布局，android:orientation="horizontal" 为水平布局)。当在 XML 中设置时，可以先在 res\values\string.xml 中定义字符串变量，在 res\layout\main.xml 中给出布局方式(如线性垂直布局)并调用在 res\values\string.xml 中定义的字符串变量(以 android:text="@string/在 string.xml 中定义的变量字符串名"方式来引用字符串变量的值)，还可以通过设置空间的 weight 参数控制各个控件在容器中的相对大小。表 4.4 列出了线性布局常用的属性。

表 4.4 线性布局常用属性及其说明

属性名称	功 能 说 明
android:orientation	设置线性布局的水平或垂直布局方向
android:gravity	指定如何放置此对象(设置线性布局的内部元素的布局方式)，可取多个用"|"分开的值。可供取值有：top(到容器顶)、bottom(底)、left(左)、right(右)、center_vertical(纵向中央)、center_horizonal(横向中央)、center(中央)、fill_vertical(纵向拉伸以填满容器)、fill_ horizonal(横向拉伸以填满容器)、fill(纵向横向同时拉伸以填满容器)等
android:baselineAligned	是否允许用户调整其内容的基线
android:weightSum	指定布局总共的权值大小
android:baselineAlignedChildIndex	当一个线性布局与另一个布局是按基线对齐的一部分，它可以指定其内容的基线对齐方式

有关线性布局的例子，可参见本章示例工程中的 Linear Layout 工程。

```
<?xml version="1.0" encoding="utf-8"?>
<LinearLayout xmlns:android="http://schemas.android.com/apk/res/android"
    android:orientation="vertical"
    android:layout_width="fill_parent"
    android:layout_height="fill_parent" >
    <Button
        android:text="@string/button1name"
        android:id="@+id/button1"
        android:layout_width="wrap_content"
        android:layout_height="wrap_content"
        android:layout_marginTop="5px"
        android:layout_weight="1"   />
    <!--注意按钮 id 编号、布局、大小表示等。注意引用字符变量的方式："@string/button1name"。注意控件编
```

号方式：android:id="@+id/button1"。"wrap_content"值为包住文字。android:layout_marginTop="5px"为距顶的距离 -->
//另一个 Button 的设定略
<TextView
　　android:id="@+id/label"
　　android:layout_width="fill_parent"
　　android:layout_height="wrap_content"
　　android:text="@string/hello" />
　　<!--其中的 hello 字符串变量的值是取自 res\values\string.xml 中定义 -->
</LinearLayout>

4.4 相对布局 RelativeLayout 及其使用

相对布局 RelativeLayout 是 ViewGroup 以相对位置——即可以指定相对于它的邻居的位置——来显示视图元素，例如可以在给定视图的左边或者下面，或相对于某个特定区域的位置(如底部对齐、中间偏左)等来定位元素。

线性布局和相对布局的区别是：线性布局中的控件元素的水平或垂直方向都是线性对齐的，可使用 android:gravity 属性调整 LinearLayout 向左、右或居中对齐，或使用 android:weight 属性调整 LinearLayout 的高度或宽度，也可以使用 android:padding 属性来微调各对象的摆放位置；相对布局可以单独指定某个 Layout 或某个对象对齐到另一个 Layout 或对象的位置，而不必像线性布局一样必须将所有的 Layout 与对象对齐。表 4.5 是部分相对布局的属性。

表 4.5 部分相对布局的属性

标　　记	可用参数取值
android:layout_above(将此组件放置其他某组件上方)	@id/其他的组件 ID 号
android:layout_below(将此组件放置其他某组件下方)	@id/其他的组件 ID 号
android:layout_toLeftOf(将此组件放其他某组件左边)	@id/其他的组件 ID 号
android:layout_toRightOf(将此组件放其他某组件右边)	@id/其他的组件 ID 号
android:layout_alignTop(将此组件和其他某组件顶齐)	@id/其他的组件 ID 号
android:layout_alignBottom(将此组件和其他某组件底齐)	@id/其他的组件 ID 号
android:layout_alignLeft(将此组件和其他某组件左齐)	@id/其他的组件 ID 号
android:layout_alignRight(将此组件和其他某组件右齐)	@id/其他的组件 ID 号
android:layout_marginTop(此组件距顶距离)	10sp，10dip 等
android:layout_marginBottom(此组件距底距离)	10sp，10dip 等
android:layout_marginLeft(此组件距左距离)	10sp，10dip 等
android:layout_marginRight(此组件距右距离)	10sp，10dip 等
android:layout_alignParentTop(和父容器的顶边齐平)	True
android:layout_alignParentBottom(和父容器的底边齐平)	True
android:layout_alignParentRight(和父容器的右边齐平)	True

(续)

标　　记	可用参数取值
android:layout_alignParentLeft(和父容器的左边齐平)	True
android:layout_centerHorizontal(水平居中)	True
android:layout_centerVertical(垂直居中)	True
android:layout_centerInParent(相对于父元素完全居中)	True

　　本章示例工程中的 RelativeLayout 工程就是采用相对布局描述。布局文件 main.xml 给出了这种描述(详见下方代码)，其中采用<RelativeLayout></RelativeLayout>相对布局，在其中可定义显示文字 TextView、输入框 EditText、按钮 Button 等。相对布局中，android:layout_below 是指定位置为在指定 widget 组件的下方，android:layout_toRightOf 是指定位置为在指定 widget 组件右侧等。限于篇幅，不再对所有布局属性一一赘述，使用时可查阅相关手册。

```xml
<?xml version="1.0" encoding="utf-8"?>
<RelativeLayout   xmlns:android="http://schemas.android.com/apk/res/android"
    android:orientation="vertical"
    android:layout_width="fill_parent"
    android:layout_height="fill_parent" >
<TextView
    android:id="@+id/mytext"
    android:layout_width="fill_parent"
    android:layout_height="wrap_content"
    android:text="@string/hello" /><!-- 定义显示文字 -->
<EditText
    android:id="@+id/myeditbox"
    android:layout_width="fill_parent"
    android:layout_height="wrap_content"
    android:background="@android:drawable/editbox_background"
    android:layout_below="@id/mytext"/><!-- 相对布局，EditText 位于 ID 为 mytext 的组件下面 -->
<Button
    android:id="@+id/ok"
    android:layout_width="wrap_content"
    android:layout_height="wrap_content"
    android:layout_below="@id/myeditbox"
    android:layout_marginLeft="12dip"
    android:text="确定" /><!-- 相对布局，它位于 ID 为 myeditbox 的组件下面并给定距左的边界 -->
<Button
    android:layout_width="wrap_content"
    android:layout_height="wrap_content"
    android:layout_toRightOf="@id/ok"
    android:layout_alignBottom = "@id/ok"
    android:text="取消" /><!-- 相对布局，此按钮位于 ID 为 ok 的右边且和 ID 为 ok 的底边齐平-->
</RelativeLayout >
```

4.5 绝对布局 AbsoluteLayout 及其使用

绝对布局是 ViewGroup 以绝对方式——即指定 widget 组件元素的坐标位置——来显示它的 View 元素的布局，即以坐标的方式来定位 widget 组件在屏幕上的位置。但通过坐标确定元素位置后，系统不能根据情况(如不同屏幕大小)对元素位置进行调整，这降低了布局对不同类型和尺寸屏幕的适应能力。

在本章示例代码中的 AbsoluteLayout 工程中，布局 main.xml 文件首先设定了 <AbsoluteLayout>，在其中定义了一个用来显示文字的<TextView>、一个按钮<Button>、以及一个用来存放录入信息的<EditText>，详见下面代码中的说明。它们都是采用绝对坐标方式指定其位置的。

```
<?xml version="1.0" encoding="utf-8"?>
<AbsoluteLayout xmlns:android="http://schemas.android.com/apk/res/android"
        android:id="@+id/AbsoluteLayout01"
        android:layout_width="fill_parent"
        android:layout_height="fill_parent"     >
    <TextView
        android:id="@+id/mytext"
        android:text="@string/hello"
        android:layout_width="wrap_content"
        android:layout_height="wrap_content"
        android:textColor = "#FFFFFF"
        android:layout_x="20dip"
        android:layout_y="15dip"/>
    <Button android:id="@+id/mybutton"
        android:text = "我的按钮"
        android:layout_width="wrap_content"
        android:layout_height="wrap_content"
        android:layout_x="60dip"
        android:layout_y="160dip" />
    <EditText
        android:id="@+id/myedit"
        android:text="请在这里输入你的姓名"
        android:layout_width="wrap_content"
        android:layout_height="wrap_content"
        android:layout_x="60dip"
        android:layout_y="60dip"/>
</AbsoluteLayout>
```

4.6 表格布局 TableLayout 及其使用

表格布局是一种以类似表格的方式显示 ViewGroup 中的元素的布局，它将包含的元素以行和列的形式进行排列，但它并没有表格线，而是用行和列标识位置。一般来说，一个 TableLayout 由许多的 TableRow 组成。一般地，在<TableLayout></TableLayout>中间定义<TableRow></TableRow>，每个 TableRow 定义一个"行"。每个"row"拥有零个或多个"表格单元"cell(允许单元格为空)，每个"cell"又拥有"View"对象，在其中可添加其他的 widget 控件如<TextView>、<Button>或<ImageButton>等，表格布局的一些重要属性有：

(1) android:layout_colum：设置该控件在 TableRow 中所处的列。
(2) android:layout_span：设置该控件所跨越的列数。
(3) android:collapseColumns：将 TableLayout 里面指定的列隐藏。
(4) android:stretchColumns：设置指定的列为可伸展的列。
(5) android:shrinkColumns：设置指定的列为可收缩的列。

在本章示例工程的 TableLayout 中，分别在第一行和第二行添加了三个和二个按钮。但是第一行的按钮并没有全面显示，参见下面代码中的说明。

```xml
<?xml version="1.0" encoding="utf-8"?>
<TableLayout xmlns:android="http://schemas.android.com/apk/res/android"
    android:layout_width="fill_parent"
    android:layout_height="fill_parent"
    android:shrinkColumns="0，1，2"
    android:collapseColumns="2" >
 <!--android:shrinkColumns 作用是设置表格的列是否收缩(列编号从 0 开始)，多列用逗号隔开，此例
android:shrinkColumns="0，1，2"，即表格的第 1、2、3 列内容是收缩的，以适合屏幕大小，即不会被
挤出屏幕-->
 <!--android:collapseColumns 作用是设置表格的列是否隐藏(从 0 起算序数)，注意下面还设置了"按钮 3"，
但是通过此语句将其隐藏了-->
    <TableRow android:gravity = "center"
              android:layout_marginTop = "8dip" ><!-- 此行定义为居中显示 -->
    <Button android:id="@+id/button1"
            android:layout_width="wrap_content"
            android:layout_height="wrap_content"
            android:text="按钮 1"
            android:layout_column="0" />
    <Button android:id="@+id/button2"
            android:layout_width="wrap_content"
            android:layout_height="wrap_content"
            android:text="按钮 2"
            android:layout_column="1" />
    <Button android:id="@+id/button3"
```

```
                    android:layout_width="wrap_content"
                    android:layout_height="wrap_content"
                    android:text="按钮 3"
                    android:layout_column="2" /><!-- 注意这个按钮没有显示出来 -->
        </TableRow><!-- 第一行设置三个按钮 -->
        <TableRow
                   android:gravity = "left"
                   android:layout_marginTop = "20dip" ><!-- 此行没有定义为居中显示 -->
            <Button android:id="@+id/button4"
                    android:layout_width="wrap_content"
                    android:layout_height="wrap_content"
                    android:text="按钮 4"
                    android:layout_column="0" />
            <Button android:id="@+id/button5"
                    android:layout_width="wrap_content"
                    android:layout_height="wrap_content"
                    android:text="按钮 5"
                    android:layout_column="1"/>
        </TableRow>
</TableLayout>
```

4.7 帧布局 FrameLayout 及其使用

帧布局使多个组件以层叠的效果呈现给用户。应用程序的布局采用帧布局时，控件元素的位置只能放置在空白空间的左上角而无法指定到一个确切的位置。如果有多个元素，后放置的元素将遮挡先前放置的元素。在本章示例的 FrameLayout 工程中，依次放置了文本框、按钮、文本框。由于覆盖的原因，出现了图 4.2 所示的效果，main.xml 布局代码如下所示。

图 4.2 帧布局示例

```
<?xml version="1.0" encoding="utf-8"?>
<FrameLayout xmlns:android="http://schemas.android.com/apk/res/android"
    android:orientation="vertical"
    android:layout_width="fill_parent"
    android:layout_height="fill_parent" >
```

```xml
<TextView
    android:text="上海交通大学"
    android:layout_width="wrap_content"
    android:layout_height="wrap_content"
    android:textSize="26pt"
    android:textColor = "#0FFFFF"/>
<TextView
    android:text="燕山大学"
    android:layout_width="wrap_content"
    android:layout_height="wrap_content"
    android:textSize="18pt"
    android:textColor = "#EEEEEE"/>
<TextView
    android:text="河北科技大学"
    android:layout_width="wrap_content"
    android:layout_height="wrap_content"
    android:textSize="12pt"
    android:textColor = "#FFFFFF"/>
</FrameLayout>
```

4.8 在 Activity 中定义和引用布局

上面介绍了多种 Android 组件布局方案。那么，是不是只能用这种方法在 Activity 上布局 widget 元素呢？当然不是。除了上述这种直接调用已经设定好的 XML 布局(如 main.xml)外，还可以在 Java 代码中直接引用某种布局，此时就不需要在 res 下存放 XML 布局文件了。例如，如果需要线性布局元素，可以在 Java 源码中添加 import android.widget.LinearLayout 的语句来引用线性布局。当然也可以引用其他的布局，如帧布局、表格布局、相对布局等。之后可以定义相应的类(如扩展自 Button 的按钮类等)，在将其实例化并赋值后，通过 addView 的方法将相应的 widget 类添加到设定的布局中来，这取决于引入(即 import)了什么类型的包。

本章示例工程 DefineLayoutByActivity 演示了这种方法。此例中采用表格布局并定义了三个按钮，并通过设置不同的属性将其添加到布局中，最后在 Activity 中显示。需要说明的是，此时不用在 res 下存放任何 XML 布局文件(为此在示例工程 DefineLayoutByActivity 中，我们删除了 main.xml 以及 string.xml。相应地，需要修改 AndroidManifest.xml 文件，将 android:label 改为设定的字符串而非引用自 string.xml 中的字符变量)。

```xml
<!—修改后的部分 AndroidManifest.xml 文件-->
    <application android:icon="@drawable/icon" android:label="My Own Demo">
        <activity android:name=".DefineLayoutByActivity_MainActivity"
                android:label="My Demo">
```

Activity 源码如下，注意其中调用某个按钮中的显示文字作为 Layout 标题的方法。

```java
package com.DefineLayoutByActivity;
import android.app.Activity;
import android.os.Bundle;
import android.view.Gravity;//设置位置时用
import android.widget.TableLayout;//引入表格布局
import android.widget.Button;//引入 widget 控件
import android.graphics.Color;//设置颜色时用
import android.content.Context;//定义新类构造器时用
public class DefineLayoutByActivity_MainActivity extends Activity {
    //定义 MyOwnButton 实例，MyOwnButton 类的定义在后面
    MyOwnButton button1;
    MyOwnButton button2;
    MyOwnButton button3;
    @Override
    public void onCreate(Bundle savedInstanceState) {//重写 onCreate 函数
        super.onCreate(savedInstanceState);
        TableLayout mylayout = new TableLayout(this);//创建表格布局
        mylayout.setBackgroundColor(Color.CYAN);//设置背景色
        mylayout.setColumnCollapsed(0，true);
        button1 = new MyOwnButton(this);//初始化第一个按钮
        button1.setId(1);//设置其 ID
        button1.setGravity(Gravity.LEFT);//文字位于左
        button1.setTextColor(Color.RED);//设置文字颜色
        button1.setText("按钮 1");
        button2 = new MyOwnButton(this);//初始化第二个按钮
        button2.setId(2);//设置其 ID
        button2.setText("按钮 2");
        button2.setGravity(Gravity.CENTER_HORIZONTAL);//文字位于中
        button2.setTextSize(24.0f);//设置字体大小
        button3 = new MyOwnButton(this);//初始化第三个按钮
        button3.setId(3);//设置其 ID
        button3.setText("按钮 3");
        button3.setGravity(Gravity.RIGHT);//文字位于右
        mylayout.addView(button1);//将第一个定义好的按钮加入 view 中，下同
        mylayout.addView(button2);
        mylayout.addView(button3);
        CharSequence title = (CharSequence)button1.getText();//得到按钮文字
        setTitle(title);//设置 Layout 的标题
        setContentView(mylayout);//显示设定的布局 mylayout
    }
```

```
class MyOwnButton extends Button {//对类 MyOwnButton 的定义，它继承自 Button 类
    public MyOwnButton (Context context) {    //定义构造器
        super(context);
    }
}
```

4.9 资源的管理与使用

在 Android 中，对图像、音视频等资源文件的使用与管理也是很方便的，只要变更资源文件目录 res 下的图像或 XML 文件设置并使用 R 类变量将它们导入 Java 源码中，就可以方便地设置外观了。在本章示例中的 UsingMyBackground 工程演示了如何使用自添加的 png 图像文件作为 Activity 背景的方法，示例中的 myicon 为即将引用的图片文件名，它需放置在指定的文件夹如 res/drawable-mdpi 中，相关代码如下：

```
package com.UsingMyBackground;
import android.app.Activity;
import android.os.Bundle;
import android.view.KeyEvent;
import android.view.View;
import android.widget.EditText;
import android.widget.TextView;
public class HelloActivity extends Activity {
    private TextView mytext;//新添加的 widget 控件
    private EditText myedit;//新添加的 widget 控件
    @Override
    public void onCreate(Bundle savedInstanceState) {
        this.getWindow().setBackgroundDrawableResource(R.drawable.myicon);//用指定图片作为背景
        super.onCreate(savedInstanceState);
        setContentView(R.layout.main);//设定布局文件
        setTitle(R.string.app_name);//标题
        mytext = (TextView) findViewById(R.id.myTextView);//得到 id 为 myTextView 的组件
        myedit = (EditText) findViewById(R.id.myEditText);//得到 id 为 myEditText 的组件
        myedit.setOnKeyListener(new EditText.OnKeyListener(){//侦听输入事件
            public boolean onKey(View tv，int keyCode，KeyEvent event) {
                mytext.setText(myedit.getText().toString()+"：欢迎使用 Android！");//修改显示内容
                return false;
            }
        });
    }
}
```

同样，通过R变量，还可以播放声音等资源文件。在本章示例的soundplayer工程中，在res文件夹下新建一个存放声音的raw文件夹(当然也可以用其他的命名方式)，选定存放在硬盘中的某个声音文件(如MID文件)，将其粘贴到这个raw文件夹下。之后，在Activity的Java源码中，通过R变量引用相应的多媒体文件(即MediaPlayer.create(this，R.声音资源名称))。主要代码如下：

```
import android.media.MediaPlayer;//引入媒体播放类
public class soundplayer_activity extends Activity {
    MediaPlayer myplayer;//MediaPlayer 类实例化
    public void onCreate(Bundle savedInstanceState) {
        super.onCreate(savedInstanceState);
        myplayer = MediaPlayer.create(this，R.raw.autumn);//指向存放在 raw 下的声音文件 autumn
        setContentView(R.layout.main);
        myplayer.start();//播放指定的 mid 音乐 autumn
```

需要说明的是，和普通的音乐播放器不同，上述给出的播放音乐的方法没有使用Service。有关使用Service来播放音乐的实现方法，可以参见后续第8章和相应工程实例中给出的方法。

4.10 本章小结

本章介绍了Android界面布局与常用资源的使用方法,介绍了以XML配置文件和Activity源码编程两种设定和使用常用布局的方法，另外介绍了使用存放在Android工程中的资源文件的方法。

思考与实践

1. 以线性、相对布局的方式，实现一个Activity。要求界面有说明文字，以及姓名、性别、年龄输入框，底部给出确定和取消两个按钮。

2. 仿照本章示例，在新建的Android应用程序中，用指定图像作为Activity背景，同时播放指定的音乐。

3. 本章示例给出的ViewAttributeDemo工程，是通过Java编程的方法实现了一个线性布局，并通过相应的语句向这个线性布局中添加了相应的TextView、EditView、Button等Widget控件。请再用XML布局文件(而不是用此例中给定的通过Java编程添加widget组件)的方式，实现相应的UI界面。

第 5 章　Android 事件处理机制与常用 Widget 组件应用

本章介绍 Android 事件处理机制和常用 Widget 组件及其使用方式，主要介绍 Android 基于回调机制的事件处理、基于监听接口的事件处理，以及在进行用户界面设计时常用的文字框 TextView、输入框 EditText、按钮 Button、复选框 CheckBox、单选按钮 RadioButton、列表 ListView、下拉列表 Spinner、自动输入提示 AutoCompleteTextView 等 Widget 组件的设计与编程技巧，重点是有关 Activity 中通过 Java 代码添加/调用相关 Widget 组件的方法。学习本章内容时，要求重点掌握如下知识点：

● 掌握常见的事件监听器方法，掌握 View 被单击、获得焦点等时调用的 View.OnClickListener 中的 onClick()、View.OnKeyListener 中的 onKey()等相关的事件监听器方法。

● 掌握常见的 Widget 组件及其使用方式。

5.1　Widget 概述

Android Widget 是在 Android SDK 1.5 之后新加入的一个开发框架。作为一组用于绘制交互屏幕元素的类，Android 中的 Widget 相当于 Windows 应用程序中的小插件，可以嵌入到手机应用程序中的人机交互界面上。前文中提到的文字框 TextView、输入框 EditText、按钮 Button 等 UI 元素都属于 Widget。用户可以在自己开发的应用程序中的 Activity 上，利用 Widget 中的组件来完善界面布局和功能。常见的 Widget 组件有显示字符串的 TextView 控件(需引用 android.widget.TextView)、自动完成 AutoCompleteTextView 控件(需引用 android.widget.AutoCompleteTextView)、按钮 Button 控件(需引用 android.widget.Button)、输入文本框 EditText 控件(需引用 android.widget.EditText)、复选框 CheckBox 控件(需引用 android.widget.CheckBox)、无线按钮 RadioButton 控件(需引用 android.widget.RadioButton)、线性布局控件(需引用 android.widget.LinearLayout)、图像按钮 ImageButton 控件(需引用 android.widget.ImageButton)、下拉列表 Spinner 控件(需引用 android.widget.Spinner)、ListView 控件(需引用 android.widget.ListView)、进度条控件(需引用 android.widget.ProgressBar)等。限于篇幅，本章仅对部分常用 Widget 组件的使用进行介绍。

5.2　Button

按钮 Button 是 UI 中的基本元素，在布局 XML 中可以添加及设定 Button 的位置、形态、显示文字等。虽然在 XML 布局文件中可以添加和使用 Button，但如果需要设计其单击后的处理逻辑，单纯依赖 XML 布局文件是不行的，这时往往要在 Activity 类中通过监听相应的事件来进行处理,如通过捕获单击动作完成 Activity 之间的跳转(这往往需要借助于 intent 来实现)。本小节主要介绍如何在 Activity 类中添加及使用 Button,以及通过单击 Button 跳转到另一个 Activity 的方法。有关在 XML 中设计与添加 Button 的知识可参阅前述章节内容,在此不再赘述。

5.2.1 在 Activity 中设定和使用 Button

首先介绍在 Activity 中设定和使用 Button 的方法。在布局 XML 文件(如 res\layout\main.xml)中提前定义好的 Button,可以通过在 Activity 类中调用 setContentView()函数的方法来使用它,如:

```
//略
setContentView(R.layout.main);
Button myButton = (Button) findViewById(R.id.my_button);//相应的 Button 需要在 XML 中定义好
//略
```

除此之外,还可以直接在 Activity 中创建 Button(此时也就不再需要相应的 XML 布局文件了)。在本章示例工程中的 CreateMyButton 工程中,首先定义一个新类(示例中其名称为 MyButton,该类扩展自 Button,因此需要引用 android.widget.Button)。之后,定义一个源自此新建类的实例(工程中名为 button2)。在设定了其大小、显示内容后,通过设定的布局文件将其显示出来。此例中涉及到的知识点如下:

(1) 拟添加到 Activity 中的 Button 是源自新建的 MyButton 类而非 Android 系统自带的 Button 类。可根据需要在 MyButton 类中实现新的属性和方法。为简便起见,示例中的 MyButton 没有其他特别的功能。此示例中另一个按钮源自系统自带的 Button 类。两个按钮的"出身"不同,请注意体会。

(2) 可以通过 ViewGroup.LayoutParams.WRAP_CONTENT 等参数来设定线性布局时的文字环绕方式。

(3) 通过下述方式设定及加载线性布局。

```
linearLayout = new LinearLayout(this);//实例化一个 LinearLayout 对象,此对象名为 linearLayout
linearLayout.setOrientation(LinearLayout.VERTICAL);//设定对象为垂直布局
linearLayout.setBackgroundColor(Color.GRAY);//设置对象背景色
setContentView(linearLayout);//加载上述设定的布局对象 linearLayout,而非默认的 XML 布局文件
linearLayoutParams = new LinearLayout.LayoutParams(myparams,myparams);
```

(4) 通过 addView(组件名称,布局名称)方法,将定义的 widget 组件添加到布局中去。

部分 Activity 代码如下:

```
//import 语句略
public class CreateMyButton_Activity extends Activity {//Activity 类要继承自 Activity
    final int myparams = ViewGroup.LayoutParams.WRAP_CONTENT;//定义样式参数
    MyButton button1;//自定义类 MyButton 的实例,MyButton 类定义见下方
    Button button2;//源自 Button 的实例
    private LinearLayout linearLayout;//线性布局类的实例 linear Layout
    private LinearLayout.LayoutParams linearLayoutParams; //线性布局参数实例 linear Layout Params
    @Override
    public void onCreate(Bundle savedInstanceState) {
```

```
        super.onCreate(savedInstanceState);
        linearLayout = new LinearLayout(this);//实例化一个 LinearLayout 对象
        linearLayout.setOrientation(LinearLayout.VERTICAL);//垂直布局
        linearLayout.setBackgroundColor(Color.GRAY);//设置背景色
        setContentView(linearLayout);//加载上述设定的布局,而非默认的 XML 布局文件
        linearLayoutParams = new LinearLayout.LayoutParams(myparams,myparams);
        button1 = new MyButton (this);//创建一个自定义的 MyButton,其定义见下方的类定义
        button1.setText("我源自 MyButton");
        button1.setTextSize(30);//设置文字大小
        button2 = new Button (this);//创建一个自定义的 Button
        button2.setText("我来自于 Button");
        button2.setTextSize(30);//设置文字大小
        linearLayout.addView(button1,linearLayoutParams);//添加到布局中
        linearLayout.addView(button2,linearLayoutParams);//添加到布局中
    }
    class MyButton extends Button {//定义 MyButton 类,它扩展自 Button
        public MyButton (Context context) {
            super(context);
        }
    }
}
```

5.2.2 侦听按钮被单击的动作

处理按钮单击事件时,一般需要调用该按钮实例的 setOnClickListener()方法,并把 View.OnClickListener 对象的实例(注:在本章示例 ButtonDemo 工程中,此 OnClickListener 示例就是 listener1)作为参数传入。一般我们是在 View.OnClickListener 的 onClick()方法里取得被单击按钮的实例事件。通过侦听 Button 被单击的事件(利用 OnClickListener 函数),可以完成相应的功能。在本章示例的 ButtonDemo 工程中,通过侦听按钮被按下的动作,使当前按钮不可见并新增一个按钮,相关代码如下:

```
//此例演示通过单击按钮来跳转到另一个布局,并在新的布局中新建按钮、设定其显示内容等
//import 语句略
public class ButtonDemo_activity extends Activity {
    Button button1;//定义 Button 实例 button1
    TextView myshow;//定义 TextView 实例 myshow
    @Override
    public void onCreate(Bundle savedInstanceState) {    //重写 onCreate 方法
        super.onCreate(savedInstanceState);
        setContentView(R.layout.main);//采用默认的 main 布局
        OnClickListener listener1 = new OnClickListener() {
            public void onClick(View v) {//捕获单击后的事件,此处完成的功能是在新的布局中创建按钮
```

```
        setTitle("现在已经跳转到新的布局中");
        button1.setVisibility(View.INVISIBLE);//设置不可见
        button1.setTextSize(20.0f);//设置大小
        button1.setHint("提示信息");
        LinearLayout ll = (LinearLayout) findViewById(R.id.mainlinearlayout);//获得线性布局对象ll
        ll.setBackgroundColor(Color.YELLOW);
        String msg = ButtonDemo_activity.this.getResources().getString(R.string.hello);//获得字符串资源
        Button myown = new Button(ButtonDemo_activity.this);//创建一个按钮
        myown.setText(msg);//设定按钮显示文字
        myown.setWidth(90);//设定这个按钮宽度
        ll.addView(myown);//向线性布局ll中增加View
        }
    };
    myshow = (TextView) findViewById(R.id.textviewid);
    myshow.setText("我是通过findViewById得到的TextView");
    myshow.setBackgroundColor(Color.BLUE);
    button1 = (Button) findViewById(R.id.my_button1);//获取按钮
    button1.setOnClickListener(listener1);//侦听
}
}
```

此工程中的按钮是在布局文件中事先设置好的。通过对按钮被单击事件的捕获,完成相应的处理。此例中当按钮被单击后,当前按钮不可见并且新增了一个按钮。可见,为 Button 设置响应事件的处理代码大致如下:

```
button1 = (Button) findViewById(R.id.my_button1);//获取按钮
button1.setOnClickListener(listener1);//侦听
//略
private Button.OnClickListener    listener1 = new
    Button. OnClickListener () {
    public void Click (view v) {
    }
};
```

5.3 Android 中的事件处理机制概述

上面提到了 Button 中的 View.OnClickListener 的 onClick()方法,它属于事件处理机制的一种。本节概述 Android 中的事件处理机制。

Android 手机的用户与应用程序之间的交互是通过事件处理来完成的,本节即将介绍的各控件在不同情况下触发的事件也不尽相同,所产生的事件对象也可能不同。总的来看,从处理方法来说，Android 的事件处理有"基于回调机制"的处理方法和"基于监听接口事件"的处理方法；从另一个角度来看，有使用事件监听器(Event Listeners，它是一个在 View 类中的接口，包括一个单独的回调函数)来处理事件的，也有的是使用 Event Handlers 来处理事件的。

对于事件监听器而言，部分常见的事件监听器方法有：

(1) View.OnClickListener()：当前 View 被单击时，或者当前 View 获得焦点时，或在用户按下轨迹球后调用这个监听器方法，并触发其中的 onClick(View v)方法。前面提到的本章示例程序 ButtonDemo 就是这样做的。

(2) View.OnFocusChangeListener()：当前 View 焦点变化时该方法被调用，并触发其中的 onFocusChange()方法。

(3) View.OnKeyListener()：当前组件获得焦点，或者用户按下键时调用该方法，并触发其中的 onKey()方法。

(4) View.OnTouchListener()：当触摸事件传递给当前组件时，注册在当前组件内部的 OnTouchListener 会被执行并触发其中的 onTouch()方法。有关 onTouch()方法的常用代码块如下：

```
public boolean onTouch (View v, MotionEvent event) {
    switch (event.getAction())    {
        case MotionEvent.ACTION_DOWN:
            //具体的处理逻辑，略
        case MotionEvent.ACTION_MOVE:
            //具体的处理逻辑，略
        case MotionEvent.ACTION_UP:
            //具体的处理逻辑，略
        break;
    }
}
```

5.3.1 基于回调机制的事件处理

Web Service 以及 Java 的 RMI 都用到了回调机制，可以通过这种方式访问远程服务器程序。回调就是客户端程序 Client 调用服务程序 Service 中的某个函数 A，然后服务程序 Service 又在某个时候反过来调用客户程序 Client 中的某个函数 B，Server 约定了 B 的接口规范。在 Android 中，几乎每个 View 都有自己处理事件的回调方法。开发人员可以通过重写 View 中的这些回调方法来实现需要的响应事件。

1. 通过 onKeyDown()方法捕获按键信息

onKeyDown()方法用于捕获手机键盘被按下的事件，其构造函数如下：

public boolean onKeyDown (int KeyCode, KeyEvent event)

其中，第 1 个参数(int KeyCode)为被按下的键盘码，第 2 个参数(KeyEvent event)是按键事件对应的对象(其中包含了触发事件的详细信息)。该方法的返回值是一个 boolean 值——返回 true 时表示已经完整地处理了事件并不希望其他回调方法再次处理，而返回 false 时表示并没有完全处理完该事件并希望其他回调方法继续对其进行处理。

onKeyDown()方法一般出现在 Activity 中的位置是在 onCreate(Bundle savedInstanceState)方法之后，在定义 public boolean onKeyDown (int KeyCode, KeyEvent event)方法中设定。一般地，每个 View 对象也都有自己处理事件的回调方法，因此也可通过重写 View 中的这些回调方法来实现相应的响应事件。

本章示例工程中的 onKeyDown 实例演示了通过 onKeyDown()方法来监听被按下的按键信息并将其记录在 Log 中的方法，这个 Log 文件可以通过 DDMS 中的 LogCat 观测到。该工程涉及到的部分代码如下所示：

```java
public class onKeyDown_MainActivity extends Activity {
    MyButton button1;//自定义类 MyButton 的实例 botton2，该类定义见下方
    public final String Mylog = "我的日志记录是：";//定义字符常量，在 DDMS 中的 Filter 中过滤显示之
    @Override
    public void onCreate(Bundle savedInstanceState) {
        super.onCreate(savedInstanceState);
        button1 = new MyButton (this);//创建一个自定义的 MyButton，详见下方的类定义
        button1.setText("我自己的按钮");
        button1.setTextSize(30);//设置文字大小
        setContentView(button1);//显示按钮
    }
class MyButton extends Button {    //定义 MyButton 类,它扩展自 Button，可以添加更详细的信息
    public MyButton (Context context) {
        super(context);
    }
}
    public boolean onKeyDown (int keyCode, KeyEvent event) {
        Time t=new Time();
        t.setToNow(); //得到当前时间
        Log.d(Mylog, "Current time is: "+t.toString() + "And the current keyCode is: "+keyCode+" ,KeyEvent is :"+event);//在 log 中显示的信息
        return super.onKeyDown(keyCode, event);
    }
}
```

如何观测到 Log 信息呢？在模拟器运行时，打开右上角的 DDMS 按钮，之后单击下方的绿色加号按钮弹出 Log Filter 对话框，在 Filter Name 中输入在代码中设置的 MyLog 字符串常量信息(在本例中是"我的日志记录是："），即可观察到 Log 信息(注意：由于此例中是捕获按键动作，因此需要按下某个键，而不是单击在 Activity 中出现的按钮)，如图5.1所示。

在 Log 日志中我们设定了要记录的当前系统时间、按下的键、对应的事件等，详见代码中的描述及使用方法，最后的 log 效果如图5.2所示(注：在测试此 Log 时，需要用键盘箭头键，单击鼠标是看不到效果的)。

和 onKeyDown()类似，onKeyUp()方法的功能和使用与 onKeyDown()类似，只不过其捕获的是按键的抬起事件。在此不再赘述。

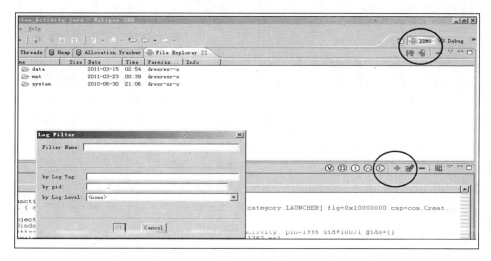

图 5.1 通过 DDMS 中的 Filter 来查看设定的 Log 信息

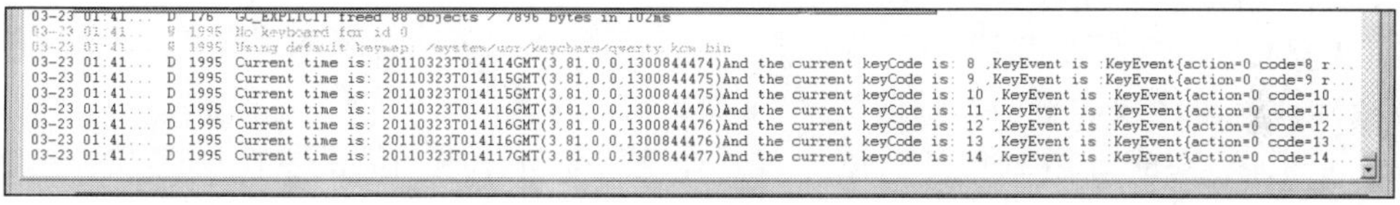

图 5.2 Log 信息

2. onTouchEvent()方法

onTouch 是 View 中 OnTouchListener 接口中的方法，它处理 View 及其子类被触摸时的事件处理；onTouchEvent()也是在 View 中定义的一个方法，处理传递到 View 的手势事件，包括 ACTION_DOWN、ACTION_MOVE、ACTION_UP、ACTION_CANCEL 四种事件。应用程序可以通过该方法处理手机屏幕的触摸事件。该方法一般出现在 Activity 中的位置是在 onCreate(Bundle savedInstanceState)方法之后，在 public boolean onTouchEvent (MotionEvent event)方法中，可以根据侦听得到的不同情况分别处理之。

该方法一般在 View 中或 Activity 中重写。onTouchEvent()方法的定义是：public boolean onTouchEvent (MotionEvent event)。其中，参数 event 为手机屏幕触摸事件封装类的对象，它封装了该事件的所有信息，如触摸的位置、类型(如屏幕被按下的 MotionEvent.getAction()的值为 MotionEvent.ACTION_DOWN；被抬起的 MotionEvent.getAction() 的值为 MotionEvent.ACTION_UP；在屏幕中拖动时的 MotionEvent.getAction() 的值为 MotionEvent.ACTION_MOVE)、时间等。该对象会在用户触摸手机屏幕时被创建，其返回值的处理机理与 onKeyDown()等相似，也是当已经完全处理了该事件且不希望其他回调方法再次处理时返回 true，否则返回 false。

在本章示例的 onTouchEventMethodDemo 工程中，首先定义了一个扩展自 View 类的 MyOwnView 类，之后重写 Activity 的 onCreate()方法，该方法会在此 Activity 创建时被调用，在这里先初始化自定义的 View，然后将当前的用户界面设置成该 View，之后重写屏幕侦听方法，在该方法中会根据事件动作的不同执行不同的操作。最后重写了 OnDraw 方法，这里用到了 Canvas 类，它主要实现了屏幕的绘制过程，实际效果是设定的文字可以跟随用户单击鼠标并移动的轨迹，详见对应的 onTouchEventMethodDemo 工程。限于篇幅，代码略。

3. onFocusChanged()方法

该方法只能在 View 中重写。它也是焦点改变的回调方法,当焦点发生改变时会自动调用该方法来处理焦点改变的事件。该方法构造函数如下:

protected void onFocusChanged (boolean gainFocus, int direction, Rect previouslyFocusedRect)

其中,第一个参数 gainFocus 表示触发该事件的 View 是否已经获得焦点,当该控件获得焦点时 gainFocus 等于 true,否则为 false;第二个参数 direction 表示焦点移动的方向,用数值表示;第三个参数 previouslyFocusedRect 表示在触发事件的 View 的坐标系中,前一个获得焦点的矩形区域,即表示焦点从哪里来。如果不可用则为 null。

在本章示例工程 onFocusChangedEventMethodDemo 中演示了这个方法的使用,并将结果输入到 Logcat 日志中,注意在测试 LogCat 时,需要用键盘箭头键,移动鼠标看不到效果。

5.3.2 基于监听接口的事件处理

将事件源与事件监听器联系在一起,就需要为事件源注册监听事件。当事件发生时,系统自动通知事件监听器处理相应的事件。主要步骤有:

(1) 为事件源对象添加监听。当事件发生时,系统会将事件封装成相应类型的事件对象,并发送给注册到事件源的事件监听器。

(2) 当监听器对象接收到事件对象之后,会调用监听器中相应的事件处理方法来处理事件,并给出响应。

1. onClick(): 处理单击事件

该接口处理的是单击事件。在触控模式下,它是在某个 View 上按下并抬起的组合动作;在键盘模式下它是某个 View 获得焦点后,单击确定键或者按下轨迹球的事件。该接口对应的回调方法如下:

public void onClick (View v)//注:参数 v 就是事件发生的事件源

示例工程参见 onClickMethodDemo 工程。在这个工程中,首先定义布局(注:本例中不是采用布局 XML 文件的方式),并添加了垂直排列的两个按钮。在 onClick 事件中区分是哪个按钮并分别计数。当单击次数达到设定的次数时,退出应用程序。下面是对应的部分相关代码,代码中 onClick(View v)是调用监听器中相应的事件处理方法来处理事件并给出响应的:

```
//import 等语句略
//注意这个 Activity 需要"implements OnClickListener"
public class onClickMethodDemo_MainActivity extends Activity implements OnClickListener{
    private final int mystyle = ViewGroup.LayoutParams.WRAP_CONTENT;//显示风格
    private int count1 = 0;//定义变量,后同
    private int count2 = 0;
    private Button button1;
    private Button button2;
    @Override protected void onCreate(Bundle savedInstanceState) {
        super.onCreate(savedInstanceState);
        LinearLayout linearLayout = new LinearLayout(this);//线性布局
        linearLayout.setOrientation(LinearLayout.VERTICAL);//垂直布局
        setContentView(linearLayout);//采用设定的布局
```

```
        button1 = new Button(this);
        button1.setText("按钮 1");
        button1.setOnClickListener(this);
        linearLayout.addView(button1, new LinearLayout.LayoutParams(mystyle, mystyle));
        button2 = new Button(this);
        button2.setText("按钮 2");
        button2.setOnClickListener(this);
        linearLayout.addView(button2, new LinearLayout.LayoutParams(mystyle, mystyle));
    }
        public void onClick(View v) {
          if (v == button1){
             count1++;
             if (count1==5)
              finish();
             else
              button1.setText("被单击次数是: " + count1);
          }
          if (v == button2){
             count2++;
             if (count2==5)
              finish();
             else
              button2.setText("被单击次数是: " + count2);
          }
       }
}
```

> **Tips**: onClick()的实现方法大致是在建立 Activity 时使这个 Activity "implements OnClickListener",之后在相应的 View 对象(如 Button 对象)上执行 setOnClickListener(this)方法,最后在 public void onClick(View v)函数中实现对不同 View 对象的单击处理。

2. OnKey(): 监听手机键盘

OnKey()是对手机键盘进行监听的接口。它通过对某个 View 进行监听,使得当该 View 获得焦点并有按键操作时,触发该接口中的回调方法。该接口中的抽象方法如下:

```
public boolean OnKey(View v, int KeyCode, KeyEvent event)
```

其中,第一个参数 v 为事件的源控件如某个 View,第二个参数 KeyCode 为手机键盘的键盘码(一般不是对应的键,如"A"键的键盘码不是"A"),第三个参数 event 为键盘事件封装类的对象,其中包含了事件的详细信息,如发生的事件或其类型等。

本章示例工程中的 onKeyListenerMethodDemo 工程演示了相关方法的使用。首先新建工程,在 res 下建立 drawable 文件夹并将相关图片复制到这里。开发 Activity 代码时,由于同时监听按键和单击，因此该 Activity 要"implements OnKeyListener"以及"OnClickListener"。之后，调用监听器中相应的事件处理方法处理事件并给出响应。

> Tips：onKey()的实现方法大致是在建立 Activity 时使这个 Activity "implements OnKeyListener"，之后在相应的 View 对象(如 Button 对象)上执行 setOnKeyListener(this)方法，最后在 public boolean onKey(View v, int keyCode, KeyEvent event)函数中实现对不同 View 对象或 keyCode 等的处理。

5.4 TextView 与 EditText

TextView 相当于 VC++、C#中的文字控件 Label，而 EditText 则相当于 VC++、C#中的输入框控件 EditBox。二者在相关性质上有一定的相似性，因此本节将二者放在一起讲解，请注意比较二者的相同点和不同点。

5.4.1 TextView

TextView 常常用于在 Activity 上设置显示文字。常用方法如下：
(1) 设置文字到 TextView 时调用 setText()方法。
(2) 取得 TextView 的文字时调用 getText()方法。
如下代码演示了对上述方法的使用。

```
TextView textView = (TextView) findViewById(ID 号);//找到相应 ID 号对应的 TextView
textView.setText(getString(R.string.hello));//用 string.xml 中存储 hello 变量内容作为这个 TextView 的新内容
Log.d("Test", String.valueOf(textView.getText()));//在 Log 日志中显示 TextView 的新内容
```

TextView 的创建与使用是比较简便的，有如下主要步骤：
首先，可以在 Activity 中声明一个 TextView 实例对象，如：private TextView 对象名 1。
第二，在 main.xml 中定义一个 TextView，可以设置其显示文字、id、宽度、高度等。TextView 的字体、内容、颜色等都是可以设置的，因此可设置 TextView 的各种属性。如果还设置了 android:autoLink = "all"，则运行时单击这个 TextView 会打开相应的网站(前提是 android:text 中存储的是有效的 URL 字符)。
第三，可以利用 findViewById()方法获取 main.xml 中定义的 TextView。
在本章示例工程 WordStyleDemo 中设置了不同的 TextView 内容，包括字体字号等，部分代码如下所示。

```
public class WordStyleDemo_MainActivity extends Activity {
    final int myparams = ViewGroup.LayoutParams.WRAP_CONTENT;//定义样式参数
    private TextView my1, my2, my3;//定义三个 TextView 对象
    private LinearLayout linearLayout;//线性布局类的实例
    private LinearLayout.LayoutParams linearLayoutParams; //线性布局参数实例
    @Override
    public void onCreate(Bundle savedInstanceState) {//重写 onCreate()方法
```

```
        super.onCreate(savedInstanceState);
        linearLayout = new LinearLayout(this);//实例化一个 LinearLayout 对象
        linearLayout.setOrientation(LinearLayout.HORIZONTAL);//水平布局
        linearLayout.setBackgroundColor(Color.BLACK);//设置背景色
        setContentView(linearLayout);//加载上述设定的布局,而非默认的 XML 布局文件
        linearLayoutParams = new LinearLayout.LayoutParams(myparams, myparams);
        constructTextView();//自定义的代码见后
        add();//自定义的代码见后
    }
    public void constructTextView()  {//实例化多个 TextView 对象
        my1 = new TextView(this);
        my1.setId(1);//设置其 ID
        my1.setTextSize(18.0f);//设置文字大小
        my1.setText("BeiJing—");//设置文字内容
        my1.setTypeface(null, Typeface.BOLD);//设置文字字体
        my1.setTextColor(Color.BLUE);//设置文字颜色
        my2 = new TextView(this);
        my2.setTextSize(20.0f);
        my2.setText("Dubai—");
        my2.setTypeface(null, Typeface.BOLD_ITALIC);
        my2.setTextColor(Color.CYAN);
        my3 = new TextView(this);
        my3.setTextSize(18.0f);
        my3.setText("London");
        my3.setTypeface(null, Typeface.ITALIC);
        my3.setTextColor(Color.GREEN);
    }
    public void add(){//以设定的布局参数(WRAP_CONTENT)添加三个 TextView 实例到布局中
        linearLayout.addView(my1, linearLayoutParams);
        linearLayout.addView(my2, linearLayoutParams);
        linearLayout.addView(my3, linearLayoutParams);
        TextView textView = (TextView) findViewById(1);//得到 ID 为 1 的 textview
        textView.setText(getString(R.string.hello));
        Log.d("Test", String.valueOf(textView.getText()));
    }
}
```

注意上述代码中已经通过 my1.setText("BeiJing—")设定了 my1 的 TextView 显示文字为"BeiJing——",但最终结果中"BeiJing"却换成了"Shanghai",原因就是因为通过 textView.setText(getString(R.string.hello))语句,将存储于 strings.xml 中的 hello 变量中的内容"Shanghai"替换了原来设定的字符"BeiJing"。详情可参阅本工程下的 strings.xml 文件。

5.4.2 EditText

EditText 常用于在 Activity 上接受用户从键盘输入的内容。有关 EditText 的常用方法有：
(1) 设置 EditText 内容时，调用 setText()方法。
(2) 取得 EditText 文字时，调用 getText()方法。
(3) 选择 EditText 文字时，调用 selectAll()方法。
如下代码会将用户在 EditText 中输入的内容放到 Log 中。

```
EditText editText = (EditText) findViewById(ID 号); //将 editText 和在 XML 中指定 ID 号的 EditText 关联
editText.setText(getString(R.string.test));//设置其内容为 test 字符串变量中的内容
editText.selectAll(); //选中其中的所有内容
Log.d("Test", String.valueOf(editText.getText())); //得到文字并在 Log 中显示 EditText 中的内容
```

在本章示例的 Editer 工程中实现了一个 EditText，并通过 setText 方法取得 EditText 文字作为 TextView 内容，最后通过调用 selectAll()方法，将 EditText 内容发送到 Log 日志中。

```
//import 等语句略
public class Editer_Activity extends Activity {
    @Override
    public void onCreate(Bundle savedInstanceState) {
        super.onCreate(savedInstanceState);
        setContentView(R.layout.main);//布局文件
        ((TextView)findViewById(R.id.myedittext)).setText(R.string.hello);//用设定信息显示 TextView
        EditText editText = (EditText) findViewById(R.id.myedittext);
        editText.setText(getString(R.string.hello));
        editText.selectAll();
        Log.d("Test", String.valueOf(editText.getText()));
    }
}
```

5.4.3 TextView 与 EditText 联合使用

TextView 常与 EditText 联合使用。在本章示例的 TextViewandEditText 工程中，二者联手出现。在 XML 布局文件中，我们设置 EditText 中输入的内容以密码形式显示，而 TextView 则"解码"在 EditText 中输入的内容。此工程示例中涉及到的主要知识点有：

(1) 在 XML 布局文件中设置 Widget 控件显示属性，如 EditText 以密码方式显示(其 password 属性为 true)、设定其 hint 提示信息等。部分代码如下：

```
<EditText
    android:layout_width="wrap_content"
    android:layout_height="wrap_content"
    android:textSize="18sp"
    android:autoText="true"
```

```
        android:capitalize="sentences"
        android:text=" "
        android:id="@+id/myEditText"
        android:password = "true"
        android:hint = "在这里输入的密码信息将显示在下面的 TextView 中"/>
    <TextView
        android:layout_width="fill_parent"
        android:layout_height="wrap_content"
        android:id="@+id/myTextView"/>
```

(2) 通过 myet1 = (EditText) findViewById(R.id.myEditText);的方式，将在 XML 中定义的 EditText 组件(有确定的 ID)与 EditText 实例(此处为 myet1)建立关系。

(3) 使用 setOnKeyListener(new EditText.OnKeyListener()函数来捕获针对 EditText 的按键动作。在函数体中，通过调用 mytv1.setText(myet1.getText().toString());将用户在 EditText 中的输入作为 TextView 的内容，注意此处类型的转换及其实现方式。最终界面如图 5.3 所示。

图 5.3 TextView 与 EditText 的联合使用

5.5 CheckBox

CheckBox 是一个可以同时选择多个选项的 Widget 控件。有关 CheckBox 的主要方法有：

(1) 设置复选框的 Check 状态时，调用 setChecked()方法(参数为 true 时为选中，为 false 时为未选中)。

(2) 处理复选框被选择时的逻辑时，调用 setOnCheckedChangeListener()方法，并把相关的 CompoundButton.OnCheckedChangeListener()的实例作为其参数传入，在 CompoundButton.OnCheckedChangeListener()的 onCheckedChanged()方法中，取得被选中复选框的实例。

在本章示例工程中 CheckBoxDemo2 演示了对复选框的操作，包括选中状态、setOnCheckedChangeListener()方法等，主要代码如下：

```
public class CheckBoxDemo2_MainActivity extends Activity {
    private String myresults = "" ;
    private CheckBox my1 , my2 , my3 ;
    @Override
    public void onCreate(Bundle savedInstanceState) {
        super.onCreate(savedInstanceState);
        setContentView(R.layout. main );
        my1 = (CheckBox) findViewById(R.id.mychoose1);//使 my1 指向 id 号为 mychoose1 的 CheckBox
```

```
            my1.setChecked(true);//默认其为选中状态
        my2 = (CheckBox) findViewById(R.id.mychoose2 );
        my2.setChecked(true);//默认其为选中状态
        my3 = (CheckBox) findViewById(R.id.mychoose3 );
        my1 .setOnCheckedChangeListener( CheckedChangeListener );
        my2 .setOnCheckedChangeListener( CheckedChangeListener );
        my3 .setOnCheckedChangeListener( CheckedChangeListener );
    }
    private OnCheckedChangeListener CheckedChangeListener = new OnCheckedChangeListener() {
        public void onCheckedChanged(CompoundButton buttonView, boolean isChecked) {
            if ( my1.isChecked()) {
                    myresults = myresults + getString(R.string.item1 ).toString() + "\t" ;
                }
            if ( my2 .isChecked()) {
                myresults = myresults + getString(R.string. item2 ).toString() + "\t" ;
            }
            if ( my3 .isChecked()) {
                    myresults = myresults + getString(R.string. item3 ).toString() + "\t" ;
                }
            TextView textView = (TextView) findViewById(R.id.results);
            textView.setText(myresults);
            myresults = "";
        }
    };
}
```

5.6 RadioButton

RadioButton 为单选按钮。使用 RadioButton 时一般要使用 RadioGroup 来对几个 RadioButton 分组。RadioGroup 是 RadioButton 的承载体,但 RadioGroup 在程序运行时却不可见。一个应用程序中可包含一个或多个 RadioGroup,而每个 RadioGroup 可包含一个或多个 RadioButton。有关和 RadioButton 相关的知识点有:

(1) 选择 RadioGroup 里的某个 RadioButton 时,需调用 RadioGroup 的 Check()方法。

(2) 处理 RadioGroup 选择时的逻辑时,调用 setOnCheckedChangeListener()方法,并把 RadioGroup.OnCheckedChangeListener()实例作为参数传入,在 RadioGroup.OnCheckedChangeListener()的 onCheckedChanged()方法里取得被选中单选框的实例。这一点和 CheckBox 中相应的 CompoundButton.OnCheckedChangeListener 方法相似。

在本章示例文件中的 RadioButtonDemo 中,首先在布局文件中定义了一个 RadioGroup 和三个 RadioButton,之后在 Activity 中通过 ID 找到相应的 RadioButton,并对 RadioGroup 调用 setOnCheckedChangeListener()函数进行侦听并处理选择按钮信息,将选择的内容在 Log 中输出，部分代码详见下述代码，完成工程参见本章示例的 RadioButtonDemo 工程(注意需要引入相应的类，如 import android.widget.RadioGroup，以及 android.widget.RadioButton、android.widget.RadioGroup.OnCheckedChangeListener 等)。

```java
private TextView myTextView;
private RadioButton rb1;
private RadioButton rb2;
private RadioButton rb3;
RadioGroup rg;
public void onCreate(Bundle savedInstanceState) {
    super.onCreate(savedInstanceState);
    setContentView(R.layout.main);
    myTextView = (TextView) findViewById(R.id.textview);
    rb1 = (RadioButton) findViewById(R.id.radio1);//通过 ID 找到 RadioButton
    rb2 = (RadioButton) findViewById(R.id.radio2);
    rb3 = (RadioButton) findViewById(R.id.radio3);
    rg = (RadioGroup) findViewById(R.id.radioGroup);
    rg.setOnCheckedChangeListener(new OnCheckedChangeListener() {//对 RadioGroup 进行侦听
    public void onCheckedChanged(RadioGroup group, int checkedId) {
            if(R.id.radio1 == checkedId){
                myTextView.setText("您选择的项目是：" + rb1.getText().toString());
                Log.d("Test", String.valueOf(rb1.getText()));
            } else if(R.id.radio2 == checkedId){
                myTextView.setText("您选择的项目是：" + rb2.getText().toString());
                Log.d("Test", String.valueOf(rb2.getText()));
            }else if(R.id.radio3 == checkedId){
                myTextView.setText("您选择的项目是：" + rb3.getText().toString());
                Log.d("Test", String.valueOf(rb3.getText()));
            }
        }
    });
}
```

5.7 列表 ListView

作为一种以垂直方式显示的列表控件，ListView 可以按设定的规则自动填充并展示一组列表信息。如果显示内容过多，会出现垂直滚动条。ListView 能够通过适配器将数据和自身绑定，在有限的屏幕上提供大量内容供用户选择。

ListView 支持单击事件的处理，用户可以用少量的代码实现复杂的选择功能。有关 ListView 的知识点有：

(1) 在处理 Item 被单击的处理逻辑时，需调用 setOnItemClickListener()方法。

(2) 在处理 Item 被选择时的处理逻辑时，需调用 setOnItemSelectedListener()方法。

本章示例工程的 ListViewDemo 演示了如何设置 ListView 及对键盘选择按键做出响应(在 Log 日志中可以看到效果)。对应的部分代码如下：

```
public class ListViewDemo_MainActivity extends Activity {
    @Override
    public void onCreate(Bundle savedInstanceState) {
        super.onCreate(savedInstanceState);
        setContentView(R.layout.main);
        ListView mylistview = (ListView)findViewById(R.id.listview);
        mylistview.setAdapter(new ArrayAdapter<String>(this, android.R.layout.simple_spinner_dropdown_item,
            new  String[]{"Song","Football","Computer","Android","Apple"}));
        mylistview.setOnItemClickListener(new AdapterView.OnItemClickListener() {
//下面的 onItemClick()函数中一共有四个参数：参数 0 表示适配器控件(就是 ListView)；参数 1 表示适配
器内部的控件(是 ListView 中的子项)；参数 2 表示适配器内部的控件(就是子项的位置)；参数 3 表示子项的
行号
            public void onItemClick(AdapterView<?> arg0, View arg1, int arg2, long arg3) {
            }
        });
        mylistview.setOnItemSelectedListener(new OnItemSelectedListener() {
            public void onItemSelected(AdapterView<?> parent, View view, int position, long id) {
                ListView listView = (ListView) parent;
                Log.v("Test", "id = " + id + "("+ listView.getSelectedItem().toString() + ")");
            }
            public void onNothingSelected(AdapterView<?> parent) {
            }
        });
    }
}
```

5.8 下拉列表 Spinner

Spinner 是一个能从多个选项中选择一个选项的控件，类似于 Windows 程序的 ComboBox 控件，它使用浮动菜单为用户提供选择。有关 Spinner 的知识点如下：

(1) Adapter 的设置：调用 setAdapter()方法，如 spinner.setAdapter(adapter)。

(2) 追加 Item 选择时的处理：调用 setOnItemSelectedListener()方法，并把 AdapterView. OnItemSelectedListener 实例作为参数传递过去，例如 spinner.setOnItemSelectedListener(new OnItemSelectedListener() {//具体的处理逻辑略})

本章示例的 SpinnerSimple 演示了对 Spinner 的用法，部分 Activity 的代码如下：

```java
public class SpinnerSimple_MainActivity extends Activity {
    @Override
    public void onCreate(Bundle savedInstanceState) {
        super.onCreate(savedInstanceState);
        setContentView(R.layout.main);//采用布局
        final ArrayAdapter<String> adapter = new ArrayAdapter<String>(this,android.R.layout.simple_spinner_dropdown_item,new String[]{"Song","Football","Computer","Android","Apple"});//在初始化 ArrayAdapter 中指定即将显示的内容及显示方式
        Spinner spinner = (Spinner) findViewById(R.id.spinner);//找到布局中指定 ID 的 spinner
        spinner.setAdapter(adapter);//将在 ArrayAdapter 指定的内容及显示方式传到指定 spinner 中
        spinner.setOnItemSelectedListener(new OnItemSelectedListener() {//如果选择了某个选项
            public void onItemSelected( AdapterView<?> parent, View view, int position, long id) {
                Spinner spinner = (Spinner) parent;
                setTitle("您的选择是："+(CharSequence) spinner.getSelectedItem());//设置标题
                Log.d("Test", "id = " + id + "("+ spinner.getSelectedItem().toString()+ ")");
            }
            public void onNothingSelected(AdapterView<?> parent) {
            }
        });
    }
}
```

5.9 自动输入提示 AutoCompleteTextView

Android 中，提供了两种类型的智能输入框，即 AutoCompleteTextView 和 MultiAutoCompleteTextView。在某个框中输入内容后，和内容相关的选项被自动列出来，供用户选择。实现本组件主要是设置显示资源的适配器(Adapter)，而相应的建议列表是从一个数据适配器获取的数据。使用 AutoCompleteTextView 的主要步骤如下：

首先，要获得实例，如：

atv=(AutoCompleteTextView)findViewById(R.id.AutoCompleteTextView01);

其次，要声明字符串数组，如：String[] strs={"abc","abcd","bcd","bcde"};

第三，要创建并实例化适配器，如：ArrayAdapter adapter=new ArrayAdapter(this,android.R.layout.simple_dropdown_item_1line, strs);

第四，要设置适配器，如：edit.setAdapter(adapter);

如有下述布局文件：

```xml
<?xml version="1.0" encoding="utf-8"?>
<LinearLayout
```

```
xmlns:android="http://schemas.android.com/apk/res/android"
android:orientation="vertical"
android:layout_width="fill_parent"
android:layout_height="wrap_content" >
<AutoCompleteTextView
android:id="@+id/auto_complete"
android:layout_width="fill_parent"
android:layout_height="wrap_content"/>
</LinearLayout>
```

下面的代码(完整工程示例参见本章中的 AutoCompleteTextViewActivity 示例工程)演示了自动提示功能的实现(注：需要输入至少两个字)：

```
//import 等语句略
public class AutoCompleteTextViewActivity extends Activity {
static final String[] MYSTRINGS= new String[] { "中国银行","中国工商银行","中国建设银行","河北科技大
        学","河北工业大学","河北工业科技","河北科技大学学报","上海大学","上海交通大学","上海
        理工大学","上海市人民政府","上海站" };//设置字符串数组
protected void onCreate(Bundle savedInstanceState) {
    super.onCreate(savedInstanceState);
    setContentView(R.layout.autocomplete);//采用 autocomplete.xml 布局
    setTitle("AutoCompleteTextViewActivity");//设置标题
    ArrayAdapter<String> adapter = new   ArrayAdapter<String>(this,android.R.layout.simple_dropdown_item_1line,
            MYSTRINGS);//创建并实例化适配器
    AutoCompleteTextView textView = (AutoCompleteTextView) findViewById(R.id.auto_complete);
    textView.setAdapter(adapter);//设置适配器
                     }
}
```

5.10 Tabs

和开发 Windows 窗体程序类似，在 Android 中也可以在 Activity 中设计 Tabs，这样在有限的手机屏幕中，就可以显示尽可能多的信息。Android 由 TabActivity 来制作 Tabs，部分函数及其含义如下：

(1) public TabHost getTabHost ()：获得当前 TabActivity 的 TabHost。

(2) public TabWidget getTabWidget ()：获得当前 TabActivity 的 TabWidget。

(3) public void setDefaultTab (String tag)：设置默认的 Tab。

用到的 Tab 载体是 TabHost，需要从 TabActivity.getTabHost 获取。TabHost 类的一些函数有：

(1) public void addTab (TabHost.TabSpec tabSpec)：添加 tab，参数 TabHost.TabSpec 通过

下面的函数返回得到。

(2) public TabHost.TabSpec newTabSpec (String tag)：创建 TabHost.TabSpec。

(3) public void clearAllTabs ()：清除所有的 Tabs。

(4) public void setCurrentTab (int index)：设置当前的 Tab by index。

(5) public void setCurrentTabByTag (String tag)：设置当前的 Tab by tag。

(6) public void setOnTabChangedListener (TabHost.OnTabChangeListener l)：设置 TabChanged 事件的响应处理。

在本章示例的 Tabs 工程中，定义了 4 个不同的 Tab 区域，在每个区域中，分别显示在 XML 布局文件中已经设计好的 Widget 控件。限于篇幅，这里未对每个 Widget 控件对应的处理逻辑进行更详细的设计。有兴趣的读者可自行设计在相应的 Tabs 下的 Wiget 组件的功能。

```
public class tabs extends TabActivity {//继承自 TabActivity 而非 Activity
    @Override
    protected void onCreate(Bundle savedInstanceState) {
        super.onCreate(savedInstanceState);
        TabHost tabHost = getTabHost();//调用 TabActivity 的 getTabHost()方法获得 TabHost 对象
        LayoutInflater.from(this).inflate(R.layout.main,tabHost.getTabContentView(), true);
        tabHost.addTab(tabHost.newTabSpec("tab1").setIndicator("第一个区域").setContent(R.id.button1));
        tabHost.addTab(tabHost.newTabSpec("tab2").setIndicator("第二个区域").setContent(R.id.edit2));
        tabHost.addTab(tabHost.newTabSpec("tab3").setIndicator("第三个区域").setContent(R.id.edit3));
        tabHost.addTab(tabHost.newTabSpec("tab4").setIndicator("第四个区域").setContent(R.id.edit4));
    }
}
```

5.11 本章小结

本章主要介绍 Android 事件处理机制和常用 Widget 组件及其使用方式，并通过诸多实例讲解和使用，介绍了相关的编程技巧。通过本章的学习，除在 UI 设计时需要学会使用常用的 Widget 控件外，还要了解常见的事件监听器方法，了解当前 View 被单击、获得焦点等事件发生的时调用的相关方法等。限于篇幅，本章未对所有 Widget 组件的使用进行说明，详情可参阅相关文献资料。在第 8 章的练习题中，我们将给出一个使用进度条拖放音乐播放器进度的实例，有兴趣的读者可参照对应的源码，这里不再赘述有关进度条的使用方法。

思考与实践

1. 实现如图 5.4 所示的 UI 界面。

2. 完成如图 5.5 所示的 UI 界面，要求当用户选择"普通用户"时，当输入相应的金额后，单击相应按钮，在上方显示金额不打折；如果选择"VIP"时，当输入相应的金额后，单击相应按钮，在上方显示金额打 8 折。提示：程序中可能用到 onClick()方法。

3. 设计一个以 Spinner 方式显示港台部分歌手姓名的应用程序，当用户选择其中的某个选项后，将该歌手的姓名填入在输入框 EditText 中，UI 界面如图 5.6 所示。

　　图 5.4　Radio 界面　　　　　图 5.5　UI 界面　　　　　图 5.6　Spinner 形式的 UI

第 6 章　对话框、菜单与提示信息

作为和用户交互时的重要工具和手段，对话框、菜单和提示信息在 UI 设计中发挥着重要的作用。在 Android 中，对话框是一种显示在 Activity 上的界面元素，常见的对话框有 AlterDialog、ProcessDialog、DatePickerDialog、TimePickerDialog 等。本章介绍对话框中常用的 AlterDialog 的开发与设计方法。另外，菜单是应用程序中重要的组成部分，它能够为应用程序提供相应的功能和界面，并为程序开发人员提供易于使用的编程接口。本章对菜单与提示信息进行简介。学习本章内容时，要求重点掌握如下知识点：
- 掌握对话框设计方法。
- 掌握菜单设计方法，会设计选项菜单、上下文菜单、子菜单等常用的菜单形式。
- 了解提示信息的设计与使用方法。

6.1　对话框

对话框是一种显示于 Activity 之上的界面元素，是作为 Activity 的一部分被创建和显示的，常用的对话框种类有提示对话框 AlertDialog、进度对话框 ProgressDialog、日期选择对话框 DatePickerDialog、时间选择对话框 TimePickerDialog 等，其中 AlertDialog 是常用的对话框。当显示对话框时，当前 Activity 失去焦点而由对话框负责所有的交互。一般来说，对话框用于给出提示信息或弹出一个与主进程直接相关的子程序。

当对话框第一次被显示时，在程序中通过相应的回调方法 onCreateDialog()来完成对话框实例的创建。该方法需要传入代表对话框的 ID 参数(之后不再重复创建该实例)。如果需要显示对话框，则调用 showDialog()方法传入对话框的 ID 来显示指定的对话框。每次对话框被显示之前都会调用 onPrepareDialog()方法，因为如果不重写该方法，每次显示的对话框都是最初创建的那个。关闭对话框时可以调用 Dialog 类的 dismiss()方法来实现，但通过这种方法关闭的对话框并不会彻底消失，Android 会在后台保留其状态，因此可以为对话框设置 onDismissListener()并重写其中的 onDismiss()方法来开发相应的功能。如果需要让对话框彻底被清除，要调用 removeDialog()方法并传入 Dialog 的 ID 值来彻底释放该对话框资源。

创建 AlertDialog 对话框的主要步骤有：
(1) 获得 AlertDialog 的静态内部类 Builder 对象，并由该类来创建对话框。
(2) 通过 Builder 对象设置对话框的标题、按钮以及按钮将要响应的事件。
(3) 调用 Builder 的 create()方法创建对话框。
(4) 调用 AlertDialog 的 show()方法显示对话框。

它提供的方法主要有：
- setTitle()：设置对话框标题。
- setIcon()：设置对话框图标。

- setMessage()：设置对话框提示信息。
- setItems()：设置对话框要显示的一个列表。
- setSingleChoiceItems()：设置对话框显示一个单选的 List。
- setMultiChoiceItems()：设置对话框显示一系列的复选框。
- setPositiveButton()：给对话框添加 Yes 按钮。
- setNegativeButton()：给对话框添加 No 按钮。
- setView()：给对话框设置自定义样式。
- create()：创建对话框。
- show()和 showDialog()：显示对话框。
- onCreateDialog()：创建对话框的实现。
- onPrepareDialog()：更改已有对话框时调用。

6.1.1 创建简单的提示对话框

当创建对话框时，首先需要重写 onCreate()方法，可通过 setTitle()设置标题、setContentView()设置内容等。具体地，需要生成一个 AlertDialog 的构造者，如：

final View myviewondialog = usingdialoglayoutxml.inflate(R.layout.dialogshow, null);//设定的布局

AlertDialog mydialoginstance = new AlertDialog.Builder(ShowDialog_Activity.this);

上述代码中的参数 ShowDialog_Activity 为相应的类名。可以设置对话框的属性，包括标题、按钮和图标等。如：

.setIcon(R.drawable.icon)//图标，显示在对话框标题左侧

.setTitle("用户登录界面")   //对话框标题

.setView(myviewondialog)//参数为 View 实例名，显示 R.layout.dialogshow.xml 布局文件中设定的布局

AlterDialog 的作用有点像 C#中 MessageShow()及相关函数的功能。有关 AlertDialog()的示例，参见本章示例的 AlterDlgDemo 工程。

```
//import 等语句略
public class AlterDlgDemo_MainActivity extends Activity {
    @Override
    public void onCreate(Bundle savedInstanceState) {
        super.onCreate(savedInstanceState);
        setContentView(R.layout.main );//布局
        AlertDialog.Builder my_ADialog = new AlertDialog.Builder(this);//创建 AlertDialog 对象
        my_ADialog.setTitle( "Android 提示 " );// 设置标题
        my_ADialog.setMessage( "这个是 AlertDialog 提示对话框 !!" );// 设置显示消息
        my_ADialog.show();// 显示该对话框
    }
}
```

6.1.2 创建具有简单界面的提示对话框

下面用一个实例来演示如何在对话框中将定制的 view 作为其内容。本章示例工程

ShowDialog 是通过单击按钮来调用一个用来显示登录的对话框界面。

首先，在相应的工程中修改 res\layout\main.xml 文件，在其中添加一个 Button 按钮，并指定这个按钮的显示模式(如按钮是否为包裹住文字内容)、id、文字等。

第二步，为即将添加的对话框设计相应的布局。我们在 res\layout 下创建一个模板 XML 文件(右击工程下的 layout 文件夹，选择【New】|【Android XML File】，注意文件扩展名应是 XML)。布局的主要内容是添加了两行文字及紧随其后的输入框，分别接受输入的用户名和密码。这个对话框中的"确定"和"结束"按钮等信息不在布局文件中设定，而是在该对话框被实例化后通过.setPositiveButton(对应确定按钮)、.setNegativeButton(对应取消按钮)来添加，并在那里设定单击"确定"按钮和"结束"按钮对应的事件。下面是部分布局代码。

```xml
<?xml version="1.0" encoding="utf-8"?>
<LinearLayout
    xmlns:android="http://schemas.android.com/apk/res/android"
    android:layout_width="fill_parent"
    android:layout_height="wrap_content"
    android:orientation="vertical" >    <!-- 定义一个线性布局样式 -->
<TextView
    android:id="@+id/username_view"
    android:layout_height="wrap_content"
    android:layout_width="wrap_content"
    android:layout_marginLeft="20dip"
    android:layout_marginRight="20dip"
    android:text="用户名"
    android:gravity="left"/>   <!-- 定义"用户名"，定义其 id、高、宽、位置、显示文字-->
<EditText
    android:id="@+id/username_edit"
    android:layout_height="wrap_content"
    android:layout_width="fill_parent"
    android:layout_marginLeft="20dip"
    android:layout_marginRight="20dip"
    android:scrollHorizontally="true"
    android:autoText="false"
    android:capitalize="none"
    android:gravity="fill_horizontal"
    android:textAppearance="?android:attr/textAppearanceMedium" /> <!-- 对应用户名的输入框 -->
<TextView
    android:id="@+id/password_view"
    android:layout_height="wrap_content"
    android:layout_width="wrap_content"
    android:layout_marginLeft="20dip"
    android:layout_marginRight="20dip"
    android:text="密码"
    android:gravity="left"/> <!-- 定义"密码"，定义其 id、高、宽、位置、显示文字-->
```

```xml
<EditText
    android:id="@+id/password_edit"
    android:layout_height="wrap_content"
    android:layout_width="fill_parent"
    android:layout_marginLeft="20dip"
    android:layout_marginRight="20dip"
    android:scrollHorizontally="true"
    android:autoText="false"
    android:capitalize="none"
    android:gravity="fill_horizontal"
    android:password="true" />    <!-- 对应"密码"的输入框,密码将显示* -->
</LinearLayout>
```

> 注意:当布局文件中定义的 android:password 属性值为 true 时,指输入的口令将以*的形式显示。

第三步,在 Activity 类(Java 代码)中编写代码,随着触发事件而弹出相应的 AlterDialog 对话框,涉及到的主要知识点有:

(1) 通过 setContentView(R.layout.main)语句设定使用默认的布局文件。

(2) 定义 Button,这个 Button 通过 findViewById()方法和在 main.xml 中已经设定好的按钮建立了联系,因此显示在默认布局中的按钮就是在 main.xml 中定义好的按钮。

```java
Button mybutton = (Button)findViewById(R.id.button1);
```

(3) 通过 OnClickListener(),侦听此按钮的被单击事件。

```java
mybutton.setOnClickListener(new OnClickListener() {    //略
```

(4) 如果按钮被单击,则定义一个 LayoutInflater 类的实例。LayoutInflater 类的作用类似于 findViewById(),不同点是 LayoutInflater 是用来找 layout 下 XML 布局文件并且实例化,而 findViewById() 是找 XML 下具体 widget 控件(如 Button、TextView 等)。这里是通过 LayoutInflater 实例的 inflate()方法调用对话框 XML 布局文件 dialogshow.xml。

```java
final View myviewondialog = usingdialoglayoutxml.inflate(R.layout.dialogshow, null);
```

(5) 设定这个对话框的标题,并设定对话框中的按钮以及相应按钮对应的单击事件(注:本例中并没有对应的功能,只是显示了相应的按钮)。

(6) 通过 .setView(已经定义的 View 实例名),示例工程是显示 R.layout.dialogshow.xml 这个布局文件。

(7) 通过 onCreate()创建 Activity。

(8) 通过调用对话框实例的 show()方法显示这个对话框。

部分 Java 代码如下所示,完整的工程参见本章示例的 ShowDialog 工程。UI 如图 6.1、图 6.2、图 6.3 所示。

```java
//import 语句略
public class ShowDialog_Activity extends Activity {
```

```
public void onCreate(Bundle savedInstanceState) {
    super.onCreate(savedInstanceState);
    setContentView(R.layout.main);//应用默认的布局 main.xml
    Button mybutton = (Button)findViewById(R.id.button1);//显示 id 为"button1"的按钮
    mybutton.setOnClickListener(new OnClickListener(){ //侦听单击此按钮的事件
        public void onClick(View v) {//单击此按钮后显示对话框
            LayoutInflater usingdialoglayoutxml = LayoutInflater.from(ShowDialog_Activity.this);
            final View myviewondialog = usingdialoglayoutxml.inflate(R.layout.dialogshow, null);
            AlertDialog mydialoginstance = new AlertDialog.Builder(ShowDialog_Activity.this)
                .setIcon(R.drawable.icon)//图标，显示在对话框标题左侧
                .setTitle("用户登录界面")   //对话框标题
                .setView(myviewondialog)//显示 R.layout.dialogshow.xml 这个布局文件
                .setPositiveButton("确定", new DialogInterface.OnClickListener() {//"确定"按钮
                    public void onClick(DialogInterface dialog, int whichButton) {//侦听单击事件
                        Toast.makeText(getApplicationContext(), "感谢您输入了信息,再见",
                            Toast.LENGTH_LONG).show();
                    }})
                .setNegativeButton("结束", new DialogInterface.OnClickListener() {//"结束"按钮
                    public void onClick(DialogInterface dialog, int whichButton) {//侦听单击事件
                        ShowDialog_Activity.this.finish();//退出程序
                    }})
                .create();
            mydialoginstance.show(); //显示对话框
        }
    });
}
```

图 6.1　初始按钮

图 6.2　显示对话框

图 6.3　Toast 信息

6.2　菜单

当某个 UI 在前台运行时，如果用户按下手机上的 Menu 键，就会在屏幕底端弹出相应的

选项菜单，但其对应的功能是需要程序设计者来编程实现的。如果在应用程序开发中没有实现这个功能，则在程序运行时按下手机上的 Menu 键是不会有作用的。

一个 Menu 对象代表一个菜单，在 Menu 对象中可以添加菜单项 MenuItem，也可以添加子菜单 SubMenu。Android 中的菜单是一种显示于 Activity 之上的 UI 元素，分为选项菜单 Options Menu(按 Menu 键时从屏幕底部滑出的菜单)、上下文菜单 Context Menu(长按键时调出它，类似于 Windows 应用程序中的右键快捷菜单)、子菜单 Submenu 等多种类型。在 Android 应用程序设计中，常常通过回调方法来创建菜单并处理菜单按下的事件。表 6.1 中列出了选项菜单方法及其对应的功能[10]。

表 6.1 选项菜单方法及其对应的功能

方 法 名	功 能 说 明
public boolean **onCreateOptionsMenu**(Menu menu)	初始化选项菜单，该方法只在首次显示菜单时调用，如果需要每次显示菜单时都更新菜单项，则需要使用 onPrepareOptionsMenu(menu)方法
public boolean **onOptionsItemSelected**(MenuItem item)	处理菜单项的单击事件，当菜单中某个选项被选中时调用该方法，默认返回 false，详见下面的示例代码说明
public boolean **onPrepareOptionsMenu**(menu)	为程序准备选项菜单，在每次选项菜单显示前会调用该方法。可以通过该方法设置某些菜单项可用、不可用、修改菜单项的内容等。重写该方法时需要返回 true，否则选项菜单将不再显示

在上述功能中，除了用回调方法 onOptionsItemSelected 来处理用户选中菜单事件外，还可以为每个菜单项(即 MenuItem)对象添加 onMenuItemClickListener()方法来侦听并处理菜单选中事件，其中的 onCreateOptionMenu()方法指当按下手机设备上的 Menu 按钮时，Android 生成一个菜单，可以向这个菜单中添加指定的菜单项。

> Tips：选项菜单中的 onCreateOptionsMenu()函数一般仅在选项菜单第一次启动时被调用一次。

Menu 类中常用的方法如表 6.2 所示[10]。

表 6.2 Menu 类的常用方法及说明

方 法 名	参数及功能说明
(1) **MenuItem add**(int groupId, int itemId, int order, CharSequence title) (2) **MenuItem add**(int groupId, int itemId, int order, int titleRes) (3) **MenuItem add**(CharSequence title) (4) **MenuItem add**(int titleRes)	向 Menu 中添加一个菜单项并返回 MenuItem 对象。其中的 groupId 参数是菜单项所在组的 Id；itemId 参数是唯一标识菜单项的 Id；order 参数是菜单项的顺序；title 参数是菜单项的标题，titleRes 参数是 String 对象的资源标识符
(1) **SubMenu addMenu**(int titleRes) (2) **SubMenu addMenu**(int groupId, int itemId, int order, int titleRes) (3) **SubMenu addMenu**(CharSequence title) (4) **SubMenu addMenu**(int groupId, int itemId, int order, int titleRes)	向 Menu 菜单中添加一个子菜单并返回 SubMenu 对象，其中的参数含义说明如上
void clear()	移除菜单中所有子项
void close()	如果菜单正在显示，则关闭菜单

(续)

方 法 名	参数及功能说明
MenuItem findItem(int id)	返回指定 id 的 MenuItem 对象
void removeGroup(int groupId)	如果指定 Id 的组不为空，则从菜单中移除该组
void removeItem(int id)	移除指定 Id 的 MenuItem
int size()	返回 Menu 中菜单项的个数

6.2.1 选项菜单 Options Menu 及其编程实现

选项菜单 Options Menu 在屏幕底部一般最多只能显示 6 个菜单项，它们只支持文字(title)以及图标(icon)，可以设置快捷键，但一般不支持 Checkbox 以及 Radio 控件，所以一般不设置 Checkable 选项等。而多于 6 个的菜单项一般会以 more 来调出，但它们不支持图标(icon)。

在创建选项菜单 Options Menu 时，需要在 Activity 中重写 onCreateOptionsMenu(Menu menu)函数，然后调用 menu 的 add()添加菜单项(add 方法有多个重载方法，详见表 6.2 说明)。当删除所有的菜单项时，可以用 clear()的方法。下面的代码给出了 onCreateOptionsMenu 函数的使用。

```
public boolean onCreateOptionsMenu(Menu menu) {//初始化选项菜单,该方法一般只在首次显示菜单时调用
    super.onCreateOptionsMenu(menu);//调用此方法来生成菜单,下面增添几个菜单项
    menu.add(0, ITEM0, 0, "显示菜单 1");//用 ITEM0 来标识第一个菜单项
    menu.add(0, ITEM1, 1, "显示菜单 2");
    return true;
}
```

一般地，MenuItem 对象代表一个菜单项，通常 MenuItem 实例通过菜单实例 menu 的 add 方法获得，见表 6.2 中的内容。MenuItem 中常用的成员方法及说明如表 6.3 所示[10]。

表 6.3 选项菜单相关的回调方法及说明

方 法 名	参数及功能说明
MenuItem setAlphabeticShortcut(char alphaChar)	设置 MenuItem 的字母快捷键
MenuItem setNumbericShortcut (char numbericChar)	设置 MenuItem 的数字快捷键
MenuItem setIcon(Drawable icon)	设置 MenuItem 的图标
MenuItem setIntent(Intent intent)	为 MenuItem 绑定 Intent 对象，当被选中时将会调用 startActivity 方法处理相应的 Intent
MenuItem setOnMenuItemClickListener(MenuItem.OnMenuItemClick Listener menuItemClickListener)	为 MenuItem 设置自定义的监听器
MenuItem setShortcut(char numbericChar, char alphaChar)	为 MenuItem 设置数字快捷键和字母快捷键，当按下快捷键或按住 Alt 键的同时按下快捷键时将会触发 MenuItem 的选中事件
MenuItem setTitle(int title 或 CharSequence title)	为 MenuItem 设置标题
MenuItem setTitleCondensed(CharSequence title)	设置 MenuItem 的缩略标题，当 MenuItem 不能显示全部的标题时，显示缩略标题

下面的示例代码是有关处理菜单项单击事件的部分代码，通过在 Activity 中重写 onOptionsItemSelected(MenuItem item)函数，然后用 switch/case 语句分情况进行处理，注意代码中用到了针对某个特定选项菜单的 getItemId()方法：

```java
public boolean onOptionsItemSelected(MenuItem item) {//处理菜单项的单击事件，当菜单中某个选项被选中时调用该方法，默认返回 false。
    switch (item.getItemId()) {//id 通过 item.getItemId()获得
        case ITEM0: //单击第一个菜单选项后对应的事件
            item.setAlphabeticShortcut('a');//设置快捷键
            item.setTitle("单击后出现按钮 1");//设置标题
            //其他处理逻辑
            break;
        case ITEM1://单击第二个菜单选项后对应的事件
            item.setAlphabeticShortcut('b');//设置快捷键
            item.setTitle("单击后出现按钮 2");//设置标题
            //其他处理逻辑
            break;
    }
    return super.onOptionsItemSelected(item);}
```

本章示例中的 MenuDemo1 工程演示了选项菜单的设计与编程实现，如下代码是其中的核心部分。该工程运行后，单击模拟器右侧的 Menu 键或真实手机上的 Menu 键，会在 Activity 底部弹出设置的菜单项，单击相应的菜单项，会实现相应的功能。

```java
//略
import android.view.Menu;//注意引用
import android.view.MenuItem; //注意引用
import android.view.View;
//其他略
public class MenuDemo1_MainActivity extends Activity {
    public static final int ITEM0 = Menu.FIRST;//Menu.FIRST 是基准值
    public static final int ITEM1 = Menu.FIRST + 1;//加 1
    //定义按钮
    Button button1, button2;//定义两个按钮
    @Override
    public void onCreate(Bundle savedInstanceState) {
        super.onCreate(savedInstanceState);
        setContentView(R.layout.main);//采用 main.xml 布局
        button1 = (Button) findViewById(R.id.button1);//按钮实例和布局中的按钮联系起来
        button2 = (Button) findViewById(R.id.button2);
        button1.setVisibility(View.INVISIBLE);//初始时不可见,当单击 Button 时显示
        button2.setVisibility(View.INVISIBLE);//初始时不可见,当单击 Button 时显示
```

```
    }
    @Override
    public boolean onCreateOptionsMenu(Menu menu) {//仅在选项菜单第一次启动时被调用一次
        super.onCreateOptionsMenu(menu);//调用此方法来生成 Menu,下面显示的是几个菜单项
        menu.add(0, ITEM0, 0, "显示 button1");//用 ITEM0 来标识第一个菜单项
        menu.add(0, ITEM1, 1, "显示 button2");
        return true;
    }
    public boolean onOptionsItemSelected(MenuItem item) {
        switch (item.getItemId()) {
        case ITEM0: //单击第一个 Button 后的事件
            actionClickMenuItem1();//显示 Button1
            break;
        case ITEM1://单击第二个 Button 后的事件
            actionClickMenuItem2();
            break;
        }
        return super.onOptionsItemSelected(item);
    }
    private void actionClickMenuItem1(){//单击第一个 Button 后的事件
        setTitle("button1 标题可见");
        button1.setVisibility(View.VISIBLE);
        button2.setVisibility(View.INVISIBLE);
    }
    private void actionClickMenuItem2(){//单击第二个 Button 后的事件
        setTitle("button2 标题 可见");
        button1.setVisibility(View.INVISIBLE);
        button2.setVisibility(View.VISIBLE);
    }
}
```

6.2.2 子菜单 SubMenu 及其编程实现

子菜单 SubMenu 继承自 Menu,每个 SubMenu 实例代表一个子菜单,SubMenu 中常用的方法及说明如表 6.4 所示[10]。

表 6.4 SubMenu 中常用方法及其说明

方 法 名	参数及功能说明
setHeaderIcon(Drawable icon 或 int iconRes)	设置子菜单的标题图标。iconRes 是标题图标的资源 Id
setHeaderTitle(CharSequence title 或 int titleRes)	设置子菜单的标题。titleRes 是标题文本的资源 Id
setIcon(Drawable icon 或 int iconRes)	设置子菜单在父菜单中显示的图标
setHeaderView(View view)	设置指定 View 对象作为子菜单的图标

设计子菜单时，一般需要重写 Activity 的 onCreateOptionsMenu()方法，并调用 subMenu 的 add()方法添加子菜单项，可能还需重写 onOptionsItemSelected()方法来响应对应的单击事件。

> **Tips**：选项菜单和上下文菜单都可以加入子菜单，但子菜单不能嵌套子菜单，这意味着在 Android 中菜单只有两层，且子菜单不支持图标。

本章示例工程中的 SubmenuDemo 演示了如何针对子菜单添加菜单项等内容。注意代码中通过 onCreateOptionsMenu()方法增加菜单，通过 onOptionsItemSelected()方法捕获用户的选择，并通过 item.getTitle()方法得到对应的菜单项文字内容等。下面的代码给出了主要的实现步骤。该工程运行后，单击模拟器右侧的 Menu 键或真实手机上的 Menu 键，会在 Activity 底部弹出设置的菜单项。

```java
import android.view.Menu;
import android.view.MenuItem;
import android.view.SubMenu;
//其他 import 语句略
public class SubmenuDemo_MainActivity extends Activity {
    private static final int ITEM_NEW_Male1 = Menu.FIRST;
    private static final int ITEM_NEW_Male2 = Menu.FIRST+1;
    private static final int ITEM_NEW_Female1 = Menu.FIRST+2;
    private static final int ITEM_NEW_Femail2 = Menu.FIRST+3;
    @Override
    public void onCreate(Bundle savedInstanceState) {
        super.onCreate(savedInstanceState);
        setContentView(R.layout.main);
    }
    public boolean onCreateOptionsMenu(Menu menu){         //重载
        SubMenu submenu1 = menu.addSubMenu("男歌手");//增添
        SubMenu submenu2 = menu.addSubMenu("女歌手");
        submenu1.add(01, ITEM_NEW_Male1, 0, "刘德华");//增添
        submenu1.add(02, ITEM_NEW_Male2, 1, "张学友");
        submenu2.add(03, ITEM_NEW_Female1, 0, "梅艳芳");
        submenu2.add(04, ITEM_NEW_Femail2, 1, "邓丽君");
        return true;
    }
    public boolean onOptionsItemSelected(MenuItem item){
        switch(item.getItemId()){
        case ITEM_NEW_Male1:
            setTitle("您选择的男歌手是："+item.getTitle());
            break;
        case ITEM_NEW_Male2:
            setTitle("您选择的男歌手是："+item.getTitle());
```

```
            break;
        case ITEM_NEW_Female1:
            setTitle("您选择的女歌手是："+item.getTitle());
            break;
        case ITEM_NEW_Femail2:
            setTitle("您选择的女歌手是："+item.getTitle());
            break;
        }
        return true;
    }
}
```

6.2.3 快捷菜单 Context Menu 及其编程实现

快捷菜单(注：有时也称之为上下文菜单)类似于普通桌面程序中的右键菜单，但在 Android 中不是通过用户右击鼠标而得到的，而是当用户单击界面元素超过 2 秒后自动出现的菜单，并会启动注册到该界面元素的快捷菜单。它可以被注册到任何视图对象中，如用于列表视图 ListView 的 item。

为了创建一个 Context Menu 上下文菜单，一般需要重写 Activity 的上下文菜单回调函数 onCreateContextMenu()和 onContextItemSelected()响应菜单单击事件。其中,onCreateContextMenu()函数主要用来添加快捷菜单所显示的标题、图标和菜单子项等内容。但是，和选项菜单中的 onCreateOptionsMenu()函数仅在选项菜单第一次启动时被调用一次不同，onCreateContextMenu()函数每次启动时都会被调用一次。在 onCreateContextMenu()里可以通过使用 add()方法添加相应的菜单项(或者通过扩充一个定义在 XML 中的菜单资源)，然后通过 registerForContextMenu()为这个视图注册一个上下文菜单 ContextMenu。就是说，通过 registerForContextMenu()，才能使对应的 View 可用上下文菜单，否则是没有设定的上下文菜单可用的。

Activity 类中与 Context Menu 相关的方法及其说明如表 6.5 所示[10]。

表 6.5　Activity 类中与 ContextMenu 相关的常用方法及其说明

方 法 名	参数及功能说明
onCreateContextMenu(ContextMenu menu, View v, ContextMenu.ContextMenuInfo menuInfo)	每次为 View 对象调出上下文菜单时都需要调用该方法，参数中，menu 是创建的上下文菜单；v 是上下文菜单依附的 View 对象；menuInfo 是上下文菜单需要额外显示的信息。和选项菜单不同的是，上下文菜单在每次显示时都会调用这个函数
onContentItemSelected(MenuItem item)	当用户选择了上下文菜单选项后调用该方法进行处理，参数中 item 是被选中的上下文菜单选项
onContentMenuClosed(Menu menu)	当上下文菜单被关闭时调用该方法，参数中的 menu 是被关闭的上下文菜单
registerForContentMenu(View view)	为指定的 View 对象注册一个上下文菜单，一般在 Activity 的 onCreate()方法里调用。其中的 view 是要显示上下文菜单的 View 对象

> **Tips**: registerForContentMenu 方法执行后，会自动为指定的 View 对象添加一个 View.OnCreateContextMenuListener 监听器，这样当长按 View 时就会弹出上下文菜单。

参考相关文献[10]中的例子，本章示例工程中的 ContextMenu 演示了上下文菜单的设计方法，注意只为其中的两个 View 对象(即 EditText1 和 EditText2)注册了上下文菜单，部分主要代码如下。

```java
import android.view.ContextMenu;//注意添加
import android.view.Menu; //注意添加
import android.view.MenuItem; //注意添加
//其他 import 语句略
public class ContextMenu_MainActivity extends Activity {
    private static final int ITEM1 = Menu.FIRST;
    private static final int ITEM2 = Menu.FIRST+1;
    private static final int ITEM3 = Menu.FIRST+2;
    private static final int ITEM4 = Menu.FIRST+3;
    private static final int ITEM5 = Menu.FIRST+4;
    @Override
    public void onCreate(Bundle savedInstanceState) {
        super.onCreate(savedInstanceState);
        setContentView(R.layout.main);
        //为其中的两个 View 对象注册上下文菜单
        this.registerForContextMenu(findViewById(R.id.EditText01));
        this.registerForContextMenu(findViewById(R.id.EditText02));
        EditText et3=(EditText)this.findViewById(R.id.EditText03);
        et3.setHint("这个输入框中没有设定内容的上下文菜单");
    }
    @Override
    public void onCreateContextMenu (ContextMenu menu, View v,ContextMenu.ContextMenuInfo menuInfo){//此方法在每次调出上下文菜单时都会被调用一次
        menu.setHeaderIcon(R.drawable.header);
        if(v==findViewById(R.id.EditText01)){//第一个编辑框
            menu.add(0, ITEM1, 0, R.string.my1);
            menu.add(0, ITEM2, 0, R.string.my2);
            menu.add(0, ITEM3, 0, R.string.my3);
        }
        else if(v==findViewById(R.id.EditText02)){//第二个编辑框
            menu.add(0, ITEM4, 0, R.string.my4);
            menu.add(0, ITEM5, 0, R.string.my5);
        }
    }
    @Override   //菜单项选中状态变化后的回调方法
```

```java
public boolean onContextItemSelected(MenuItem mi){
    switch(mi.getItemId()){
      case ITEM1:
            EditText et1=(EditText)this.findViewById(R.id.EditText01);
            et1.setText("\n"+mi.getTitle()+" 被按下");
            setTitleColor(Color.RED);
            setTitle("第一个键对应的上下文菜单");
            break;
      //其余代码略
    }
    return true;
}
```

6.3 提示信息 Toast

Toast 是 Android 中用来显示提示信息的一种机制。与 Widget 和对话框 Dialog 不一样的是，Toast 没有焦点且显示的时间有限，信息浮动显示片刻(显示时长可设定)后会自动消失。创建 Toast 的一般步骤是：

首先，调用 Toast 的静态方法 makeText()或 make()，添加显示文本和时长，即 Toast.makeText(getApplicationContext(),"显示文本",显示时长);。

其次，调用 Toast 的 show()显示提示信息。如果需要显示较为复杂的信息，可以使 Toast 支持通过 setView(view)添加 view 组件的方式来实现。另外可以使用 setGravity()方法来定位 Toast 在屏幕上的位置，例如 toast.setGravity(Gravity.CENTER_VERTICAL, 0, 0)，可以把 Toast 定位在相应的位置。

本章示例工程 ToastDemo 演示了相应的方法，其中用到两种方法来设置和显示 Toast，涉及到的部分核心代码如下：

```java
public class ToastDemo_MainActivity extends Activity {
    private Button mButton,mButton2 ;//实例化两个按钮
    private EditText mEditText ;//实例化一个 EditText
    @Override
    public void onCreate(Bundle savedInstanceState) {
        super.onCreate(savedInstanceState);
        setContentView(R.layout. main );//采用 main 布局
        mButton =(Button)findViewById(R.id.mybtn );//找到 id 号为指定内容按钮并和自定义的实例关联
        mButton2 = (Button)findViewById(R.id.mybtn2);//找 id 号为指定内容按钮并和自定义的实例关联
        mEditText =(EditText)findViewById(R.id.myet );//找 id 号为指定内容控件并和自定义的实例关联
        mButton.setOnClickListener( new Button.OnClickListener(){//侦听按钮 1 被按下的动作
        public void onClick(View v) {
            Toast.makeText(getApplicationContext(), "您的愿望", Toast.LENGTH_SHORT).show();//短时显示 Editable Str;
```

```
                Str= mEditText.getText();//得到用户输入的内容
                CharSequence string2=getString(R.string.yourwish);//从 XML 中获取相应的
                字符串信息
                CharSequence string3=getString(R.string.send);//从 XML 中
                获取 String
                Toast. makeText (ToastDemo_MainActivity.this, string2+Str.toString()+string3,Toast. LENGTH_
                LONG ).show();//用 makeText()方式产生 Toast 信息，时长为较长
                mEditText .setText( "" );//清空 EditText
            }
        });
        mButton2.setOnClickListener(new Button.OnClickListener() {//侦听按钮 2 被按下的动作
            public void onClick(View v)    {
                Toast.makeText(getApplicationContext(), "我的表情", Toast.LENGTH_SHORT).show();//短时
                Toast toast = new Toast(getApplicationContext());//实例化
                ImageView myview = new ImageView(getApplicationContext());//实例化
                myview.setImageResource(R.drawable.image4);//和指定的图片 mnage4 关联
                toast.setView(myview);//将 toast 实例和图片实例关联
                toast.setGravity(Gravity.TOP, 0, 0);//定位图片显示位置，否则以默认位置显示
                toast.show();//显示 toast
            }
        });
    }
}
```

6.4 温馨信息 Notification

温馨信息 Notification 是 Android 提供的提醒机制。它支持更复杂的单击事件响应。Notification 使用 NotificationManager 来管理。创建 Notification 的步骤有：

首先，得到 NotificationManager 的引用：

```
private NotificationManager mNotificationManager;
mNotificationManager = (NotificationManager)getSystemService(NOTIFICATION_SERVICE);
```

第二，初始化一个 Notification：

```
final Notification notifyDetails = new Notification(R.drawable.image5,"滚动提示信息",System.currentTimeMillis());
```

第三，设置 Notification 的参数：

```
Context context = getApplicationContext();
CharSequence contentTitle = "您好";
CharSequence contentText = "您选中了显示提示";
```

```
setTitle("您选中了显示提示");//设置 Activity 显示的标题
Intent notifyIntent = new Intent(android.content.Intent.ACTION_VIEW);
PendingIntent intent = PendingIntent.getActivity(NofiticationDemo_MainActivity.this, 0, notifyIntent,
                    android.content.Intent.FLAG_ACTIVITY_NEW_TASK);
notifyDetails.setLatestEventInfo(context, contentTitle, contentText, intent);
```

第四,显示 Notification:

```
mNotificationManager.notify(SIMPLE_NOTFICATION_ID, notifyDetails);
```

本章示例代码中的 NotificationDemo 工程演示了有关的使用方法,部分核心代码如下:

```
public class NofiticationDemo_MainActivity extends Activity {
    private NotificationManager mNotificationManager;
        private int SIMPLE_NOTFICATION_ID;
        @Override
        public void onCreate(Bundle savedInstanceState) {
            super.onCreate(savedInstanceState);
            setContentView(R.layout.main);//采用设定的布局,在其中定义了两个按钮
            mNotificationManager =
(NotificationManager)getSystemService(NOTIFICATION_SERVICE);//创建对象
            //下面创建 Notification ,参数依次为 icon 的资源 id、在状态栏上展示的滚动信息、时间。
            final Notification notifyDetails = new Notification(R.drawable.image5,"滚动提示信息",
                    System.currentTimeMillis());
            Button start = (Button)findViewById(R.id.notifyButton); //start 对应显示提示的按钮
            Button cancel = (Button)findViewById(R.id.cancelButton);//cancel 对应关闭程序的按钮
            start.setOnClickListener(new OnClickListener() {     //"显示提示"按钮对应的单击事件
                public void onClick(View v) {
                    Context context = getApplicationContext();
                    CharSequence contentTitle = "您好";
                    CharSequence contentText = "您选中了显示提示";
                    setTitle("您选中了显示提示");//设置 Activity 显示的标题
                    Intent notifyIntent = new Intent(android.content.Intent.ACTION_VIEW);
                    //PendingIntent 为 Intent 的包装,这里是启动 Intent 的描述。PendingIntent.getActivity 返
回的 PendingIntent 表示此 PendingIntent 实例中的 Intent 是用于启动 Activity 的 Intent。PendingIntent.getActivity 的参
数依次为:Context、发送者的请求码(可以填 0)、用于系统发送的 Intent、标志位。
                    PendingIntent intent = PendingIntent.getActivity(NofiticationDemo_MainActivity.this, 0,
notifyIntent, android.content.Intent.FLAG_ACTIVITY_NEW_TASK);
                    notifyDetails.setLatestEventInfo(context, contentTitle, contentText, intent);
                    mNotificationManager.notify(SIMPLE_NOTFICATION_ID, notifyDetails);
```

```
            }
        });
        cancel.setOnClickListener(new OnClickListener() {    //"关闭程序"按钮对应的单击事件
            public void onClick(View v) {
                mNotificationManager.cancel(SIMPLE_NOTFICATION_ID);
                finish();//退出应用程序
            }
        });
    }
}
```

6.5 实例：简易计算器的设计与实现

作为有关 Widgets 和菜单、对话框、提示信息等的综合实例，这里给出一个简易计算器的设计与实现(工程参见本章示例代码中的 Calculator 工程)。这里主要用到了 XML 布局文件的设定、对相应按钮单击事件的捕获与功能设定、简易菜单的实现等方法。工程中的 ExpressionParser.java 实现的功能为计算出用字符串表示的表达式的值；Stack.java 是创建一个堆栈，能实现压入、弹出和查看栈顶元素的功能；Help.java 是"帮助"的 Actiuty；Calculator.java 则是应用程序开始时的 Activity。主 Activity 的效果如图 6.4 所示。

此 Activity 采用嵌套式 LinearLayout 布局，最外层的 LinearLayout 嵌入 6 个 LinearLayout，此时 LinearLayout 的 android:orientation="vertical"即采用垂直布局。嵌入的 6 个 LinearLayout 除第 1 个采用垂直布局外其他的均采用水平布局。第 1 个 LinearLayout 控制 2 个 EditText 的位置，剩下的 5 个 LinearLayout 控制 20 个按钮的布局。为使软件能适应不同分辨率的手机，所有控件的 layout_width 和 layout_height 属性都设为 fill_parent，而控制按钮大小通过设置 layout_weight 的大小来控制。这样控件的大小就只和屏幕大小和控件占屏幕的比例有关。具体布局方式参看工程中的 main.xml 文件。

图 6.4 Activity 的界面

6.5.1 计算器的基本功能实现

接下来就是对各个按钮绑定监听器，实现算术式的输入功能和计算输入的算术式值的功能。根据各个按钮的功能可将它们分为四类：Clean 按钮为一类，Delete 为一类，等号按钮为一类，其他的作为基本算式输入按钮可看做一类。为此写 4 个监听器类，分别实现按钮的各个功能。

Clean 功能是清空两个 Edittext 中的内容，实现原理也就是 Clean 按钮绑定的监听器，代码如下：

```
//清除功能
    class clearListener implements OnClickListener
    {
```

```java
    public void onClick(View v)
    {
        edittext1.setText(null);
        edittext2.setText(null);
        tem="";
        tem1="";
    }
}
```

Delete 功能相关代码如下：

```java
//删除功能，删除之后光标不移动
class deleteListener implements OnClickListener
{
    public void onClick(View v)
    {
        int index=edittext1.getSelectionStart();//获得光标位置
        int l=tem.length();
        if(l==0||index==0)
        {
            edittext1.setText(tem);
            edittext1.setSelection(0);
        }
        else if(l==1)
        {
            tem="";
            edittext1.setText(tem);
        }
        else
        {
            String tem2="";
            tem2=tem.substring(index, l);
            tem=tem.substring(0,index-1);
            edittext1.setText(tem+tem2);
            edittext1.setSelection(tem.length());
            tem=tem+tem2;
        }
    }
}
```

单击等号按钮后，能计算输入算式的值并将结果显示在第二个文本框中，实现代码如下：

```
//等号功能
class dengListener implements OnClickListener
{
    public void onClick(View arg0) {
        String str=edittext1.getText().toString();
        ExpressionParser ep=new ExpressionParser(str);
        try {
            double result=ep.parse();
            String result_str=String.valueOf(result);
            edittext2.setText(result_str);
        } catch (Exception e) {
            e.printStackTrace();
            edittext2.setText("ERROR");
        }
    }
}
```

其中 ExpressionParser 为一个封装类，其实现的功能为计算出用字符串表示的数表达式的值。堆栈类 stack.java 是为 ExpressionParser 类服务的。计算用字符串表示的计算式的基本原理为：

(1) 创建两个堆栈，一个用来放数据(numStack)，一个用来放算术符(chStack)。

(2) 从左到右读入算术式，如果读到的是数字，则压入(push)到数据堆栈(numStack)中。若读到的是算术符，先判断 chStack 栈顶元素，若栈顶元素优先级大于读到的算术符，则先将栈顶元素和 numStack 中两个数拿出来计算，再将读到的算术符压入 chStack 中，若读到的算术符优先级大于栈顶元素，则将读到的算术符压入 chStack 中。如果读到的是右括号，则不断将 chStack 和 numStack 中的内容拿出来计算，直到从 chStack 中拿出左括号为止。

(3) 若读到了算术式的最后，则将两堆栈中的内容全拿出来计算，最后结果放在 numStack 中。这里的左括号的优先级最低，其次为加号和减号，最高为乘号和除号。

基本算式输入按钮实现的功能不仅要能输入基本的数字和算术符，还要有简单的纠错功能，如不能连续输入两个小数点、右括号数必须和左括号数对应、不能连续输入两个加减乘除等。

6.5.2 Menu 设计

使用 Menu 菜单实现退出、查看帮助文档、更换皮肤和查看版本信息的功能，如图6.5 所示。

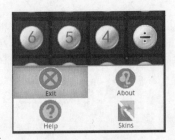

图 6.5 菜单界面

菜单采用 xml 实现。先在 res 文件夹中新建 Android XML File，选择 Menu 类型。之后将此

XML 文件保存在 layout 文件夹下面的 Menu 文件夹下。然后在 menu.xml 文件中添加需要添加的 item，这里添加"Exit"、"Help"、"Skin"、"About"四个 Item，相关代码如下：

```xml
<?xml version="1.0" encoding="utf-8"?>
<menu xmlns:android="http://schemas.android.com/apk/res/android">
    <group android:id="@+id/group1">
        <item android:id="@+id/exit"
            android:title="Exit"
            android:icon="@drawable/exit3"/>
        <item android:id="@+id/about"
            android:title="About"
            android:icon="@drawable/about3"/>
        <item android:id="@+id/help"
            android:title="Help"
            android:icon="@drawable/help3"/>
        <item android:id="@+id/skin"
            android:title="Skins"
            android:icon="@drawable/skins"/>
    </group>
</menu>
```

Menu 类型的布局文件采用 LinearLayout 布局方式。当然，只有布局文件是不能在 Activity 中显示 Menu 菜单的，还需在主程序中加入相应代码。

```java
public boolean onCreateOptionsMenu(Menu menu)
{
    MenuInflater inflater = getMenuInflater();
    inflater.inflate(R.menu.menu, menu);
    return super.onCreateOptionsMenu(menu);
}
```

inflate 方法是菜单层次从一个指定的 XML 资源去填充，这里指定的是前面所写的 menu.xml，如果有错误会抛出 InflateException 信息。接下来就是给各个 Item 添加功能了。这里采用调用 onOptionsItemSelected(MenuItem item)方法实现。各个 Item 实现的功能是：单击 "Exit"退出计算器并弹出确认退出对话框；单击"Help"转换显示帮助信息；单击 "About" 显示计算器版本信息对话框；单击"Skin"更换计算器皮肤。按"Exit"和"About"后显示效果如图 6.6 所示。

值得注意的是，采用输入\输出流读入文档后，需要根据文档编码类型进行重新编码，不然会显示乱码。限于篇幅，不再对代码进行更详细的解释，详情可参阅本章示例工程代码中的说明。

图 6.6 显示效果

6.6 本章小结

本章介绍了对话框中常用的 AlterDialog 的开发与设计方法，介绍了选项菜单、上下文菜单、子菜单等常用的菜单的编程实现方法，介绍了提示信息的设计与使用方法。通过本章的学习，应该掌握常用对话框和菜单的设计与编程实现。限于篇幅，本章只讲述了相关的基础知识和实现方法，有关对话框和菜单在实际工程中的具体应用，可参阅本书后续几章中有关案例分析中的相关讲解。

思考与实践

1. 假设在 Activity 中有多个 EditText 对象，如何让其中的某些能弹出上下文菜单而其余的没有上下文菜单项呢？

2. 借助于 Spinner 可以动态添加删除项目。请设计如图 6.7 所示 UI 界面(由 1 个 EditText、2 个按钮、1 个 Spinner 控件组成)。单击 Spinner 控件可以查看设定好的项目内容。如果在 EditText 中写入文本，单击添加按钮，能够将其存储在 Spinner 项目中；如果在 EditText 中写入文本，单击删除按钮，能够将指定内容的项从 Spinner 项中删除。编程实现上述 UI 及对应的功能。

图 6.7 使用 Spinner 来动态增删菜单内容

第 7 章 基于 Intent 的 Activity 切换及基于 Bundle 的数据传递

运行绑定机制 Intent 在 Android 应用程序的开发中起着基础性的重要作用，在页面跳转、传递数据、调用外部程序时都会看到 Intent 的身影。编程时，一般通过 Intent 向 Android 系统发出某种请求，然后 Android 会根据请求查询各个组件声明的 intent filter，找到需要的组件并运行它。Activity/Service/BroadcastReceiver 组件之间的通信基本是使用 Intent 完成的。本章介绍基于 Intent 的 Activity 切换及基于 Bundle 的数据传递。Bundle 是一种类似于哈希表的键值对的一种数据结构，它在 Intent 中常常用作数据传递与验证。学习本章内容时，要求重点掌握如下知识点：

- 了解 Intent 的运行机制，了解 Intent 的组成。
- 掌握常用的 Activity 切换方法，了解利用 Intent 完成应用程序切换的步骤。
- 理解 Bundle 的键值对机制，掌握 Bundle 在 Intent 中的使用及数据传递过程。

7.1 Intent 概述

Android 中提供了 Intent 机制来协助各应用间的交互与通信。Intent 负责对应用中一次操作的动作、动作涉及到的数据、附加数据等进行描述，Android 则根据此 Intent 的描述，负责找到对应的组件，将相应数据传递给调用的组件并完成组件的调用。Intent 不仅可用于应用程序之间，也可用于应用程序内部的 Activity/Service 之间的交互。因此，Intent 在这里起着一个中介的作用，它专门提供组件互相调用的相关信息。

Intent 的另一种用途是发送广播消息。应用程序和 Android 系统都可以使用 Intent 发送广播消息，广播消息的内容可以是与应用程序密切相关的数据信息，也可以是 Android 的系统信息，例如网络连接变化、电池电量变化、接收到短信和系统设置变化等。如果应用程序注册了 BroadcastReceiver，则可以接收到指定的广播消息。

可见，作为不同 UI 间通信的信使，Intent 相当于各个 Activity 间的桥梁。Activity 之间通过 Intent 进行交互，可以通过 Intent 启动另外的 Activity、启动 Service、发起广播 Broadcast 等，并可通过 Bundle 传递数据。Intent 的使用方式有以下 3 种，限于篇幅，本章主要介绍其中的第一种方式。有关 Intent 其他使用方法，可参阅本书后续第 8、9 章中的描述和后续对相关案例的分析和说明。

方式一：通过 startActivity() 来启动一个新的 Activity，一般需要调用 Context.startActivity() 或 Context.startActivityForResult() 来传递 Intent。

方式二：通过 Broadcast 机制可以将一个 Intent 发送给任何对这个 Intent 感兴趣的 Broadcast Receiver，此时一般通过 context.sendBroadcast()、context.sendOrderedBroadcast() 或 context.sendStickyBroadcast() 方法传递。当 Broadcast Intent 被广播后，所有 intent-filter 过滤条

件满足的组件都将被激活。

方式三：当需要启动或绑定一个 Service 组件时，会通过 context.startService(Intent)和 context.bindService(Intent, ServiceConnection, int)来和后台的 Service 交互。

7.2 Intent 的组成

Intent 由组件名称、执行动作描述 Action、该动作相关联数据的描述 Data、动作分类描述 Category、数据类型描述 Type、目标组件描述 Component、附加信息描述 Extras 及 Flag 等几部分组成(注：一个 Intent 可能并不同时包含上述所有组成部分)。下面分述其作用：

1. 组件名称

用于标识唯一的应用程序组件，一般由相应组件的类名与包名组合而成。如：intent.setClass(源 Activity 名.this, 目的 Activity 名.class)。当指定了具体的组件名称时，往往是采用显式 Intent 方法；反之 Android 会根据其他相应信息及 intent-filter 的过滤条件选择相应的组件，此时往往是采用隐式 Intent 方式。

2. Action

Action 实际上是一个描述了 Intent 即将触发动作的名称的字符串，在 Intent 类中，已经有一些用常量字符串表示的不同 Action(如表示拨打电话等常见动作)，当然用户也可以根据需要自行定义 Action。下面是一些较为常见的 Action。

(1) ACTION_CALL：拨打 Data 里用 Uri 表示的电话号码。

(2) ACTION_MAIN：它在几乎每个 AndroidManifest.xml 中都有，标记当前的 Activity 作为程序入口，如"android.intent.action.MAIN"。该 Action 并不会接收任何数据，同时结束后也不会返回任何数据。相关代码如下所示：

```xml
<application android:icon="@drawable/icon" android:label="@string/app_name">
    <activity android:name=".TextViewDemo_Activity"
              android:label="@string/app_name">
        <intent-filter>
            <action android:name="android.intent.action.MAIN" />
            <category android:name="android.intent.category.LAUNCHER" />
        </intent-filter>
    </activity>
    <activity android:name=".ViewTextActivity"></activity><!-- 注意需要添加新加入的 Activity -->
</application>
```

(3) ACTION_VIEW：通常和特定的数据和 Uri 相配合使用，用于将数据和网站等显示给用户。相关示例代码如下：

```
Uri myuri = Uri.parse("http://www.sjtu.edu.cn");//指定 Uri 为网址
Intent myintent = new Intent(Intent.ACTION_VIEW,myuri);//第 1 参数是动作，第 2 个是数据
startActivity(myintent);
```

(4) ACTION_DIAL：用于描述给用户打电话的动作，通过和数据配合使用将会触发给特定数据的用户打电话。例如如下代码片段可以实现拨打电话号码 123456 的功能：

```
Intent intent = new Intent(Intent.ACTION_DIAL,Uri.parse("tel:123456"));
startActivity(intent);
```

(5) ACTION_PICK：从特定的一组数据中进行选择数据操作。

(6) ACTION_EDIT：打开数据里指定数据所对应的编辑程序。

(7) ACTION_DELETE：删除特定的数据。

(8) ACTION_BOOT_COMPLETED：表示系统启动完毕。

(9) ACTION_TIME_CHANGED：表示系统时间通过设置而改变。

(10) VIEW_ACTION content://contacts/1：显示标识符为 1 的联系人的详细信息。

(11) EDIT_ACTION content://contacts/1：编辑标识符为 1 的联系人的详细信息。

(12) VIEW_ACTION content://contacts/：显示所有联系人的列表。

(13) PICK_ACTION content://contacts/：显示所有联系人的列表，并且允许用户在列表中选择一个联系人，然后把这个联系人返回给父 Activity，如 Email 应用程序客户端可以使用这个 Intent 使用户在联系人列表中选择一个联系人。

3. Data

Android 中采用执行数据的一个 URI 来表示 Data。Data 主要完成对 Intent 消息中数据的封装，描述 Intent 的动作所操作到的数据的 Uri 及类型，不同类型的 Action 会有不同的 Data 封装，如打电话的 Intent 会封装"tel://"格式的电话 Uri，而 ACTION_VIEW 的 Intent 中的 Data 则会封装"http://"格式的 Uri。正确的 Data 封装对 Intent 匹配请求很重要[10]。

4. Category

它是对目标组件类别信息的描述。作为一个字符串对象，一个 Intent 中可以包含多个 Category。Android 系统同样定义了一组静态字符常量来表示 Intent 的不同类别。Category 一般不需要在 Intent 中设置。如果写 Intent Receiver，就在 AndroidManifest.xml 的 Activity 的 intent-filter 中包含 android.category.DEFAULT，这样所有不设置 Category 的 Intent 都会与这个 Category 匹配。一些常见的 Category 常量有：

(1) CATEGORY_GADGET：表示目标 Activity 是可以嵌入到其他 Activity 中的。

(2) CATEGORY_HOME：表示目标 Activity 为 HOME Activity。

(3) CATEGORY_TAB：表示目标 Activity 是可以嵌入到其他 Activity 中的。

(4) CATEGORY_LAUNCHER：表明目标 Activity 是应用程序中最先被执行的 Activity。

(5) CATEGORY_PREFERENCE：表明目标 Activity 是一个有偏好设置的 Activity。

与 Category 相关的方法有：

(1) addCategory：添加一个 Category。

(2) removeCategory：删除一个 Category。

(3) getCategories：得到一个 Category。

5. Extra

Extra 中封装了一些额外的以键值对形式存在的附加信息。使用 Extras 可以为组件提供扩展信息，比如要执行发送电子邮件的动作，可以将电子邮件的标题、正文等保存在 Extras 里传给电子邮件发送组件。Intent 通过 putExtras()与 getExtras()方法来存储和获取 Extra。在 Android 系统的 Intent 类中，同样对一些常用的 Extra 键值进行了定义，如：

(1) EXTRA_BCC：装有邮件密送地址的字符串数组。

(2) EXTRA_EMAIL：装有邮件发送地址的字符串数组。
(3) EXTRA_UID：使用 ACTION_UID_REMOVED 动作时，描述删除用户的 id。
(4) EXTRA_TEXT：当使用 ACTION_SEND 动作时，描述要发送文本的信息。

6. Flag

一些有关系统如何启动组件的标志位，Android 同样对其进行了封装。

7.3 intent-filter

当 Intent 要求做某些事情时，intent-filter 被用来描述这个 Activity 能够做些什么事情，比如一个 Activity 要能够显示个人联络数据，就需要在 intent-filter 中说明要如何处理个人联络数据并用 ACTION_VIEW 呈现出来。

intent-filter 会在 AndroidManifest.xml 中声明，它相当于 Intent 的过滤器。一个应用程序开发完成后，需要告诉 Android 系统自己能够处理哪些隐性的 Intent 请求，这就要声明 intent-filter，用于声明该应用程序接收什么样的 Intent 请求即可。intent-filter 过滤 Intent 时，一般是通过 Action、Data 及 Category 三方面进行检测与处理的：

1. 检查 Action

Action 主要的内容有 MAIN(程序的进入点)、VIEW、PICK、EDIT 等。一般地，一个 Intent 只能设置一种 Action，但是一个 intent-filter 却可以设置多个 Action 过滤。当 intent-filter 设置了多个 Action 时，只需一个满足，即可完成 Action 验证；当 intent-filter 中没有说明任何一个 Action 时，任何的 Action 都不会与之匹配。而如果 Intent 中没有包含任何 Action 时，只要 intent-filter 中含有 Action，便会匹配成功。

2. 检查 Data

Data 是用 Uri 的形式来表示时，比如想要查看一个人的联系数据时，需要建立一个 Intent，它包含了 VIEW 动作(Action)及指向该人数据的 URI 描述句。对数据的监测主要包含两部分：数据的 Uri 及数据类型，而数据 Uri 又被分为三部分(即 scheme/authority/path)进行匹配，只有这些全部匹配时，Data 的验证才会成功。

3. 检查 Category

intent-filter 同样可以设置多个 Category。当 Intent 中的 Category 与 intent-filter 中的一个 Category 完全匹配时，便会通过 Category 的检查，而其他的 Category 并不受影响。但是当 intent-filter 没有设置 Category 时，只能与没有设置 Category 的 Intent 相匹配。

前面提到，Intent 有显式 Intent 和隐式 Intent 之分。显式 Intent 直接指明要启动的组件，即它指定了 component 属性(一般需要通过 setClass(Context, Class)来指定)，通过指定具体的组件类来通知启动对应的组件(如 Service 或 Activity)，此时不需 Android 解析，因为目标已很明确，示例代码片段如下所示：

```
intent.setClass(源 Activity 名.this, 目的 Activity 名.class);
startActivity(intent);//启动另一个 Activity
```

隐式 Intent 方式没有指定 component 属性，因此需要 Android 进行解析，并将此 Intent 映射给可以处理此 Intent 的 Activity、Receiver 或 Service。此时的解析主要是通过查找已经注册在 AndroidManifest.xml 中的所有 intent-filter 及其中定义的 Intent，最终找到匹配的目的地。

在这个解析过程中,Android 是通过 Intent 的 Action、Type、Category 等属性来进行判断的,具体方法如下:

(1) 如果 Intent 指明了 Action,则目标组件的 intent-filter 的 Action 列表中就必须包含有这个 Action,否则不能匹配。

(2) 如果 Intent 没有提供 Type,系统将从 Data 中得到数据类型。和 Action 一样,目标组件的数据类型列表中必须包含 Intent 的数据类型,否则不能匹配。

(3) 如果 Intent 中的数据不是"content:"类型的 Uri,而且 Intent 也没有明确指定它的 Type,则将根据 Intent 中数据的 Scheme(比如 http: 或者 mailto:)进行匹配。同上,Intent 的 Scheme 必须出现在目标组件的 Scheme 列表中。

(4) 如果 Intent 指定了一个或多个 Category,这些类别必须全部出现在组建的类别列表中。比如 Intent 中包含了两个类别:LAUNCHER_CATEGORY 和 ALTERNATIVE_CATEGORY,解析得到的目标组件必须至少包含这两个类别。通过配置的 Datatype、Uri、Action 等来找到匹配的组件并启动。Intent 寻找目标组件的方法也有两种:一是通过组件名称直接指定,二是通过 intent-filter 过滤指定。

7.4 Intent 的实现

Intent 在传递过程中要找到目标消费者,它们往往是另一个 Activity、Intent Receiver 或 Service,一般有两种方法来匹配:一种是直接指定目的 Activity 的显示匹配;另一种是隐式匹配,此时要匹配 Intent 的几项值(如 Action、Category、Data/Type、Component 等)。

7.4.1 启动同一个工程中的另一个 Activity

Intent 最常用的用途就是连接应用程序当中的各个 Activity。在本章示例的 HelloIntent 工程中就是通过侦听 Button 被单击的动作而跳转到 SecondActivity 中,即在侦听 Button 被单击的事件中实现不同 Activity 间的跳转。启动一个特定 Activity 核心代码如下:

```
intent.setClass(源 Activity 名.this, 目的 Activity 名.class);
startActivity( intent)
```

上述代码被执行后,目的 Activity 将被创建并移到整个 Activity 堆栈的顶部。主 Activity 中部分相关代码如下(注意:在 AndroidManifest.xml 文件中需添加对另一个 Activity 的说明)。

```
//import 语句略
public class HelloIntent_MainActivity extends Activity {
    Button startBtn;//定义 Button 示例
    @Override
    public void onCreate(Bundle savedInstanceState) {
        super.onCreate(savedInstanceState);
        setContentView(R.layout.main);//采用 main.xml 布局
        startBtn = (Button)findViewById(R.id.mybutton1);//将 Button 实例和布局中定义的 Button 建立联系
        startBtn.setOnClickListener(new OnClickListener() { //侦听 Button 被单击的事件
            public void onClick(View v) {
```

```
            start();//详见下面的函数体
        }});
    }
    void start(){
        Intent intent = new Intent(HelloIntent_MainActivity.this,SecondActivity.class);
        intent.setClass(this, SecondActivity.class);//跳转
        startActivity(intent);//启动
    }
}
```

为了让应用程序接纳这个新建的 Activity，需在 AndroidManifest.xml 的</application>之前，将这个新建的 Activity 添加进去，示例代码如下：

`<activity android:name=".目的 Activity 名称"></activity>`

> Tips：通过 startActivity()来启动一个新的 Activity，可以调用 context.startActivity 或 context.startActivityForResult()来传递 Intent。

7.4.2 启动不同工程中的 Activity

使用 Activity 还可以启动不同应用程序中的 Activity。在本章示例工程中的 IntentAnotherProject 中演示了这个方法，它启动在第 4 章中提到的绝对布局 AbsoluteLayout 示例工程。Activity 中通过侦听鼠标单击事件完成 Activity 跳转，相关代码如下：

```
//import 语句略
public class IntentAnotherProject_MainActivity extends Activity implements View.OnClickListener {
    public void onCreate(Bundle savedInstanceState) {
        super.onCreate(savedInstanceState);
        setContentView(R.layout.main);
        Button startBtn = (Button)findViewById(R.id.button1);
        startBtn.setOnClickListener(this);
    }
    public void onClick(View v) {
        switch (v.getId()) {
            case R.id.button1:
                Intent intent = new Intent();
                intent.setClassName("com.AbsoluteLayout","com.AbsoluteLayout.AbsoluteLayout_activity");
                startActivity(intent);//启动另外工程中的 Activity
                break;
            default:
                break;
        }
    }
}
```

注意上面的 intent.setClassName()中第一个参数是另一个应用程序所对应的包名(此例中为第 4 章中的示例工程 AbsoluteLayout，其包名为 com. AbsoluteLayout)，第二个参数是拟跳转到这个包下的 Activity 名称。和在同一个应用程序中启动 Activity 不同，此时不用修改双方的 AndroidManifest.xml 文件。

7.4.3　Intent 的 Uri 参数及其应用

有时需要将想启动的 Activity 的描述信息放置到 Intent 里面，而不明确指定需要打开哪个 Activity。这种方式是有用的，如对于第三方的 Activity，它只需要描述自己在什么情况下被执行，如果用户启动 Activity 的描述信息正好和第三方 Activity 的描述信息相匹配的话，那么这个第三方的 Activity 就被启动了。此时一般会用 Uri 来描述数据。一般地，Uri 由几部分组成：Content Provider(其 Scheme 已经由 Android 所规定，外部调用者可以根据这个标识来找到它)、路径(Path，可以用来表示我们要操作的数据)等。

在本章示例的 IntentUsageonOpenURL 中，演示了如何通过 Intent 来打开指定的网址的方法，部分核心代码如下所示，系统会在 AndroidManifest.xml 中自动寻找谁会打开 Uri，当然这里得到是内嵌的浏览器 Browser(编程人员不需修改默认生成的 AndroidManifest.xml)。

```
//import 语句略
public class IntentUsageonOpenURL_MainActivity extends Activity implements View.OnClickListener {
  @Override
  public void onCreate(Bundle savedInstanceState) {
    super.onCreate(savedInstanceState);
    setContentView(R.layout.main);
    Button mybutton = (Button)findViewById(R.id.mybtn1);//将按钮实例 mybutton 和在布局中的定义关联
    mybutton.setOnClickListener(this);//侦听按钮被单击事件
  }
  public void onClick(View v) {
    switch (v.getId()) {
      case R.id.mybtn1://如果单击了指定的按钮
        TextView mytv = (TextView)findViewById(R.id.mytv1);
        mytv.setText(mytv.getText());
        Uri myuri = Uri.parse("http://www.sjtu.edu.cn");
        Intent myintent = new Intent(Intent.ACTION_VIEW,myuri);//第 1 个参数是动作，第 2 个是数据
        startActivity(myintent);
        break;
      default:
        break;
    }
  }
}
```

另外，在上述代码中修改 Intent 相关语句，可以通过 Intent 播放音频，相关语句如下：

```
Intent it = new Intent(Intent.ACTION_VIEW);
Uri uri = Uri.parse("file:///sdcard/song.mp3");
it.setDataAndType(uri, "audio/mp3");
startActivity(it);
```

同理，如果在上述应用程序中将 Intent 部分语句换成下面的代码，则可以实现拨打电话号码 123456 的功能。

```
Intent intent = new Intent(Intent.ACTION_DIAL,Uri.parse("tel:123456"));
startActivity(intent);
```

在上面的这些例子中，编程人员并没有告诉系统需要播放音乐或是拨打电话，只是把对启动 Activity 的描述信息抑或是期望信息放到 Intent 中，则当执行 startActivity 方法后，系统会自动匹配最适合的应用并启动相应的服务。本章示例的 IntentUsageonCheckingPhoneNumber 工程，演示了检查并拨号的应用程序。

7.5 基于 Bundle 的消息传递

7.5.1 通过 Bundle 传递单参数

上面介绍的是基于 Intent 的有关 Activity 跳转方法，但没涉及到其中的消息传递。消息传递时，利用 Bundle 是一种比较方便的办法。Android 中的 Bundle 是一种类似于哈希表的数据结构，是一种键值对，但其值是规定的类型，而不能是任意的对象类型。常用的类型都是允许的。

Intent 和 Bundle 实现从一个 Activity 带参数转换到另一个 Activity 的方法。有关常用 Bundle 的部分方法如下：

(1) clear()：清除此 Bundle 映射中所有保存的数据。
(2) clone()：复制当前 Bundle 中的数据。
(3) containsKey(String key)：返回指定 Key 的值。
(4) getString(String key)：返回指定 Key 的字符。
(5) hasFileDescriptors()：指示是否包含任何捆绑打包文件描述符。
(6) isEmpty()：如果这个捆绑映射为空则返回 True。
(7) putString(String key, String value)：插入一个给定 Key 的字符串值。
(8) remove(String key)：移除指定 Key 的值。
(9) putExtras()：取出相应 Buddle 中的数据。

可见，Bundle 类如果用作携带数据，其内部实际上是使用了哈希表类型的变量来存放用 putXXX() 方法(如 putString 方法)放入的值。在常见方法中，有 putString()/getString() 和 putInt()/getInt() 等。putXXX() 用于向 Bundle 对象中放入数据，而 getXXX() 用于从 Bundle 对象里获取数据。下面的部分代码片段演示了从源 Activity 中传递数据的步骤(使用 Bundle 在 Activity 间传递数据)：

```
Intent myNewActivityIntent = new Intent();
Bundle myBundleForName = new Bundle();
```

```
myBundleForName.putString ("KeyName1", inName1.getText().toString());//inName1 对应 EditText
myBundleForName.putString ("KeyName2", inName2.getText().toString());//inName2 对应 EditText
myNewActivityIntent.putExtras (myBundleForName);//将两个键值对存放在 Intent 实例中
myNewActivityIntent.setClass(当前 Activity 名.this, 目的 Activity 名.class);//跳转
startActivity(myNewActivityIntent);//打开目的 Activity
```

本章示例的 BundleDemo 工程演示了通过 Bundle 在不同 Activity 之间传递数据的方法，下面是主 Activity 代码，它通过 Bundle 的 putString()方法得到用户在 EditText 中输入的信息，并将其带到另一个新的 Activity 中。

```
//import 语句略
public class BundleDemo_MainActivity extends Activity implements View.OnClickListener {
    EditText etName;
    public void onCreate(Bundle savedInstanceState) {
        super.onCreate(savedInstanceState);
        setContentView(R.layout.main);
        etName = (EditText) findViewById(R.id.etname);//将 EditText 实例和布局中建立的 EditText 对应
        Button btn = (Button) findViewById(R.id.btn);//将 Button 实例和布局中建立的 Button 对应
        btn.setOnClickListener(this);//侦听按钮被单击的动作
    }
    public void onClick(View v) {
        switch (v.getId()) {
            case R.id.btn:
                String info = etName.getText().toString();//得到用户输入的内容
                Bundle bundle = new Bundle();//新建一个 Bundle
                //保存输入的信息
                bundle.putString("name", info);//将用户输入的内容 info 放在设定的 name 字段中
                Intent intent=new Intent(BundleDemo_MainActivity.this,AnotherActivity.class);//跳转
                intent.putExtras(bundle);//取出 Buddle 信息
                finish();//关闭此 Activity
                startActivity(intent);//确定新的 Activity
            default:
                break;
        }
    }
}
```

下面的代码是在新的 Activity 中，取出其中 Bundle 存储的信息并显示，请注意其中的 getExtras()方法的使用。

```
//import 语句略
public class AnotherActivity extends Activity {
    private TextView etName;
    protected void onCreate(Bundle savedInstanceState) {
        super.onCreate(savedInstanceState);
        setContentView(R.layout.another);//布局文件
```

```
        etName=(TextView)findViewById(R.id.textname);//将 EditText 实例和布局中建立的 EditText 对应
        Bundle b=getIntent().getExtras();//从本 Intent 中对应的 Bundle 中取出数据
        String info=b.getString("name");//取出其中存到 name 字段中的信息
        etName.setText("您的姓名："+info);//显示对应的用户输入的信息
    }
}
```

> Tips: Bundle 是将数据传递到另一个上下文中，它的数据不是持久化状态，没有存储在磁盘相应的文件中。

7.5.2 通过 Bundle 传递多参数

Bundle 既然是一个类似键值对的数据结构，因此它不仅可以传递单个键值对，也可以传递多个键值对。在本章示例的 EditTextDemo 工程中，不仅完成了 Activity 间的跳转，同时传递了多个键值对。单击主 Activity 中的按钮后程序要打开目的 Activity(注意：勿忘在 AndroidManifest.xml 中登记这个新生成的目的 Activity 名称)，而在目的 Activity 中单击按钮后，将用户在 EditText 框中输入的内容设置为此 Activity 的标题。这两个 Activity 设置并采用不同的 XML 布局，setOnClickListener()方法侦听按钮是否被单击。主 Activity 内容如下：

```
//import 语句略
public class EditTextDemo_Activity extends Activity {
    public void onCreate(Bundle savedInstanceState) {
        super.onCreate(savedInstanceState);
        setContentView(R.layout.main);//调用 main.xml 布局
        Button mybutton = (Button) findViewById(R.id.mybutton);//在 main.xml 中已经定义好按钮
        mybutton.setOnClickListener(ifclick);//侦听按钮是否被单击
    }
    private Button.OnClickListener ifclick = new Button.OnClickListener() {
        public void onClick(View v) {
            Intent intent = new Intent();//新建一个 Intent 对象 intent
            Bundle myBundleForName1 = new Bundle();//新建 Bundle 对象用于传递数据
            myBundleForName1.putString("store", "你好");//将字符串存储在设定的字段 store 中
            intent.putExtras (myBundleForName1);//将第一个 Bundle 中的键值对存储在 Intent 实例
            Bundle myBundleForName2 = new Bundle();//再新建一个 Bundle 用于传递变量
            myBundleForName2.putString("mem", "欢迎测试 Bundle");//将字符串存储
            intent.putExtras (myBundleForName2);//将第二个 Bundle 中键值对存储在 Intent 实例中
            intent.setClass(EditTextDemo_Activity.this, EditTextActivity.class);//打开另外的 Activity
            startActivity(intent);//跳转，通过 Intent 对象存储的信息也带到新的 Activity 中
        }
    };
}
```

目的 Activity 内容如下，其中涉及到的 CharSequence 是 char 值的一个可读序列，它对许多不同种类的 char 序列提供统一的只读访问。

```
//import 语句略
public class EditTextActivity extends Activity{
    public void onCreate(Bundle savedInstanceState) {
        super.onCreate(savedInstanceState);
        Bundle mybundle = this.getIntent().getExtras();//得到 Bundle 中存储的全部信息
        String mybundlestring1 = mybundle.getString("store");//得到 Bundle 中存储的字段信息
        String mybundlestring2 = mybundle.getString("mem");//得到 Bundle 中存储的字段信息
        setTitle(mybundlestring1+mybundlestring2);//将存储的两个 Bundle 信息拼接
        setContentView(R.layout.edittext);//布局
        EditText my = (EditText) findViewById(R.id.myedittext);
        CharSequence old = my.getText();//得到该组件的设定信息
        my.setText("喂！" + old);//注意字符串拼接方法
        Button mybutton = (Button) findViewById(R.id.mybutton2);//在 main.xml 中已经定义好按钮
        mybutton.setOnClickListener(clickornot);//侦听按钮是否被单击
    }
    private Button.OnClickListener clickornot = new Button.OnClickListener() {
        public void onClick(View v) {
            EditText mytext = (EditText)findViewById(R.id.myedittext);//myedittext 在 XML 中有定义
            CharSequence newvalue = mytext.getText();//得到用户输入的内容
            setTitle(newvalue);//设定为 Activity 标题
        }
    };
}
```

7.6 本章小结

使用 Intent 有两种主要方式：显式 Intent 是在构造 Intent 对象时就指定接收者，这种方式与普通的函数调用类似，它往往用于不同 Activity 的切换；隐式 Intent 是指 Intent 的发送者在构造 Intent 对象时并不知道也不关心接收者是谁，这种方式有利于降低发送者和接收者之间的耦合。Intent 除了发送信息外，还可用于 Service、Broadcast 等。

思考与实践

1. 显式 Intent 和隐式 Intent 有什么区别？
2. 图 7.1 是初始 Activity 的 UI，请设计一个应用程序，使得单击初始 Activity 中的按钮后能跳转到另一个 Activity，而在这个跳转到的目的 Activity 中设定了 TextView 内容以及"欢迎光临"的标题，如图 7.2 所示。（提示：首先按照图 7.2 中设定的布局定义一个目的 Activity。

之后，在主 Activity 中实例化一个 Button 并通过 findViewById 函数和 main.xml 中定义的某个 Button 建立联系；调用该实例的 setOnClickListener 方法并在其 OnClickListener 方法中实例化 Intent，之后通过 intent.setClass()和 tartActivity()方法启动指定的目的 Activity。勿忘在 AndroidManifest.xml 中登记这个新生成的目的 Activity 名称。)

图 7.1　主 Activity 的 UI　　　　　　图 7.2　通过 Intent 跳转到的目的 Activity 的 UI

3. 参照图 7.3 和图 7.4 所示，开发基于 CheckBox 的多 Activity 间跳转的程序。其中的主 Activity 如图 7.3 所示，目的 Activity 如图 7.4 所示，要求单击主 Activity 中的按钮后程序要打开目的 Activity，在目的 Activity 中选择喜爱的歌手后单击按钮，会将用户的选择显示在目的 Activity 的标题中。(提示：为这两个 Activity 设置并采用不同的 XML 布局，在目的 Activity 中设定使用<CheckBox>组件并设置各自的 id、颜色、默认显示文字等；OnClickListener 方法侦听按钮是否被单击，并在这里根据用户对 CheckBox 的选择情况设定 Activity 的标题文字；勿忘在 AndroidManifest.xml 中登记这个新生成的目的 Activity 名称。)

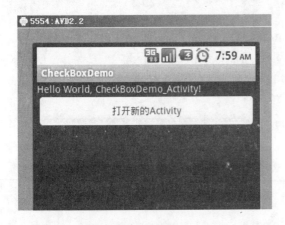 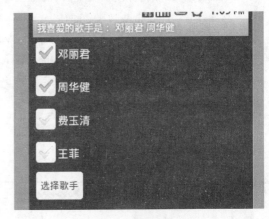

图 7.3　源 Activity　　　　　　　　图 7.4　目的 Activity

第 8 章 Service 与 Broadcast 简介

在很多应用程序中,都会通过广播 Broadcast 的形式来发送和接收消息。当应用程序接收消息后,一般启动一个 Activity 或一个 Service 进行处理。如当播放多媒体时,用户启动了其他 Activity 或 Service。当用户退出当前 UI 界面时,仍希望音乐依然可以在后台继续播放,这时就是由服务 Service 来保证当 UI 界面关闭时音乐继续播放的。Service 跟 Activity 的作用相近,但它不能自己运行,需要通过某一个 Activity 或者其他 Context 对象来调用。而 Broadcast 是一种广泛运用的在应用程序之间传输信息的机制,BroadcastReceiver 是对发送出来的 Broadcast 进行过滤接收并响应的一类组件。本章将简要介绍 Service 及其启动、停止方法,以及如何发送 Broadcast 和使用 BroadcastReceiver 过滤接收的过程。学习本章内容时,要求重点掌握如下知识点:

- 了解什么是 Service,以及如何启动、停止 Service。
- 了解 Broadcast 和 BroadcastReceiver,能够自定义 BroadcastReceiver 来处理广播事件。了解静态与动态注册 Broadcast 的方法。

8.1 Service 简介

通过前面的章节,我们已经了解到 Activity 的主要作用在于表现(一般用作 UI 界面设计等),而 Service 相当于在后台运行的 Activity,只是它不像 Activity 一样提供与用户交互的表示层;Broadcast 用于发送广播,BroadcastReceiver 用于接收广播;Intent 用于连接以上的各个组件(如 Activity)并在其间利用 Bundle 机制传递消息。本章我们来学习在 Intent 的帮助下,Service 和 Broadcast 以及它们协同工作的机制和实现方法。

Service 是运行在后台的 Android 组件,位于 android.app 包下。当应用程序不需要显示外在界面但是需要其在后台运行时,可以使用 Service,如在后台完成的数据计算、后台音乐播放等。例如,当播放多媒体时,用户一般要启动另外的用于播放音乐的程序,这时程序一般要在后台继续播放,比如检测 SD 卡上音频文件的变化等,而当用户退出媒体播放器界面时,仍然希望音乐依然可以继续在后台播放,这时就是由 Service 来保证当前界面关闭时音乐继续播放。可见,Service 是运行在后台的长生命周期的、没有 UI 的组件。

和 Activity 不一样的是,Service 不能自运行,它一般需要通过某一个 Activity 或者其他 Context 对象来调用,如 Context.startService()和 Context.bindService()等,详见后文的说明。Service 既可以运行在自己的进程中,也可以运行在其他应用程序进程的上下文(context)里面。其他的组件还可以绑定到一个 Service 上面,通过远程过程调用来调用它。

8.2 创建和启动、停止本地 Service

创建一个 Service 和 Activity 不一样的地方之一,就是这个类要继承自 Service,如:

```
public class Mymusic extends Service {
//这个是 Service，继承自 Service，后略
}
```

像 Activity 一样，Service 也有自己的生命周期函数，一般需要通过重载下列函数来控制 Service 的生命周期：onCreate()、onStart()、onDestory()等。

Service 的启动和停止大致有两种方法。

方法一：通过调用 context.startService()来启动，它可以传递参数给 Service。流程一般是依次调用 onCreate()和 onStart()方法启动 Service(注：onStart()可被多次调用)。当 Service 需要停止时，一般是调用 stopService()方法结束之，然后再调用 onDestroy()方法销毁它。需要注意的是，通过 startService()启动 Service 后，即使调用 startService()的进程结束了，Service 仍然还存在，直到有进程调用 stopService()或者 Service 通过 stopSelf()方法终止时才能结束。如果直接退出而没有调用 stopService()，Service 会一直在后台运行，这也是一般的音乐播放器在后台运行时的状态。下面的代码演示了使用 startService()和 stopService()启动和停止 Service 的主要方法：

```
private void startService() {
    Intent i = new Intent(主 Activity 类文件名.this, Service 类文件名.class);
    this.startService(i);//启动
}
private void stopService() {
    Intent i = new Intent(主 Activity 类文件名.this, Service 类文件名.class);
    this.stopService(i); //停止
}
```

> **Tips**：过程：context.startService()→onCreate()→onStart()→stopService()→onDestroy()。

方法二：通过调用 context.bindService()来启动,流程一般是依次调用 onCreate()和 onBind()方法启动 Service。当通过 unbindService()方法结束 Service 时，会依次调用 context.unbindService()和 context.onDestroy()方法。通过 bindService()方法，Service 就和调用 bindService()的进程同生共死了，就是说，当调用 bindService()的进程结束后，其 bindService()也要跟着被结束。这一点是和 startService()不一样的地方。有关 bindService()和 unbindService()的代码实现见相关文献，限于篇幅，在此不再赘述。

> **Tips**：过程：context.bindService()→onCreate()→onBind()→unbindService()→onDestroy()。

上述两种方式可以混合使用。比如说 startService()后，可以再 bindService()，但只有执行了 stopService()或 unbindservice()后，这个 Service 才会被结束。以音乐播放器为例，在后台工作的 Service 通过 context.startService()启动某个特定音乐播放，但在播放过程中如果用户需要暂停音乐播放，则可能通过 context.bindService()获取服务链接和 Service 对象，进而通过调用 Service 的对象中的函数来暂停音乐播放并保存相关信息。

启动 Service 一般需要在 AndroidManifest.xml 文件中注册这个 Service，此时需要在

AndroidManifest.xml 中增加对该 Service 的说明。需要注意的是，此时的说明方式不是增加 <activity android:name=".目的 Activity 名称"></activity>，而是需要增加 Service 名称，如：

<Service Android:enable="true" Android:name = ".创建的 Service 名字"

下面通过一个简单的实例 ServiceDemo 来说明 Service 创建、启动的方法。

首先，创建工程 ServiceDemo。在布局 XML 文件中添加几个相应的按钮用来启动、终止 Service。布局文件片段如下：

<LinearLayout xmlns:android="http://schemas.android.com/apk/res/android"
　　android:orientation="vertical"
　　android:layout_width="fill_parent"
　　android:layout_height="fill_parent"
　　>
　<Button android:id="@+id/start"
　　android:layout_width="fill_parent"
　　android:layout_height="wrap_content"
　　android:text="开始"
　/>
　<Button android:id="@+id/stop"
　　android:layout_width="fill_parent"
　　android:layout_height="wrap_content"
　　android:text="停止"
　/>
</LinearLayout>

其次，创建一个新的 Java 类文件作为 Service。和 Activity 不一样的是，它继承自 Android.app.Service，这个 Service 类负责播放音乐。由于 Service 是基于 IBinder 的(IBinder 类似于 windows 上的 COM)，因此在代码中一般需要有重写的 onBind 方法(只不过它返回 Null)。这段代码的主要工作是重写了其 onStart()、onDestroy()等方法。程序设计者需要这个 Service 完成什么功能，在其 onCreate()和 onStart()中实现就行。如在这里用到了 Notification 来提示 Service 当前的状态，因为这个音乐播放器是在后台运行的，为了在手机上获得当前状态，这里通过 Notification 来显示当前状态。在如下的代码中，使用 Notification 来显示当前状态，实际运行效果如图 8.2 所示。

import android.app.Service;//注意需要 import 这个 Service 类
import android.content.Intent;
import android.media.MediaPlayer;//需要 import 这个媒体播放器类
import android.os.IBinder;
import android.app.PendingIntent;
import android.app.Notification;
import android.app.NotificationManager;
public class Mymusic extends Service {//注意：这里是继承自 Service，不是通常的 Activity
　　private NotificationManager mynm;

```
        private MediaPlayer myplayer;//定义播放器实例 myplayer
        public IBinder onBind(Intent intent) {//重写的 onBind 方法。
            return null;// 由于本例中不需用绑定机制来启动 Service，因此该方法返回 null
        }
        public void onCreate() {//这个方法会在 Service 创建时被调用
            super.onCreate();
            myplayer=MediaPlayer.create(this, R.raw.song1);//用 MediaPlayer 来播放指定路径下音频文件 songl
            mynm = (NotificationManager) getSystemService(NOTIFICATION_SERVICE);
            Notification notification = new Notification(R.drawable.icon,"Service started", System.currentTimeMillis());
            PendingIntent contentIntent = PendingIntent.getActivity(this, 0, new Intent(this, ServiceDemo_Activity.class),
                 0);//延时一定时间后的 intent 动作
            notification.setLatestEventInfo(this, "测试 Service","歌曲正在播放中", contentIntent);//通知信
息，效果如图 8.2 所示
            mynm.notify(R.string.hello, notification);
        }
          public void onStart(Intent intent, int startId) {
            myplayer.start(); //启动播放音乐
         }
        public void onDestroy() {//重写的 onDestroy()方法，该方法会在 Service 销毁时被调用
            myplayer.stop();//停止播放器播放音乐
            super.onDestroy();//销毁 Service
         }
}
```

> Tips：Intent 一般是用作在 Activity、Sercvice、BroadcastReceiver 之间传递数据，是即时启动；PendingIntent 一般用在 Notification 上，可以理解为延迟执行的 Intent，PendingIntent 是对 Intent 的一个包装，可以把这个描述交给别的程序，别的程序根据这个描述做后面的别的时间安排做的事情。

> Tips：MediaPlayer 类是一个媒体播放器类，可以播放音频和视频文件。

第三，需要编制启动相应 Service 的 Activity 类。我们一般是用一个 Activity 来调用另一个 Service 的。因此，一般在工程的 src 包中，需要编写两个 Java 文件，其中的 Activity 类(继承自 Activity)文件中有相应的语句调用另外的 Service。在 Activity 中启动 Service 的方法一般有 start 方式、bind 方式、通过 Intent 的调用来实现的方式(注：在 Intent 中指明要启动的 Service 的名字)。同理，停止 Service 需要用 stop()方法。相应代码片段如下所示(此例中是通过 startService 方式启动 Service 的)：

```java
import android.app.Activity;
import android.content.Intent;
import android.os.Bundle;
import android.view.View;
import android.view.View.OnClickListener;
import android.widget.Button;
public class ServiceDemo_Activity extends Activity {//注意：这里继承自 Activity
    Button startbutton,stopbutton;//定义两个按钮
    public void onCreate(Bundle savedInstanceState) {
        super.onCreate(savedInstanceState);
        setContentView(R.layout.main);//采用的布局，里面定义了两个按钮
        startbutton=(Button)findViewById(R.id.start);//得到布局中的"开始"按钮
        stopbutton=(Button)findViewById(R.id.stop);//得到布局中的"终止"按钮
        startbutton.setOnClickListener(listentothestartbutton)
        stopbutton.setOnClickListener(listentothestopbutton)
    }
    private OnClickListener listentothestartbutton=new OnClickListener(){    //通过侦听按钮单击动作来启动另一个类 Mymisic，而这个类就是 Service
        public void onClick(View v) {
            startService(new Intent(ServiceDemo_Activity.this, Mymusic.class)); //启动 Service，第一个参数是本 Activity 名，第二个是要启动的 Service 名
        }
    };
    private OnClickListener listentothestopbutton=new OnClickListener(){//通过侦听按钮单击动作来停止 Mymusic
        public void onClick(View v) {
            stopService(new Intent(ServiceDemo_Activity.this,Mymusic.class));//终止 Service，第一个参数是本 Activity 名，第二个是要终止的 Service 名
        }
    };
}
```

第四，在 AndroidManifest.xml 中添加对刚才创建的 Service 的引用。如需要如下代码用来申明这个服务可以访问了：

`<Service Android:enable="true" Android:name = ".创建的 Service 名字">`

有关这个工程的 AndroidManifest.xml 代码如下所示，最后的运行界面如图 8.1 所示，而相应的通知信息如图 8.2 所示。

```xml
<?xml version="1.0" encoding="utf-8"?>
<manifest xmlns:android="http://schemas.android.com/apk/res/android"
    package="com.ServiceDemo"
    android:versionCode="1"
```

```
        android:versionName="1.0">
    <application android:icon="@drawable/icon" android:label="@string/app_name">
        <activity android:name=".ServiceDemo_Activity"
                  android:label="@string/app_name">
            <intent-filter>
                <action android:name="android.intent.action.MAIN" />
                <category android:name="android.intent.category.LAUNCHER" />
            </intent-filter>
        </activity>
        <service android:enabled="true" android:name=".Mymusic" /> <!-- 注意这一句 -->
    </application>
</manifest>
```

图 8.1　Activity 界面

图 8.2　通知的显示效果

> **Tips**：在 android 虚拟机里运行程序时，内存对于应用程序的运行有一定的要求，如果应用程序过大，虚拟机将拒绝安装，并给出错误提示：Installation error: INSTALL_FAILED_INSUFFICIENT_STORAGE；如果实例中歌曲的数目添加过多，程序过大，那么在虚拟机上运行时就可能会弹出这个安装失败错误。可以将程序直接发布到手机中运行。

> **Tips**：如果在 Service 的 onCreate()或者 onStart()中做了一些比较耗时的动作，最好启动一个新线程来运行这个 Service，以免其影响到主线程中的其他内容。

8.3　Broadcast 及其使用

Broadcast 是一种广泛应用的、在应用程序之间传输信息的机制，可以向手机中的其他程序发送消息，实现程序间互相通信等功能。如在启动、闹钟、来电等情况下，会广播一些消息，其他程序在收到信息后可以做进一步动作。BroadcastReceiver 的应用程序不需要一直运行，当 Android 系统接收到与之匹配的广播消息时，会自动启动此 BroadcastReceiver。因此

BroadcastReceiver适合做一些资源管理的工作。

一般来说，基于Broadcast的应用程序最少要有两个类文件，其中一个是主Activity，用来发送广播，另一个是广播接收器BroadcastReceiver，用于收到广播后执行相应动作。BroadcastReceiver类位于android.content包下(这就是说，当使用BroadcastReceiver时，需要import相应的包文件)，它是对发送出来的Broadcast进行过滤、接收并完成响应的组件。

在编制基于Broadcast的应用程序时，首先，在需要发送信息的地方，把要发送的信息和用于过滤的信息(如Action、Category)装入一个Intent对象，并调用context.sendBroadcast()、context.sendOrderedBroadcast()或context.sendStickyBroadcast()方法将Intent对象广播出去。上述提到的三个发送方法的不同之处在于：当使用sendBroadcast()或sendStickyBroadcast()方法发送广播时，所有满足条件的接收者会随机地执行；当使用sendOrderedBroadcast()方法发送广播时，接收者会根据intent filter中设置的优先级顺序来执行，但相同优先级的BroadcastReceiver执行onReceive()方法的顺序是没有保证的[10]。当Intent将Broadcast发送以后，所有已经注册的BroadcastReceiver会检查注册时的intent-filter是否与发送的Intent相匹配，若匹配则就会调用BroadcastReceiver的onReceive()方法进行接收。而当定义一个BroadcastReceiver时，一般都需要实现相应的onReceive()方法。一般来说，Broadcast的使用步骤和主要过程如下：

(1) 创建一个Intent，将要广播的消息封装在Intent中。在构造Intent时用一个全局唯一的字符串标识其要执行的动作，通常使用应用程序包的名称。

(2) 通过context.sendBroadcast()、context.sendOrderedBroadcast()或context.sendStickyBroadcast()方法，将Intent对象广播出去。如果要在Intent中要传递额外数据，可以用Intent的putExtra()方法。若使用sendBroadcast()方法时指定了接收权限，则只有在AndroidManifest.xml中用<uses-permission>标签声明拥有此权限的BroascastReceiver才有可能接收到发送来的Broadcast。同样，若在注册BroadcastReceiver时指定了可接收的Broadcast的权限，则只有在包内的AndroidManifest.xml中用<uses-permission>标签声明拥有此权限的context对象所发送的Broadcast才能被这个BroadcastReceiver所接收。

(3) 通过intent-filter对象来过滤所发送的实体Intent。

(4) 开发BroadcastReceiver类的子类，可能需要重写其onReceive()方法。

(5) 为应用程序添加适当的权限，并注册Broadcast。和Intent和Service不同的是，注册或创建BroadcastReceiver对象的方式有两种：

方法一：在AndroidManifest.xml中声明，此时将注册的信息包裹在<receiver> </receiver>标签中，并通过<intent-filter>标签来设置过滤条件，此种方法被称为静态注册。

方法二：在Java代码中设置，此时一般需要先创建intent-filter对象，并对intent-filter对象设置Intent过滤条件，并通过调用context.registerReceiver()方法来注册监听，最后通过context.unregisterReceiver()来取消监听，此种方式被称为动态注册，用动态方式注册的BroadcastReceiver的context对象被销毁时，BroadcastReceiver也就自动取消注册了。动态注册的一般方法是：

```
IntentFilter intentFilter = new IntentFilter();
intentFilter.addAction(String);//为BroadcastReceiver指定action，使之用于接收广播
registerReceiver(BroadcastReceiver,intentFilter);
//后略
```

(6) 等待接收广播并进行相应的处理。在 BroadcastReceiver 接收到与之匹配的广播消息后，onReceive()方法会被调用。

8.3.1 系统广播概述

Broadcast 有系统广播和自定义广播之分。系统广播是系统自带的广播事件，不需要用户自己定义就可以直接接收使用，广播的发送已经为用户实现，当满足一定条件(如电池电量低、系统启动完成等)时系统会自动发送广播，用户只需要实现广播接收器的注册和接收即可。常见的系统广播如表 8.1 所示。

表 8.1 常用系统广播

常 量 名 称	常 量 值	意 义
ACTION_BOOT_COMPLETED	Android.intent.action. ACTION_BOOT_COMPLETED	系统启动完成
ACTION_TIME_CHANGED	Android.intent.action. ACTION_TIME_CHANGED	时间改变
ACTION_DATE_CHANGED	Android.intent.action. ACTION_DATE_CHANGED	日期改变
ACTION_TIMEZONE_CHANGED	Android.intent.action. ACTION_TIMEZONE_CHANGED	时区改变
ACTION_BATTERY_LOW	Android.intent.action. ACTION_BATTERY_LOW	电量低
ACTION_MEDIA_EJECT	Android.intent.action. ACTION_MEDIA_EJECT	插入或拨出外部媒体
ACTION_MEDIA_BUTTON	Android.intent.action. ACTION_MEDIA_BUTTON	按下媒体按钮
ACTION_PACKAGE_ADDED	Android.intent.action. ACTION_PACKAGE_ADDED	添加包
ACTION_PACKAGE_REMOVED	Android.intent.action. ACTION_PACKAGE_REMOVED	删除包

系统广播的注册和接收与自定义广播的注册和接收类似，这里不再阐述了。但不论是系统广播还是自定义广播，都有广播的注册、发送和接收过程。

8.3.2 注册 BroadcastReceiver

BroadcastReceiver 用于监听广播消息。可以在 AndroidManifest.xml 文件或在代码中静态注册 BroadcastReceiver，并在其中使用 Intent 过滤器指定要处理的广播消息。

创建 BroadcastReceiver 需继承 BroadcastReceiver 类并重载 onReceive()方法。代码如下：

```
public class MyBroadcastReceiver extends BroadcastReceiver {
    @Override
    public void onReceive(Context context, Intent intent) {
        //TODO: React to the Intent received.
    }
}
```

发送 Broadcast 的部分核心代码参见下面的示例：

```
String mystring = "Hello Broadcast";
Intent intent = new Intent(mystring); //指定广播目标 Action，指定了此 action 的 receiver 会接收此广播
```

```
intent.putExtra("key1", "myvalue1");//可选,需要传递参数时可以使用该方法
intent.putExtra("key2", "myvalue2");//可选,需要传递参数时可以使用该方法
sendBroadcast(intent);
```

下面的代码包含了单击相应按钮后发送广播的部分代码:

```
//略
mybutton1.setOnClickListener(new OnClickListener(){//侦听按钮被单击事件
    public void onClick(View view){
        Intent intent = new Intent("BroadcastReceiverDemo");//指定识别广播消息的字符串标识
        intent.putExtra("message", entryText.getText().toString());//广播中添加了额外信息
        sendBroadcast(intent);
    }
});
//略
```

8.3.3 静态与动态注册广播

首先,要确定发送的广播信息,其实它就是一个固定格式的字符串,主要是用来区别不同的广播。有了广播信息后,就可以发送自己的广播了,只需要在程序组件中把要广播的信息封装在 Intent 中,并使用广播发送方法 sendBroadcast()、sendOrderedBroadcast()或 sendStickyBroadcast()发送出去即可。下面是定义自己的广播信息并将其封装在 Intent 中,用 sendBroadcast()方法发送出去的示例代码:

```
//实例化 Intent 对象
Intent intent = new Intent(MY_ACTION); //MY_ACTION 为自定义的广播消息
sendBroadcast(intent);    //发送广播
```

完成了广播的发送后,需要定义广播接收器。定义广播接收器需要创建一个继承自 BroadcastReceiver 类的子类并重写其 onReceive()方法,重写的 onReceive()方法主要负责广播信息的接收和响应操作。

```
package com.BroadcastReceiver;
import android.content.BroadcastReceiver;
import android.content.Context;
import android.content.Intent;
import android.util.Log;
public class Broadcast extends BroadcastReceiver {//继承自 BroadcastReceiver
    public void onReceive(Context arg0, Intent arg1) { //重写 onReceive 函数
        Log.i("systemBroadcast", "BOOT_COMPLETED");
    }
}
```

最后,注册广播接收器。对于静态注册来说,是在 AndroidManifest.xml 中声明,将注册的信息包裹在<receiver></receiver>标签中,并通过<intent-filter>标签来设置过滤条件,如:

```xml
<receiver android:name=".Broadcast" android:label="@string/app_name">
    <intent-filter>
        <action android:name="android.intent.action.BOOT_COMPLETED" />
    </intent-filter>
</receiver>
```

1. 静态注册

对于静态注册而言，为了能够使应用程序中的 BroadcastReceiver 接收指定的广播消息，首先要在 AndroidManifest.xml 文件中添加 Intent 过滤器，声明 BroadcastReceiver 可以接收的广播消息。示例的 AndroidManifest.xml 文件的代码如下，其中创建了一个<receiver>节点，之后声明了 Intent 过滤器的动作为"BroadcastReceiverDemo"，这与相关文件中 Intent 动作相一致，表明这个 BroadcastReceiver 可以接收动作为"BroadcastReceiverDemo"的广播消息。

```xml
<?xml version="1.0" encoding="utf-8"?>
<manifest xmlns:android="http://schemas.android.com/apk/res/android"
    package="BroadcastReceiverDemo"
    android:versionCode="1"
    android:versionName="1.0">
    <application android:icon="@drawable/icon" android:label="@string/app_name">
        <activity android:name=".BroadcastReceiverDemo"
                  android:label="@string/app_name">
            <intent-filter>
                <action android:name="android.intent.action.MAIN" />
                <category android:name="android.intent.category.LAUNCHER" />
            </intent-filter>
        </activity>
        <receiver android:name=".MyBroadcastReceiver">
            <intent-filter>
                <action android:name="BroadcastReceiverDemo" />
            </intent-filter>
        </receiver>
    </application>
    <uses-sdk android:minSdkVersion="3" />
</manifest>
```

2. 动态注册

这种方法是在 Java 代码中实现的，一般需要先创建 intent-filter 对象，然后向 intent-filter 对象中封装广播消息，接着就可以通过调用 context.registerReceiver()方法来注册。当不再使用这个广播时，通过 context.unregisterReceiver()来取消注册，此种注册方式的缺点是当对象被销毁时，该 BroadcastReceiver 也随之被销毁，相关代码如下所示：

```java
//实例化 IntentFilter
IntentFilter filter = new IntentFilter();
```

```
//封装广播消息
filter.addAction("广播的消息");
//实例化 Receiver
Broadcast  r = new Broadcast();
//注册 Receiver 监听
registerReceiver(r,filter);
//取消 Receiver 监听
unregisterReceiver(r);
```

广播接收器的注册和接收函数都完成之后，一个自定义的广播就完成了。

3. 静态与动态注册的实例

参照文献[13]中给出的方法，本章给出了一个相关的实例 BroadcastReceiver，它实现了静态和动态广播的注册，单击按钮发送广播，通过接收器接收广播，并在日志中显示相关的提示信息。

首先，设计一个 TextView 显示标题信息，两个 Button 分别对应动态注册广播和静态注册广播。

之后，创建一个 Activity，其主要功能是单击按钮发送静态和动态广播、注册动态广播、定义动态广播接收器接收动态广播。

在设计代码时，需要通过 Intent 封装广播信息，然后用函数 sendBroadcast(intent)将广播发送出去，相关代码如下：

```java
private OnClickListener mybtnListener=new OnClickListener(){
    public void onClick(View v) {
        if(v.getId()==(R.id.button01)){
            Intent intent= new Intent(BROAD_INFOR1);//封装广播消息
            sendBroadcast(intent); //发送广播
        }else if(v.getId()==(R.id.button02)){
            Intent intent= new Intent(BROAD_INFOR2); //封装广播消息
            sendBroadcast(intent);          //发送广播
        }
    }
};
```

在定义动态广播接收器时，在接收到指定广播信息后，用 Toast 显示提示信息。

```java
// 接收 BROAD_INFOR1 消息的动态广播接收器
private BroadcastReceiver bcrIntenal2 = new BroadcastReceiver() {
    @Override
    public void onReceive(Context context, Intent intent) {
        if(intent.getAction().equals(BROAD_INFOR1)){
            Toast.makeText(context, "动态接收广播成功"+BROAD_INFOR1, Toast.LENGTH_LONG).show();
```

```
            }
        }
    };
```

在设计动态广播的注册和取消注册的代码时,需要在 Activity 的 onStart()方法和 onStop()方法中分别注册和取消注册,当 Activity 开始时注册广播,Activity 销毁时取消注册。

```
@Override
protected void onStart() {
    super.onStart();
    IntentFilter intentFilter= new IntentFilter(BROAD_INFOR1);
    registerReceiver(bcrIntenal2,intentFilter); //动态注册接收 BROAD_INFOR1 消息的广播接收器,
    bcrIntenal2 是定义的 BroadcastReceiver 类的对象
}
@Override
protected void onStop() {
    super.onStop();
    unregisterReceiver(bcrIntenal2); //取消注册接收 BROAD_INFOR1 消息的广播接收器, bcrIntenal2 是
    定义的 BroadcastReceiver 类的对象
}
```

到此,动态广播的注册、接收和发送都完成了。

具体到静态广播接收器,它是在 Broadcast 类中定义的,代码如下:

```
public class Broadcast extends BroadcastReceiver {    //接收 BROAD_INFOR2 信息的静态广播接收器
    private static final String BROAD_INFOR2="com.quite.true";
    @Override
    public void onReceive(Context context, Intent intent) {
        // TODO Auto-generated method stub
        String action = intent.getAction();            //从 action 中获得广播消息
        if(action.equals(BROAD_INFOR2)){
            Toast.makeText(context, "静态接收广播成功"+BROAD_INFOR2, Toast.LENGTH_LONG).show();
        }
    }
}
```

在代码中应用动态广播接收器和静态广播接收器的区别在于两者的注册方式不同:动态广播接收器是在代码中注册,而静态广播接收器是在 AndroidManifest.xml 配置文件中注册。如果采用静态广播接收器的注册,其是在配置文件 AndroidManifest.xml 中进行的,代码如下:

```
<receiver android:name=".Broadcast" android:label="@string/app_name">//.Broadcast 是广播接收器
    <intent-filter>
```

```
    <action android:name="com.quite.true" />// com.quite.true 是广播接收器负责接收的广播消息
  </intent-filter>
</receiver>
```

8.3.4 使用 Service 和 Broadcast 的实例

下面通过实例说明如何使用 Broadcast 和 Service。这里实现了一个功能较为简单的音乐播放器，用户方便地启动、暂停和停止音乐的播放(而在前面实现的 ServiceDemo 是不具备这个功能的)，主要思路是使用 Service 在后台播放音乐，而用 Broadcast 发送广播通知 Activity 更改界面。

首先，新建一个工程 ServiceandBroadcastDemo，限于篇幅，具体方法不再赘述。布局采用 XML 布局文件形式，这个 XML 文件使用了线性布局，并且放置了两个按钮：播放按钮和停止按钮，界面如图 8.3 和图 8.4 所示。

图 8.3 音乐播放器播放前界面

图 8.4 音乐播放器播放后界面

其次，设计主 Activity。这里有几个主要部分：onCreate()方法、onDestroy()方法、广播接收器类对象的实例化、两个按钮事件单击响应的方法等。在 onCreate()方法中主要是一个广播的注册及两个按钮单击响应。这里采用对广播的动态注册，即用动态注册方法 registerReceiver() 对广播进行注册，相关代码如下：

```
IntentFilter inf = new IntentFilter();
inf.addAction("com.user.action");
registerReceiver(broad, inf);    //broad 是要注册的广播接收器，inf 是封装了要传递信息的 intent
```

针对播放按钮的响应事件，设计思路是在单击播放按钮后，改变音乐播放器的状态值，并将其封装在 Intent 中，之后用 startService(intent)开启服务，相关代码如下所示：

```
// 播放按钮响应函数
        play.setOnClickListener(new OnClickListener() {
            @Override
            public void onClick(View v) {
                switch (state) {
                case 1:
                    state = 2;
```

```
                    break;
                default:
                    state = 1;
                    break;
            }
            Intent intent = new Intent(AudioActivity.this, AudioService.class);
            // 将状态值传给 Service
            intent.putExtra("action", state);
            // 开启 Service
            startService(intent);
        }
    });
```

针对停止按钮的响应事件，设计思路是在单击停止按钮后，将音乐播放器的状态封装在 intent 中，并用方法 stopService(intent)停止 Service，相应代码如下所示：

```
// 停止按钮响应函数
stop.setOnClickListener(new OnClickListener() {
    @Override
    public void onClick(View v) {
        Intent intent = new Intent(AudioActivity.this, AudioService.class);
        // 停止 Service
        stopService(intent);
    }
});
```

在 onDestroy()方法里解除广播的注册，用 unregisterReceiver()方法解除广播的注册，相应代码如下所示：

```
@Override
protected void onDestroy() {
    super.onDestroy();
    unregisterReceiver(broad);
}
```

针对广播接收器的实例化的设计，采用的方法是使得广播类实例化对象主要负责接收 Service 发送的广播及音乐状态，然后修改 Activity 的显示，相关代码如下所示：

```
// 广播接收器
public BroadcastReceiver broad = new BroadcastReceiver() {
    @Override
    public void onReceive(Context context, Intent intent) {
        // 获得 Service 发送的状态
        int i = intent.getIntExtra("action", -1);
```

```
            switch (i) {
            case 1: // 播放
                play.setText("暂停");
                break;
            default:// 暂停，停止
                play.setText("播放");
                if(3==i){             //如果播放器处于停止，则将状态置为3
                    state=3;
                }
                break;
            }
        }
    };
```

最后，编写播放器的 Service 类，声明一个 MediaPlayer 对象，单击按钮开启服务或停止服务，在后台对 MediaPlayer 对象进行操作，以达到播放、暂停、停止音乐的效果。

程序运行后，由 StartService()开启服务，自动调用 Service 的 onStart()方法，在方法中判断音乐播放器的状态值，若为播放 1，则改为暂停 2；若为暂停 2，则改为播放 1，并向 Activity 发送携带状态值的广播，根据音乐播放器的状态更改显示。值得注意的是，播放器 MediaPlayer 对象的实例化，要指定创建对象的上下文环境 context 和播放路径(在本例中是 this 和 R.raw.song1，this 在这里代表的是 activity 的上下文环境)，相关代码如下所示：

```
public void onStart(Intent intent, int startId) {
    super.onStart(intent, startId);
    //获得从 activity 传过来的状态值
    int i = intent.getIntExtra("action", 0);
    if (i == 1) {     //i=1 表示播放音乐
        if (null == mp) {
            //实例化 mediaplayer 对象
            mp = MediaPlayer.create(this, R.raw.song1);
            //设置 mediaplayer 监听，监听媒体播放完成后改变播放按钮的显示
            mp.setOnCompletionListener(new OnCompletionListener() {
                public void onCompletion(MediaPlayer mp) {
                    stopSelf(); //结束 Service
                }
            });
        }
        //开始播放音乐
        mp.start();
```

```
} else if (i == 2) {        //i=2 暂停播放音乐
    if (mp != null && mp.isPlaying()) {
        //暂停播放
        mp.pause();
    }
}
Log.v("zhuangtai", String.valueOf(i));        //在 log 中显示音乐播放器的状态
Intent in = new Intent("com.user.action");
in.putExtra("action", i);        //将状态传给广播接收者
sendBroadcast(in);        //发送广播，由 activity 广播接收者接收
}
```

上述代码中的 MediaPlayer.create(this, R.raw.song1) 是 MediaPlayer 的实例化函数，this 是创建 MediaPlayer 对象的上下文环境，这里是指 Service 的上下文；R.raw.song1 是要播放媒体的资源标识，它是 int 类型，在 R.java 文件中可以看到它的定义。另外，上述代码中的 mp.setOnCompletionListener(new OnCompletionListener() { } 代码是 MediaPlayer 对象的事件监听代码，监听媒体播放是否完成，若完成，则停止服务。

关闭服务时会自动调用 Service 的 onDestroy() 方法，在此方法中调用 MediaPlayer 对象的 stop() 方法停止播放器的播放，并向 activity 的广播接收器发送停止播放的状态 3，让 activity 改变播放按钮的显示，相关实现代码如下所示：

```
@Override
public void onDestroy() {
    super.onDestroy();
    //停止播放器播放
    mp.stop();
    Intent in = new Intent("com.user.action");
    in.putExtra("action", 3);        //将状态传给广播接收者
    sendBroadcast(in);        //发送广播，由 activity 广播接收者接收
}
```

这个示例程序结合了 Service 和 Broadcast 两部分的内容，Service 负责后台任务的执行，而 Broadcast 负责前台显示的通知改变，二者相结合使得这个音乐播放器更加的完善。

8.4 本章小结

本章简述了 Service 和 Broadcast 的应用。Service 跟 Activity 的作用相近，但它不能自己运行，需要通过某一个 Activity 或者其他 Context 对象来调用。而 Broadcast 是一种广泛运用的在应用程序之间传输信息的机制，BroadcastReceiver 是对发送出来的 Broadcast 进行过滤接收并响应的一类组件。

思考与实践

1. 什么是 Service？什么是 Broadcast？描述它的三种发送方式的不同之处。

2. 仿照在 8.2 节中给出的 ServiceDemo 工程，实现一个音乐播放器 MusicBox，要求如下：

(1)单击 start 运行服务(播放音乐)，单击 stop 停止服务(停止播放音乐)。

(2)布局采用 XML 文件，Activity 中拥有一个 text 显示文本框、一个 start 按钮、一个 stop 按钮。

(3)在 Service 中首先在类中声明了一个媒体播放器类对象，然后分别在 Service 类的 onCreate()、onStart()、onDestroy()中添加相应的代码。

(4) 在 Activity 中，通过单击 start/stop 按钮来启动/停止服务，并将歌曲名称显示在 Activity 中。

3. 在 ServiceandBroadcastDemo 工程中添加音乐播放器滚动条，并实现拖动播放功能，UI 界面如图 8.5 所示。

图 8.5 带有拖放功能的音乐播放器界面

第 9 章 数据存取和访问

在智能手机软件的开发中，经常会遇到一些诸如文本、图片、视频、电话号码等各种类型的数据。Android 提供了几种存储和访问数据的方式：文件存储、SQLite 数据库存储、SharedPreferences 方式储存、内容提供器 Content Provider 方式储存等。本章简要介绍内部文件存取操作、SQLite 数据库存储与访问方式、内容提供器 Content Provider 及其应用示例等。关于 SharedPreferences 方式和网络存储方式，限于篇幅不再赘述。通过本章的学习，重点掌握以下知识点：

- 了解文件存取操作。
- 了解 SQLite 数据库存储与访问方式，掌握 SQLite 数据库的建立和操作方法。
- 理解 ContentProvider 的用途和原理，了解 ContentProvider 的创建与使用方法。

9.1 内部文件存取操作

Android 使用的是基于 Linux 的文件系统，程序开发人员可以建立和访问程序自身的私有文件，也可以访问保存在资源目录中的原始文件和 XML 文件，还可以在 SD 卡等外部存储设备中保存文件。Android 的外部存储设备可以是 SD 卡(Secure Digital Memory Card)，它是一种广泛使用于数码设备上的记忆卡。虽然不是所有的 Android 手机都有 SD 卡，但 Android 系统提供了对 SD 卡的便捷访问。限于篇幅，本章不对基于 SD 卡的外部文件存储操作进行说明。

对于内部文件存取操作而言，Android 系统允许应用程序创建仅用于自身访问的私有文件，文件保存在设备的内部存储器上，当 Android 的应用程序被安装后，其所在的安装包中会有一个相应的文件夹用于存放自己的数据。应用程序本身对这个文件夹有写入权限，文件的可能路径是：/data/data/自己当前定义的包名/。使用文件 I/O 方法可以直接往手机中存储数据。Android 系统不仅支持标准 Java 的 IO 类和方法，还提供了能够简化读写流式文件过程的函数[15]，如：

(1) openFileInput()函数：为读取数据做准备而打开应用程序私有文件。

(2) openFileOutput()函数：为写入数据做准备而打开应用程序私有文件，如果指定的文件不存在，则创建一个新的文件。函数的返回值是 FileOutputStream 类型。参见下方代码示例。

```
//有关 openFileOutput()的示例
String FILE_NAME = "fileDemo.txt";
FileOutputStream fos = openFileOutput(FILE_NAME,Context.MODE_PRIVATE);//关于这里的第二个参数
即模式的含义参见后文所述
String text = "My data";
fos.write(text.getBytes());
fos.flush();//为了提高文件系统的性能，一般调用 write()函数时，如果写入的数据量较小，系统会把数据保存
```

在数据缓冲区中，等数据量累积到一定程度时再一次性地写入文件中。因此在调用 close()函数关闭文件前要调用 flush()函数将缓冲区内所有的数据写入文件中

fos.close();

在上面的代码中，this.openFileOutput()中的第 1 个参数是准备写入数据的文件名，如果文件不存在则会自动创建文件(注意文件名中不能包含路径分隔符"/")，创建的文件一般保存在"/data/data/<package name>/files"目录中；第 2 个参数指定了文件的操作模式，可供选择的模式有以下 4 种，如果文件具有多种权限，操作模式之间用"+"分开：

- MODE_APPEND：如果文件已经存在，则在文件数据后添加数据，否则创建文件。
- MODE_PRIVATE：是默认的文件操作方式，这种方式下写入的数据将覆盖原数据。
- MODE_WORLD_READABLE：表明其他应用程序可以读本文件。
- MODE_WORLD_WRITEABLE：表明其他应用程序可以写本文件。

在进行文件输入操作时，Activity 通过 openFileOutput()方法可以向文件中输入数据，即用标准输入流的 write()方法将文本写入，最后调用 close()关闭输入流，如下例所示：

```
public class FileActivity extends Activity {
@Override
 public void onCreate(Bundle savedInstanceState) {
    FileOutputStream outStream = this.openFileOutput("abc.txt", Context.MODE_PRIVATE);
    outStream.write(string.getBytes());//这里的 string 是要写入文件的字符串，getBytes()将其转化为字节数组
    outStream.flush();
    outStream.close();
 }
}
```

如果要打开"/data/data/<package name>/files"目录中存放的文件并读取其中的数据，可以使用标准数据输出流，通过 Activity 的 openFileInput()方法获得。示例代码如下：

```
public class FileActivity extends Activity {
@Override
 public void onCreate(Bundle savedInstanceState) {
    FileInputStream inStream = this.getContext().openFileInput("abc.txt");参数为文件名
    inStream.read(string);//存储从输出流中读出的数据
    inStream.close();
 }
}
```

上述程序中，openFileInput ()中的参数是准备读出数据的文件名，同样这里文件名不能包含路径分隔符"/"。而 read()中的 string 是一个字节数组类型，用来存储从输出流中读出的数据，当 inStream 流达到末端时，read()将返回-1。close()用于关闭输出流。

参阅文献[15]中的方法，本章示例工程 file 给出了有关文件输入/输出的方法。需要说明的是，示例中的文件存放在工程的/data/data/包名/files/指定的文件名中，如图 9.1 所示。通过 DDMS 右上方的"pull a file from the device"按钮，可以把这个文件导出到指定的位置并观察其中的内容。

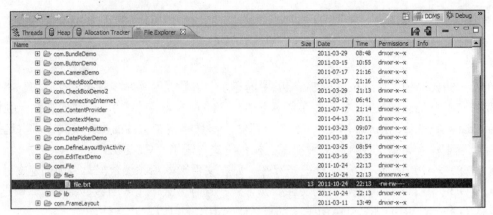

图9.1 对应文件的位置及名称

有关文件读写类的设计与实现,可参阅本书后续 13.4 中的分析与实现方法。

9.2 SQLite 数据库及其数据管理机制概述

由于 JDBC 不适合手机这种内存受限设备,因此在 Android 中引入了 SQLite 嵌入式数据库。SQLite 支持 SQL 查询,并且只用很少的内存。每个 Android 应用程序都可以使用 SQLite 数据库。除了 Android 外,许多开源项目,如 Mozilla、PHP、Python 等,都使用了 SQLite。由于手机平台所限,手机上的 SQLite 不能执行非常复杂的 Select 语句,但对一般的增、删、改、查功能还是支持的。有关 SQLite 的详细信息可登录 http://www.sqlite.org/查看。

与普通关系数据库一样,SQLite 也具有 ACID 特性(详见文献[16]中有关数据库原理的介绍,在此不再赘述)。它可以用来存储大量的数据,并且能够很容易地对数据进行检索、更新、维护等操作。它的设计目标是嵌入式的,而且目前已经在很多嵌入式产品中得到了应用,因为在嵌入式设备中,可能只需要几百 KB 的内存就够了,而且它还支持 Windows/Linux/Unix 等主流操作系统,同时能够跟很多程序语言相结合。它还有 ODBC 接口,比起 Mysql、PostgreSQL 等著名的开源数据库系统来讲,它的处理速度更快。参考有关 SQLite 网站及论坛中的介绍,SQLite 的优点有:

(1) 轻量级:SQLite 和 C/S 模式的数据库软件不同,它是进程内的数据库引擎,因此不存在数据库的客户端和服务器。使用 SQLite 一般只需要带上它的一个动态库,就可以使用它的全部功能。

(2) 独立性:SQLite 数据库的核心引擎不依赖第三方软件。

(3) 隔离性:SQLite 数据库中所有的信息(表、视图、触发器等)都包含在一个文件夹内,方便管理和维护。

(4) 跨平台:SQLite 目前支持大部分嵌入式操作系统,如 Android、Windows Mobile、Symbin、Palm、VxWorks 等。

(5) 多语言接口:SQLite 数据库支持多语言编程接口。

(6) 安全性:SQLite 通过数据库级别上的独占性和共享锁来实现独立事务处理。这意味着多个进程可以在同一时间从同一数据库读取数据,但同时只能有一个可以写入数据。

(7) 零配置、无服务器:SQLite 的核心引擎本身不依赖第三方的软件,在使用前不需要安装设置,不需要进程来启动、停止或配置,不需要管理员去创建新数据库或分配用户权限,在系统崩溃或失电之后自动恢复。使用时,访问数据库的程序直接从磁盘上的数据库文件的读写。

(8) 访问简单:数据库中所有的信息(比如表、视图、触发器等)都包含在一个文件内。这个文件可以复制到其他目录或其他机器上使用。

(9) 内存数据库:SQLite 的 API 不区分当前操作的数据库是在内存还是在文件中,对于存储介质是透明的。如果觉得磁盘 I/O 有可能成为瓶颈的话,可以考虑切换为内存方式。

(10) 可变长度的记录:一般的 SQL 数据引擎在表中为每一个记录分配一个固定的磁盘空间数,SQLite 只使用一个记录中实际存储信息的磁盘空间数,这会使数据库非常小。

SQLite 一般由以下几个组件组成:SQL 编译器、内核、后端以及附件。SQLite 通过利用虚拟机和虚拟数据库引擎,使调试、修改和扩展 SQLite 的内核变得更加方便。

9.2.1 SQLite 中部分类及其使用

为了方便使用 SQLite 数据库,Android 提供了一些 API 类,主要有 SQLiteOpenHelper 类(主要用于操作数据表中的数据,如建立、增、删、改、查等)和遍历检索结果的 Cursor 类(在 Android 系统中,数据库查询结果的返回值并不是数据集合的完整复制,而是返回数据集的指针,这个指针就是 Cursor 类。Cursor 类支持在查询的数据集合中以多种方式移动,并能够获取数据集合的属性名称和序号用于对查询结果进行操作等,可以对从数据库查询出来的结果集进行随机读写访问)。

> Tips:SQLiteOpenHelper 类是 SQLiteDatabase 类的一个辅助类,是对数据库创建、版本更新等的管理类。只要继承 SQLiteOpenHelper 类,就可以创建数据库。

一般来说,首先要创建继承自 SQLiteOpenHelper 的类,该类一般要重写三个方法:构造方法、onCreate 方法、onUpgrade 方法。主要方法有:

(1) onCreate(SQLiteDatabase):数据库第一次创建时会调用这个方法,一般在这个方法中创建数据库表。

(2) onUpgrade(SQLiteDatabase,int,int):当数据库需要修改的时候调用这个方法。一般在这个方法中修改数据库表并建立新的数据库表。

> Tips:SQLiteOpenHelper 的子类至少需要实现如下 3 个方法:(1) 调用父类 SQLiteOpenHelper 的构造函数,这个方法需要4个参数:上下文环境(如 Activity)、数据库名字、可选的游标工厂(通常是 Null)、代表正在使用的数据库模型版本的整数;(2) onCreate()方法需要一个 SQLiteDatabase 对象作为参数,根据需要对这个对象填充表和初始化数据;(3) onUpgrade()方法需要 3 个参数:SQLiteDatabase 对象、旧的版本号、一个新的版本号。

在用 onCreate()方法创建表时,可在相应的 Create Table 语句中指定某列的数据类型,可以把任何数据类型放入任何列中。当某个值插入数据库时,SQLite 将检查它的类型。如果该类型与关联的列不匹配,则 SQLite 会尝试将该值转换成该列的类型。如果不能转换,则该值将作为其本身具有的类型存储。比如可以把一个字符串(String)放入 Integer 列,这种特性称之为"弱类型"。此外，SQLite 不支持一些标准的 SQL 功能，如一些 Alter Table 功能、外键约束、嵌套事务和右外连接(Right Outer Join)等(有关这些 SQL 功能的详细说明可参阅文献[16])。

> Tips：SQLite 在存储数据时，数据类型不是严格要求的。另外，就像使用文件 I/O 方法等向手机中存储的数据一样，SQLite 数据库也是存储在 data/< 项目文件夹 >/databases/下。

SQLiteDatabase 是直接操作数据库的对象，继承 SQLiteOpenHelper 之后一般就拥有以下方法：

(1) synchronized SQLiteDatabase getReadableDatabase()：调用这个方法可以得到 SQLiteDatabase 实例对数据库读权限。

(2) synchronized SQLiteDatabase getWritableDatabase()：调用这个方法可以得到 SQLiteDatabase 实例对数据库写权限。

可使用 getReadableDatabase 或 getWritableDatabase 方法得到 SQLiteDatabase 对象，并实现如下的构造方法：

public DatabaseHelper(Context context, String name, CursorFactory factory, int version)

上述语句第1个参数是上下文对象；第2个参数是数据库名称；第3个参数是CursorFactory类型；第 4 个参数是数据库版本。

1. 对数据操作的一般方法

下面的部分代码片段演示了对 SQLite 数据表进行操作的主要方法。

首先，继承 SQLiteOpenHelper 类并覆盖 onCreate()、onUpgrade()这两个抽象方法[17]：

```
public class MyTestDB extends SQLiteOpenHelper {//首先要创建继承自 SQLiteOpenHelper 的类，并重写构造方法、onCreate()方法、onUpgrade()方法等
    public MyTestDB(Context context) {//重写构造方法，在这里创建一个名为 test_db 的数据库
        super(context, "test_db", null, 1);
    }
    public void onCreate(SQLiteDatabase db) {//重写其 onCreate()方法创建表
        String sql = "create table mytable (_id integer primary key autoincrement, stext text)"; //新建一个数据表，其中须有一个_id 的字段作为主键
        db.execSQL(sql);//执行
    }
    public void onUpgrade(SQLiteDatabase db, int oldVersion, int newVersion) {//重写其 onUpgrade 方法
        String sql = "drop table if exists mytable";//这里的删除表的操作，可以换成其他的操作
        db.execSQL(sql);
        //后续操作，略
    }
}
```

随后，就是相应的增(insert 语句)、删(deleteAllData()用来删除全部数据，deleteOneData(long id)根据 id 删除一条数据)、改(updateOneData(long id , People people)是根据 id 更新一条数据)、

查(query()语句)等方法。

2. 创建数据表的方法

下面示例代码演示了如何通过 SQLiteOpenHelper 创建数据库的方法：

```java
public class DatabaseHelper extends SQLiteOpenHelper {
    DatabaseHelper(Context context, String name, CursorFactory cursorFactory, int version) {
        super(context, name, cursorFactory, version);
    }
    public void onCreate(SQLiteDatabase db) {
        //创建数据库后对数据库的操作
    }
    public void onUpgrade(SQLiteDatabase db, int oldVersion, int newVersion) {
        // TODO 更改数据库的操作
    }
    public void onOpen(SQLiteDatabase db) {
        super.onOpen(db);
        // TODO 每次成功打开数据库后首先被执行
    }
}
```

调用 getReadableDatabase()或 getWriteableDatabase()方法，可以得到 SQLiteDatabase 实例。

3. 创建表和索引的方法

调用 SQLiteDatabase 的 execSQL()方法来执行相应的语句可以完成创建表和索引的过程(如果没有异常，这个方法没有返回值)。例如如下代码会创建一个名为 mytable 的表，表有一个列名为_id 并且是主键，这列的值是会自动增长的整数，另外还有两列(title 和 value)。SQLite 会自动为主键列创建索引。

```
db.execSQL("CREATE TABLE mytable (_id INTEGER PRIMARY KEY AUTOINCREMENT, title TEXT, value REAL);");
```

这条语句在第一次创建数据库时创建了表和索引。如果不需要改变表的模式，是不需要删除表和索引的(删除表和索引时，需要使用 execSQL()方法，调用 Drop Index 和 Drop Table 语句删除索引和表)。

> **Tips**：SQLite 数据库中必须有一个_id 的字段作为主键，否则查询时将出错。包括数据表的创建和删除等可以通过 execSQL 实现，如执行增删改操作方法是 db.execSQL(sql)，或者执行相应的 db.insert()、db.delete()、db.update()方法等。

4. 插入数据的方法

向数据库的表中插入记录时，需要先将数据包含在一个 ContentValues 中，并向该对象当中插入键值对，其中键是列名，值是希望插入到这一列的值(值必须和数据库中的数据类型一致)。接着，可以调用 getWritableDatabase()方法来获得可以写入的 Databasehelper 对象，再向其中插入记录。

方法一：使用 execSQL()方法，执行 Insert、Update、Delete 等语句来更新表中的数据。

133

execSQL()方法适用于所有不返回结果的 SQL 语句(注：在 ADO.NET 中，也有类似的情形，如 ExecuteNonQuery()方法执行不返回行的语句，当 SQL 语句为 update、insert、delete 时，多采用此方法)。例如：

db.execSQL("INSERT INTO tablename (name, value)+VALUES ('张三', 5));

方法二：使用 SQLiteDatabase 对象的 insert()、update()、delete()方法。这些方法把 SQL 语句的一部分作为参数，如：

ContentValues cv=new ContentValues(); //创建实例 cv
cv.put(Constants.TITLE, "example title");//得到值并存放到对应的键中
cv.put(Constants.VALUE, SensorManager.GRAVITY_DEATH_STAR_I); //得到值并存放到对应的键中
db.insert("mytable", getNullColumnHack(), cv);//插入

insert 命令的参数如下：

long insert(String table, String nullColumnHack, ContentValues values)

其中，第一个参数是想要插入数据的表名；第二个参数 nullColumnHack 的含义是由于 SQL 不允许插入空行，当初始化值为空时，这一列将会被显式地赋一个 null 值；第三个参数 values 是要插入的值。有关插入数据的代码段如下，先构造一个 ContentValues 对象 cv，然后调用 ContentValues 对象 cv 的 put()方法，将每个属性的值写入到 ContentValues 对象中，最后使用 SQLiteDatabase 对象 db 的 insert()函数，将 ContentValues 对象 cv 中的数据写入指定的数据库表中：

public long insert(String text){ //增加
    SQLiteDatabase db = getWritableDatabase();//使之拥有修改权限
    ContentValues cv = new ContentValues();//ContentValues 类主要用来向数据库表中添加数据
    cv.put("stext", text);//键值对
    cv.put(键值字段名, 键值数值);//可以同时指定多组键值对
    long row = db.insert("mytable", null, cv);// insert()函数的返回值是新数据插入的位置，即 ID 值
    return row;//返回新数据插入的位置，即 ID 值
}

5. 删除数据的方法

int delete(String table, String whereClause, String[] whereArgs)

上述语句用于从表中删除一行数据，其中 table 是想要删除数据的表名，whereClause 是可选的 where 子句(如果其值为 null，将会删除所有的行)；当在 whereClause 中包含"?"时，如果 whereArgs 的值不为 null，则这个数组中的值将依次替换 whereClause 中出现的"?"。有关删除数据的代码段如下：

public int delete(int id){ //删除，调用数据库对象的 delete()函数并指明表名称和删除条件
    SQLiteDatabase db = getWritableDatabase();//使之拥有修改权限
    String where = "_id=?";
    String[] whereValue = { Integer.toString(id) };
    return db.delete("mytable", where, whereValue);//指定表名和删除条件，如果 delete 语句后两个参数为 null 则删除表中所有记录
}

6. 修改数据的方法

     int update(String table, ContentValues values, String whereClause, String[] whereArgs)

  上述语句用于修改表中的数据，update 语句有 4 个参数：table 是想要修改数据的表名；values 是要更新的值；whereClause 是可选的子句，如果其值为 null，将会修改所有的行；whereArgs 是当在 whereClause 中包含"?"时，而且 whereArgs 的值不为 null，则这个数组中的值将依次替换 whereClause 中出现的"?"。有关修改数据的代码段如下，首先构造 ContentValues 对象，然后调用 put()函数将属性的值写入到 ContentValues 对象中，最后使用 SQLiteDatabase 对象的 update()函数并指定数据更新条件：

```
public int update(int id, String text){ //
    SQLiteDatabase db = getWritableDatabase();//使之拥有修改权限
    String where = "_id=?";
    String[] whereValue = { Integer.toString(id) };
    ContentValues cv = new ContentValues();//ContentValues 负责存储键值对，键是 String 类型，值是基本类型
    cv.put("stext", text);//键值对
    return db.update("mytable", cv, where, whereValue);
}
```

7. 查询数据的方法

  方法一：使用 rawQuery()直接调用 Select 语句，即使用 query()方法构建一个查询，示例代码片段如下(查询表 sqlite_master 中的相应数据)，返回值是一个 cursor 对象。

```
Cursor c=db.rawQuery( "SELECT name FROM sqlite_master WHERE type='table' AND name='mytable'", null);
```

  方法二：Select 语句内容作为 query()方法的参数，除了表名，其他参数可以是 null。该 query 方法及其相应的参数含义如下：

Cursor query(String table, String[] columns, String selection, String[] selectionArgs, String groupBy, String having, String orderBy, String limit)：

  query( )中的参数意义依次为：

  (1) table 为表名且不可为 null。

  (2) columns 为要返回的列名数组，取值为 null 表示返回所有列。

  (3) selection 为 where 子句，此处将要填的参数写为"?"供下方的 selectionArgs 填充，如果其值为 null 将会返回所有的行。

  (4) selectionArgs 为 where 子句所需值，该数组依次填充 selection 中的每一个问号。

  (5) groupBy 为分组子句，如果其值为 null，将不会对结果集进行分组。

  (6) having 为和 groupBy 配套使用的条件子句，如果 having 值为 null，将会包含所有的分组。

  (7) orderBy 为排序子句，如果 orderBy 值为 null，将会使用默认的排序规则。

  (8) limit 是可选的子句，如果其值为 null，将不会包含 limit 子句。

  执行 query 方法后，返回的是一个 Cursor 游标，游标开始指向的是记录集合中第一行的上一行，因此首先需要先调用 cursor.next()将游标移动到记录集合的第一行，接着再获取数据即可。有关 Cursor 及其相应的实现方法如下：

```
public Cursor select() {//查询
    SQLiteDatabase db = getReadableDatabase();//使之拥有查询权限
    Cursor cur = db.query("mytable", null, null, null, null, null, null);//指定查询 mytable 表
    return cur;
}
```

对于上述两种方法来说，查询结果都会返回一个 Cursor，Cursor 接口提供了数据库中遍历数据的方法，其中常用方法如下：

- boolean moveToPosition(position)   将游标移动到某记录
- getColumnNames()   得到字段名
- getColumnIndex()   按列名获取 id
- int getCount()   获取记录总数
- boolean requery()   重新查询
- boolean isAfterLast()   游标是否在末尾
- boolean isBeforeFirst()   游标是否开始位置
- boolean isFirst()   游标是否是第一条记录
- boolean isLast()   游标是否是最后一条记录
- boolean moveToFirst()   游标移动到开始位置
- boolean moveToLast()   游标移动到末尾
- boolean moveToNext()   游标移动到下一条
- boolean moveToPosition(position)   游标移动到某记录

下面的代码段以方式一中所示方法遍历了 mytable 表：

```
Cursor result=db.rawQuery("SELECT ID, name, inventory FROM mytable");
    result.moveToFirst();
    while (!result.isAfterLast()) {
        int id=result.getInt(0);
        String name=result.getString(1);
        int inventory=result.getInt(2);
        // do something useful with these
        result.moveToNext();
    }
    result.close();
```

9.2.2 基于 SQLite 的工程示例

参阅文献[18]，本节示例的代码工程演示了对 SQLite 的操作。该示例程序 SQLite_Demo 工程的主要功能是将老师要教授的课程和选择课程的学生存储到数据库中，实现选择课程、查询选择这门课程的学生信息等，并能够对课程及学生进行增加、删除和查询操作。在本示例中没有完全实现数据库的修改操作，但是在代码中给出了关键代码，读者可以对其添加修改。

首先创建工程，工程名为 SQLite_Demo，并填写相应的工程信息。这里用的 Android2.2 的版本，包名为 com.demo.SQLite。工程创建完成之后，根据工程所要实现的功能建立用户界面。在这个应用程序中有两个 Activity 界面，分别是对课程进行操作时的 CourseActivity 界面及对学生操作的 PersonActivity 界面。在 CourseAcivity 中可以对课程进行添加、删除及跳转到 PersonActivity 功能。代码见示例程序 SQLite_demo。

在这个工程中有两个实体类(Person.java、Course.java)和一个扩展类(Relation.java)。其中，Person.java 定义了学生的属性信息，Course.java 定义了课程的属性信息，而 Relation.java 类是学生和课程之间的关系类，实现了学生和课程之间的多对多的存储关系。三个类的属性定义如下：

(1) Person 类：id(学生号)、myname(学生名)、myclass(学生班级)。
(2) Course 类：id(课程号)、name(课程名)、obj(上课对象)、phone(班长电话)。
(3) Relation 类：studentId(学生 Id)、courseId(课程 Id)。

在这个示例中定义了三个数据表，表结构分别为：student 表、course 表和 relations 表，各个表都有与其对应类的相应属性列。然后通过定义 DBOpenHelper 类继承 SQLiteOpenHelper 类来创建数据库，部分代码如下：

```
private static class DBOpenHelper extends SQLiteOpenHelper {
    // 创建数据库的 sql 语句
    private static final String STUDENT_CREATE = "CREATE TABLE "+ STUDENT_TABLE + "(" + STUDENT_ID + " Integer primary key," + STUDENT_NAME + " text not null," + STUDENT_CLASS + "text);";
    private static final String COURSE_CREATE = "CREATE TABLE "+ COURSE_TABLE + "(" + COURSE_ID + " Integer primary key , "+ COURSE_NAME + " text not null," + COURSE_OBJ + " text,"+ COURSE_PHONE + " integer);";
    private static final String RELATION_CREATE = "CREATE TABLE "+ RELATION_TABLE + "(" + STUDENT_ID + " Integer not null,"+ COURSE_ID + " Integer not null);";
    // 在用户创建 DBOpenHelper 的构造函数，自动调用自身的 onCreate(SQLiteDatabase db)函数
    public DBOpenHelper(Context context, String name,CursorFactory factory, int version) {
        super(context, name, factory, version);
    }
    public void onCreate(SQLiteDatabase db) {
        // 执行 sql 语句，创建数据库
        db.execSQL(STUDENT_CREATE);
        db.execSQL(COURSE_CREATE);
        db.execSQL(RELATION_CREATE);
    }
    public void onUpgrade(SQLiteDatabase _db, int oldVersion, int newVersion) {
        _db.execSQL("DROP TABLE IF EXISTS " + STUDENT_TABLE);
        _db.execSQL("DROP TABLE IF EXISTS " + COURSE_TABLE);
        _db.execSQL("DROP TABLE IF EXISTS " + RELATION_TABLE);
```

```
            onCreate(_db);
    }
}
```

在这里，DBOpenHelper 继承 SQLiteOpenHelper 类(要重写 SQLiteOpenHelper 类的 onCreate()和 onUpgrade()方法，onUpgrade()方法在数据库升级时使用，onCreate()方法在执行 SQLiteOpenHelper 类对象的 getWritableDatabase()或 getReadableDatabase()方法的时候会自动被调用)。在代码中 db 是已经声明的 SQLiteDatabase 类型的数据，通过调用其 execSQL(STUDENT_CREATE)方法创建数据库表，STUDENT_CREATE 是已定义的字符串常量。注意 execSQL(STUDENT_CREATE)方法只能执行没有返回值的 sql 语句(如 Insert、Create 等)，不能执行带有返回值的查询语句(如 Select 等)。通过如下代码可以构造 DBOpenHelper 实例：

```
DBOpenHelper dbOpenHelper = new DBOpenHelper(mcontext, DB_NAME, null, DB_VERSION);
```

上述语句的参数含义依次如下：
- mcontext：创建数据库的环境。
- DB_NAME：数据库的名称。
- null：创建 cursor 工厂，null 表示使用默认值。
- DB_VERSION：数据库的版本。

构造了 DBOpenHelper 对象后，通过调用其 getWritableDatabase()或 getReadableDatabase()方法即可创建/获得一个数据库 SQLiteDatabase 对象。获得了数据库对象后，下面就可以对其进行增删改查操作，代码如下：

```
public long insert(Person person, int id) {
    // ContentValues 类存储了一组键值对
    ContentValues newValues = new ContentValues();
    newValues.put(STUDENT_ID, person.id);
    newValues.put(STUDENT_NAME, person.myName);
    newValues.put(STUDENT_CLASS, person.myClass);
    ContentValues values = new ContentValues();
    values.put(COURSE_ID, id);
    values.put(STUDENT_ID, person.id);
    db.insert(RELATION_TABLE, null, values);
    return db.insert(STUDENT_TABLE, null, newValues);
}
// 添加课程
public long insert(Course course) {
    ContentValues newValues = new ContentValues();
    newValues.put(COURSE_ID, course.id);
    newValues.put(COURSE_NAME, course.name);
```

```java
        newValues.put(COURSE_OBJ, course.obj);
        newValues.put(COURSE_PHONE, course.phone);
        return db.insert(COURSE_TABLE, null, newValues);
}
// 通过 id 删除一条学生信息
public long deleteOneData(long id) {
        return db.delete(STUDENT_TABLE, STUDENT_ID + "=" + id, null);
}
// 通过 id 删除一条课程信息
public long deleteOneCourse(long id) {
        return db.delete(COURSE_TABLE, COURSE_ID + "=" + id, null);
}
// 删除课程 ID 为 id 的全部课程学生
public void deleteAllData(int id) {
        db.delete(RELATION_TABLE, COURSE_ID + "=?",new String[] { String.valueOf(id) });
}
// 删除所有的数据表
public void deleteAllTable() {
        db.delete(COURSE_TABLE, null, null);
        db.delete(RELATION_TABLE, null, null);
        db.delete(STUDENT_TABLE, null, null);
}
// 查询 studentID 为 id 的一个同学的信息
public Person[] queryOneData(long id) {
        Cursor result = null;
        result = db.query(STUDENT_TABLE, null, STUDENT_ID + "=" + id, null,null, null, null);
        return ConvertToPeople(result);
}
// 查询 courseID 为 id 的一门课程信息
public Course[] queryOneCourse(long id) {
        Cursor result = null;
        result = db.query(COURSE_TABLE, null, COURSE_ID + "=" + id, null, null,null, null);
        return ConvertToCourse(result);
}
// 查询课程 ID 为 id 的所有学生的信息
public Person[] queryAllData(int id) {
        Cursor result = db .rawQuery("select a.studentId,a.myName,a.myClass from student a " + "where
```

```java
        a.studentId in (select b.studentId from relation b where b.courseId=" + id + ");", null);
        return ConvertToPeople(result);
}
// 查询所有的课程信息
public Course[] queryAllCourse() {
        Cursor result = db.query(COURSE_TABLE, new String[] { COURSE_ID, COURSE_NAME, COURSE_OBJ, COURSE_PHONE }, null, null, null, null, null);
        return ConvertToCourse(result);
}
// 修改数据库表的数据
public long updateOneData(String table, long id, Person people) {
        ContentValues newValues = new ContentValues();
        newValues.put(STUDENT_NAME, people.myName);
        newValues.put(STUDENT_CLASS, people.myClass);
        newValues.put(STUDENT_ID, people.id);
        return db.update(table, newValues, STUDENT_ID + "=" + id, null);
}
// 用 cursor 操作将查询到的数据放入相应的数组中
private Course[] ConvertToCourse(Cursor cursor) {
        int resultCounts = cursor.getCount();
        if (resultCounts == 0 || !cursor.moveToFirst()) {
                return null;
        }
        Course[] courses = new Course[resultCounts];
        for (int i = 0; i < resultCounts; i++) {
                courses[i] = new Course();
                courses[i].id = cursor.getInt(cursor.getColumnIndex(COURSE_ID));
                courses[i].name = cursor.getString(cursor.getColumnIndex(COURSE_NAME));
                courses[i].obj = cursor.getString(cursor.getColumnIndex(COURSE_OBJ));
                courses[i].phone = cursor.getString(cursor.getColumnIndex(COURSE_PHONE));
                cursor.moveToNext();
        }
        return courses;
}
// 用 cursor 操作将查询到的数据放入相应的数组中
private Person[] ConvertToPeople(Cursor cursor) {
        // cursor.getCount()获得用户查询得到的信息条数
```

```
        int resultCounts = cursor.getCount();
        if (resultCounts == 0 || !cursor.moveToFirst()) {
            return null;
        }
        Person[] peoples = new Person[resultCounts];
        for (int i = 0; i < resultCounts; i++) {
            peoples[i] = new Person();
            peoples[i].id = cursor.getInt(cursor.getColumnIndex(STUDENT_ID));
            peoples[i].myName = cursor.getString(cursor.getColumnIndex(STUDENT_NAME));
            peoples[i].myClass = cursor.getString(cursor.getColumnIndex(STUDENT_CLASS));
            cursor.moveToNext();
        }
        return peoples;
    }
```

在此示例程序中,在数据库中存储了学生信息、课程信息及学生和课程之间的关系信息,这些信息存放在工程的/data/data/包名/files/databases 中指定的数据库文件中。

通过 DDMS 右上方的"pull a file from the device"按钮,可以将这个文件导出到 PC 机中指定的目录下。但这个库是不能直接打开的。如想要观察其内容,则需要安装其他的 SQLite 数据库管理工具如 SQLite Expert,其下载网址为:http://www.sqliteexpert.com/download.html。下载安装之后,启动 SQLite Expert,可以打开数据库文件。在 SQLite Expert 左端列表中列出了数据库中的各个数据库表,选择其中一个就可在右边的 Data 选项卡中看到表中的数据了,如图 9.2 所示。

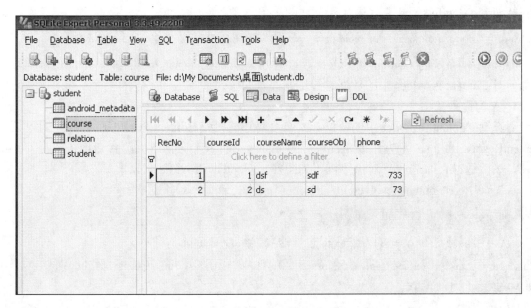

图 9.2 SQLite Expert 显示数据库表中的数据

9.3 基于 Content Provider 的数据存取

通过文件和 SQLite 数据库可以存储数据，但是这些存储的数据只能被应用于单个应用程序中，如果多个应用程序需要共享同样的数据，那么就用到了 Content Provider。Content Provider 是 Android 的主要模块之一，它提供了应用程序间共享数据的机制和数据存储方式。可以通过 ContentResolver 接口向 Content Provider 中存储数据或从中提取数据。系统为所有的 Content Provider 建立了一张数据表 Data Model，Data Model 中保存了系统和用户共享的所有数据集，每个数据集就像数据库中的数据表一样，用 _ID 区别每条数据，每一列代表每条数据的属性。每个 Content Provider 对象都对外提供了一个公开的 Uri 来表示相应的数据集，所有的 Uri 均被分为三部分：scheme、authority 和 path，它们的含义如下：

(1) scheme：由 Android 所规定，为：content://。

(2) authority：用于唯一标识一个 Content Provider，外部应用程序可以根据这个标识来找到相应的共享数据。

(3) path：要操作的数据路径。

在 Android 系统中已经为我们定义好了一些系统 Content Provider，比如电话本信息、记事本等，可以通过它存储一些我们想要共享的数据；当然也可以定义自己的一些 Content Provider，这样就可以实现自定义的不同程序间的数据共享，下面就来看一下它们的实现方法。

9.3.1 系统 Content Provider

系统 Content Provider 是系统已经为我们定义好的 Content Provider，可以利用它们存放一些相同数据格式的数据，但是在使用时必须要注册相应的系统权限。假如要读取手机电话簿的数据，那么就必须在 AndroidManifest.xml 文件中注册相应的 READ_CONTENTS 使用权限，即在 AndroidManifest.xml 文件中加入下面的一条语句：

```
<uses-permission android:name="android.permission.READ_CONTACTS"></uses-permission>
```

当然，不同系统的 Content Provider 所要注册的系统权限也是不相同的，下面就来学习一下如何对 Content Provider 中的数据进行增删改查的操作。

1. 查询数据

要查询 Content Provider 中的数据，就必须要知道相应 Content Provider 的 Uri，通过调用 ContentResolve 的 query()方法或 Activity 的 managedQuery()方法返回蕴含查询结果的 Cursor 对象，然后通过查询 Cursor 对象可以得到想要的 Content Provider 数据。

首先，用 getContentResolver()方法得到 ContentResolver 对象：

```
ContentResolver cr = getContentResolver();
```

其次，可以通过其 query()方法获得想要的数据集合 Cursor 对象：

```
Cursor cur = cr.query(ContactsContract.Contacts.CONTENT_URI, new String{people.NAME,people.NUMBER},null, null, null);
```

上例中，参数 ContactsContract.Contacts.CONTENT_URI 是系统通讯录数据的 Uri 对象，如其字符串形式为 content://contacts/people，通过 Uri.parse(String string)方法可以将其转换为 uri

对象；参数 new String{people.NAME,people.NUMBER}是要查询的返回内容，当为 null 时，默认为全部返回。

最后，通过对 cursor 的遍历得到我们想要的数据集合，实现代码片段如下：

```
private void getColumnData(Cursor cur){
if (cur.moveToFirst()) {   //将 cur 的输出指向队列的第一个位置
    String name;
    String phoneNumber;
    do {// 将 people 表中列名为 NAME 的内容以字符串形式输出
      name = cur.getString(cur.getColumnIndex(People.NAME));
      phoneNumber = cur.getString(cur.getColumnIndex(People.NUMBER));
      //在这里将我们要的数据进行相应的操作
    } while (cur.moveToNext());     //将 cur 的输出后移一个位置
  }
```

另外，查询记录还能够查询记录中的某一条数据，此时就必须知道所查这条记录的 id 值，在调用 query()或 managedQuery()查询时，只需要将查询的 id 值以"/id"的形式加到固定 uri 的后面即可，如下代码所示：

```
ContentResolver cr = getContentResolver();
String string ="content://contacts/people/20";    //这里使用了 ID 号，即"content://contacts/people/id"
Uri uri = Uri.parse(string);
Cursor cur = cr.query(uri, null,null, null, null);
```

2. 修改数据

可以使用 ContentResolver 对象的 update()方法来修改数据，代码片段如下：

```
ContentResolver cr = getContentResolver();
String string ="content://contacts/people/20";
Uri uri = Uri.parse(string);
ContentValues values = new ContentValues();
values.put(People.NAME, "张三");//赋值
int cur = cr.update(uri, values, null, null);
```

上面的程序将电话簿中 id 为 20 的姓名改为了张三，并返回了修改后的 rows 数目,这里由于只修改 id 为 20 的人员信息，所以返回值为 1。

3. 添加数据

添加数据通过 ContentResolve 对象的 insert()方法来实现的，相关代码如下：

```
ContentValues values = new ContentValues();
values.put(People.NAME, name);
values.put(People.NUMBER, phone);
Uri uri = getContentResolver().insert(People.CONTENT_URI, values);
```

上面的代码段是向联系人信息簿中添加联系人姓名 name 和电话号码 phone，ContentValues 是一个键值对，"键"Key 对应于 contentProvider 中数据集的列名，"值" Value 对应于 Content Provider 中数据集的值。

4. 删除数据

Content Provider 中的 getContextResolver.delete()方法可以用来删除记录，用它可以删除所有记录、单个记录或者是满足一定条件的多个记录。下面的代码删除了 uri 中的所有记录：

Uri uri = People.CONTENT_URI;
getContentResolver().delete(uri, null, null);

如果需要删除某个特定条件的单个记录，可参考如下的代码：

Uri uri = People.CONTENT_URI;
uri = ContentUris.withAppendedId(uri, 4);
getContentResolver().delete(uri, null, null);

上述代码中的 ContentUris.withAppendedId(uri,4)返回第 4 个记录的 uri，相当于在 uri 的字符串后面加上了"/id"，这样删除的就是一条单记录的 uri 而并非是所有的记录了。

当然，也可以指定 where 条件语句来删除特定的记录，这里的 where 是 delete 方法的第二个参数，设置了 where 后，只有满足 where 要求的记录才会被删除。如下代码会删除 name 为"张三"的记录。

getContentResolver().delete(uri, "NAME=" + " "张三"", null);

9.3.2 自定义 Content Provider 的主要步骤

系统 Content Provider 和自定义的 Content Provider 在使用上并没有什么区别，只不过系统 Content Provider 在使用时需要注册其使用权限并知道它的 URI，而自定义的只需要知道它的 URI 即可，下面是自定义 ContentProvider 的步骤：

(1) 创建自己的数据存储：如数据库、文件或其他。
(2) 创建一个继承于 Content Provider 类的子类。
(3) 在子类中重写 Content Provider 的 6 个抽象方法 query()、insert()、update()、delete()、getType() 和 onCreate()。
(4) 在 AndroidManifest.xml 文件中注册新定义的 Content Provider 及其对外共享标识 URI。
(5) 在应用程序中用 AndroidManifest.xml 文件中定义的 URI 对共享的 Content Provider 数据进行操作。

9.3.3 基于 Content Provider 的数据存储

本示例程序是对本章 SQLite 中有关 SQLite_demo 工程进行修改，将数据库中的信息存储在 Content Provider 中，这样做的好处是如果以后另外一个程序需要访问此数据库中的数据时，只需要知道 Content Provider 的 URI 即可。下面是对 SQLite_demo 工程进行修改的步骤，修改后的工程名定为 ContentProvider_demo，在修改后的工程中只提供了对 cousre 的一些操作，如果想要添加对 student 的操作，则需要再建一个 Content Provider 子类，步骤与 course 的类似。

首先，修改 course 的显示界面，删除了一个 ID 查询操作 button，添加了一个 ID 的修改操作 button，这样就在这个示例中完整地体现了 Content Provider 的增删改查的操作。

添加课程、ID 删除和之前的 SQLite_demo 工程操作相同，ID 修改操作需要在上面的 EditText 编辑框中填写相应的信息，新填写的信息是修改后要存入数据库的信息，填写完要修改的信息后,在课程 ID 编辑框中填入要修改的课程号,再单击修改按钮即可,需要注意的是课程号在数据库中是主键,不能修改,所以修改后的课程 2 的课程号并没有发生改变。

在 SQLite_demo 程序中存在一个 DBAdapter 类的内部类 DBOpenHelper,在这里不再把它作为 DBAdapter 的内部类,而是提取出来作为一个外部类,当然相应的类属性也要拷贝过来,新的外部类还叫 DBOpenHelper,此类就是数据库生成类,生成的数据库要将其共享到 Content Provider 中。

DBOpenHelper 建立完成后,创建 Content Provider 的子类 ContentProviderDemo。在创建 Content Provider 的子类时,必须要重写 Content Provider 类的 6 个抽象方法 query()、insert()、update()、delete()、getType()和 onCreate()。其中的前 5 个抽象方法分别对应于 ContentResolver 的 query()、insert()、update()、delete()、getType(),当调用 ContentResolver 的这 5 个方法时,也就间接调用了 Content Provider 的 5 个方法。这 5 个方法重写的代码如下:

```java
@Override
    public boolean onCreate() {//实例化 DBOpenHelper 对象
        dbOpenHelper = new DBOpenHelper(getContext());
        return true;
    }
    //获得数据库对象,并进行删除操作,返回删除的行数
    public int delete(Uri uri, String selection, String[] selectionArgs) {
        SQLiteDatabase db = dbOpenHelper.getWritableDatabase();
        return db.delete(DBOpenHelper.COURSE_TABLE, selection, selectionArgs);
    }
    public String getType(Uri uri) {
        return null;
    }
    //获得数据库对象,并进行添加操作,返回添加最新行的 URI
    public Uri insert(Uri uri, ContentValues values) {
        SQLiteDatabase db = dbOpenHelper.getWritableDatabase();
        long i= db.insert(DBOpenHelper.COURSE_TABLE,null,values);
        uri=ContentUris.withAppendedId(uri, i);
        return uri;
    }
    //获得数据库对象,并进行查询操作,返回 Cursor 对象
    public Cursor query(Uri uri, String[] projection, String selection, String[] selectionArgs, String sortOrder)
    {
        SQLiteDatabase db = dbOpenHelper.getWritableDatabase();
        Cursor c = db.query(DBOpenHelper.COURSE_TABLE, projection, selection, selectionArgs, null, null, sortOrder);
        return c;
```

```
}
//获得数据库对象,并进行修改操作,返回修改的 row 值
public int update(Uri uri, ContentValues values, String selection,String[] selectionArgs) {
    SQLiteDatabase db = dbOpenHelper.getWritableDatabase();
    return db.update(DBOpenHelper.COURSE_TABLE, values, selection, selectionArgs);
}
```

在这段代码中,可以看到 Content Provider 的增、删、改、查等操作其实是间接调用了数据库 db 对象的增、删、改、查操作才完成的(相关的代码含义参见数据库操作部分)。

完成了 Content Provider 子类的创建及方法重写,下面就要把新生成的 Content Provider 告知系统,此时需要在配置文件 AndroidManifest.xml 中添加相应代码:

```xml
<provider android:name="ContentProviderDemo"
        android:authorities="com.userProvider.SqliteCourse">
</provider>
```

代码中的 name 值 ContentProviderDemo 是程序中对应的 Content Provider 的子类;authorities 的值就是新建的 Content Provider 对外公开的 URI。

注册了 Content Provider 后,就可以对 Content Provider 中的数据进行增删改查操作了。设想是在类 CourseActivity 中单击添加 Button 后,执行如下代码:

```java
btnDataAdd.setOnClickListener(new OnClickListener() {
    public void onClick(View v) {
        if (!isRight()) {
            return;
        }
        ContentValues values =new ContentValues();
        values.put(DBOpenHelper.COURSE_ID, Integer.parseInt(courseIdEdit.getText().toString()));
        values.put(DBOpenHelper.COURSE_NAME, nameEdit.getText().toString());
        values.put(DBOpenHelper.COURSE_OBJ, objEdit.getText().toString());
        values.put(DBOpenHelper.COURSE_PHONE, phoneEdit.getText().toString());
        // 插入一条数据
        getContentResolver().insert(URI, values);
        showAll();
    }
```

代码中,通过 getContentResolver().insert(URI, values)对 ContentProvider 进行添加数据。URI 是要插入数据的 Content Provider 的 URI 值,values 是存放要插入数据的键值对,key 是数据库表 course 的列名,value 是相应的值,showAll()显示查询到的所有 Content Provider 数据。

剩余的按钮单击事件的执行代码与添加按钮类似,都是通过 getContentResolver()获得 ContentResolve 对象,然后调用对象的相关函数进行操作。

关于课程 course 的显示及 Content Provider 的查询操作,在代码中的 showAll()方法中也是通过调用 getContentResolver(),然后再调用 ContentResolve 对象的 query()完成的。

9.3.4 基于 Content Provider 通讯录的设计与实现

当应用程序有数据需要共享时，可以使用 Content Provider 为这些数据定义一个 URI，然后可以对其进行创建、插入、修改、查询、删除等操作。参考文献[29]，这里给出一个基于 Content Provider 和 Widgets 组件设计的简易通讯录应用程序。它的主要功能有密码登录、新建联系人、编辑联系人、查找联系人、快速和联系人进行通信、删除联系人等。用户可以通过相应菜单进行操作，添加联系人的 1~2 个电话号码、电子邮件等；可以通过输入联系人的信息查询好友；单击查询出的好友，可以进行编辑和电话拨出等；可以单击"回退"来退出；长按某一联系人，可以从弹出的菜单(即所谓的上下文菜单)中选择删除该联系人。工程案例详见本章示例代码中的 com.xmobileapp.contact 工程。

1. 主要文件功能简介

此程序有两个主要的功能包，即 com.kdxx.contact 和 com.xmobileapp.contact。其中的 com.kdxx.contact 包主要实现数据库的创建和数据的操作等，包含如下 3 个 Java 文件：

(1) ContactColumn.java 定义数据库的属性、索引值和查询结果的数组；
(2) ContactProvider.java 实现对数据的具体操作；
(3) DBHelper.java 实现数据库的创建和更新。

com.xmobileapp.contact 包含 3 个 Java 文件：

(1) Contact.java 负责联系人列表显示界面及其具体的操作；
(2) ContactEdit.java 负责某一联系人信息的修改、号码的拨出和删除联系人；
(3) ContactEdit.java 负责新建联系人的界面及具体操作。

另外，工程中还有 dialog、service、utils 包，它们主要是具体功能类或方法，其中 dialog 包实现的功能是实现三个对话框(密码输入框、密码错误提示框、查询信息输入框)，service 包实现联系人查找，utils 包实现变量初值的设定。

在开始进入通讯录的时候，程序设置了密码，如图 9.3 是密码输入界面，如果密码输入错误，则不能进入(图 9.4)。本章示例工程中设定的初始密码是 123。

图 9.3　密码输入界面

图 9.4　密码输入错误提示界面

2. 界面设计

根据工程所需，项目建立了 3 个用户界面。其中的联系人列表显示界面见图 9.5、新建联系人信息填写界面见图 9.6、编辑联系人快速拨号界面图 9.7。

图 9.5　联系人列表界面　　　　图 9.6　新建联系人界面　　　　图 9.7　编辑联系人界面

在图 9.5 的联系人列表界面中，可以进行"增加联系人"、"查询"、"回退"等操作。在弹出的菜单中单击"增加联系人"菜单项，则跳转到新建联系人界面(图 9.6)，填写联系人信息后，保存或者取消将会跳转到联系人列表界面；单击"查询"菜单项，将会弹出输入将要查询联系人信息的对话框，如图 9.8 所示，查询完成后可以编辑信息，也可单击相应手机号码右侧的绿色加号按钮拨打相应的电话；单击"回退"菜单项将会退出本界面。单击某一联系人，将会显示该联系人的详细信息，可以修改联系人的信息，单击图 9.7 中的绿色话筒标识，将会拨出相应的手机号码(如图 9.9 的号码拨出界面)，单击"删除"菜单项将会删除该联系人的所有信息，单击"保存"菜单项将会保存修改后的联系人信息。长按某一联系人将会弹出菜单，可以选择删除该联系人(图 9.10)。

图 9.8　查询联系人界面　　　　图 9.9　号码拨出界面　　　　图 9.10　删除联系人

程序的背景颜色默认为黑色，如果不喜欢，可以改变背景的颜色。采用渐变色彩可以使背景看起来更炫。方法是在布局文件中添加"android:background="@drawable/shape""，当然在这之前要把 shape.xml 文件放入 drawable 文件夹中。shape.xml 示例代码如下：

```
<shape xmlns:android="http://schemas.android.com/apk/res/android"android:shape="rectangle">
<gradient android:type="radial"
        android:gradientRadius="250"
        android:startColor="#A9E9E9"
        android:endColor="#D4D4D4" />
</shape>
```

其中的参数值可以改变。其中 shape 节点配置的是图形的形式，主要包括方形、圆形等。gradient 节点主要配置起点颜色、终点颜色、中间点坐标、中间点颜色、渐变角度(90°为上下渐变，0°为左右渐变)等。

另外，通讯录要能够动态地添加多个手机号码，方法是静态主 Layout 动态加载静态子 Layout。要实现这个功能，首先要在新建联系人的布局文件(contact_editor.xml)中给 Layout(add.xml)设置一个容器 Box，在此指定容器的位置(即要添加容器的位置)。设置容器的部分代码如下：

```xml
<!--主 Layout 要给子 Layout 设置一个容器 Box，可以在此指定容器的位置-->
<RelativeLayout
    android:id="@+id/box"
    android:layout_width="fill_parent"
    android:layout_height="wrap_content" >
</RelativeLayout>
```

子 Layout 要以 view 的形式加入到主 Layout 中，mBarView 是 View 的对象，主 Layout 的容器加载子 Layout 的 View，relativel 是 RelativeLayout 的对象。每一个容器都放到了一个 tablerow 中(因为一个手机号码占用了一行)。需要在新建联系人 Contacteditor 代码中写入如下的代码：

```java
// 加载子 Layout
mBarView = View.inflate(v.getContext(), R.layout.add, null);
//找到容器
relativel = (RelativeLayout)findViewById(R.id.box);
//加上 View 结束
relativel.addView(mBarView);
mPhone1Text = (EditText) findViewById(R.id.EditText06);//取得输入的值
```

上述代码中用到了 inflate 按照相关参考文献中的表述，inflate()方法与 findViewById()方法不同表现在：

(1) inflater()是用来找 res/layout 下的 XML 布局文件，并且实例化。

(2) findViewById()是找具体 XML 布局文件中的具体 Widget 控件(如 Button、TextView 等)。

此事件放在按钮下进行触发。当单击相应的按钮时就会增加一个手机号码的输入框，可以继续添加联系人的号码。在本程序中，此事件放在了一个加号的按钮下进行触发(如图 9.6 中的加号按钮)。

3. 数据操作

1) 数据库的设计与创建

Content Provider 扮演一个数据共享的角色，其他的应用可以通过统一的 API 访问数据。在本应用中，联系人的数据是放在数据库中的，这里采用 Content Provider 来共享数据。数据的属性有：NAME(联系人的姓名)，MOBILE(联系人的第一个号码)，MOBILE1(联系人的第二个号码)，EMAIL(联系人的邮箱)，MODIFIED(信息修改日期)。

数据库在创建之前，先定义好各个变量值，创建数据库的名字、版本号、表名，把要创建数据库的 SQL 语句写进字符串中，具体代码如下：

```java
public static final String DATABASE_NAME = "gcontacts.db";//数据库的名字
public static final int DATABASE_VERSION = 2;              //版本
```

```java
public static final String CONTACTS_TABLE = "contacts"; //表名
//创建数据库
private static final String DATABASE_CREATE = "CREATE TABLE " + CONTACTS_TABLE +" ("+
ContactColumn._ID+" integer primary key autoincrement,"+ ContactColumn.NAME+" text,"+
ContactColumn.MOBILE+" text,"+ ContactColumn.MOBILE1+" text,"+ ContactColumn.EMAIL+
" text,"+ ContactColumn.MODIFIED+" long);";
public DBHelper(Context context) {
    super(context, DATABASE_NAME, null, DATABASE_VERSION);
}
//创建
public void onCreate(SQLiteDatabase db) {
    db.execSQL(DATABASE_CREATE);
}
```

2) 工程的配置

打开工程中的 Android Manifest.xml 文件，在"provider"标签中指定内容的提供者类及"android：authorities"属性。外部应用可以通过此属性找到内容的提供者。相关代码如下：

```xml
<provider android:name="com.kdxx.contact.ContactsProvider"
          android:authorities="com.xmobileapp.provider.contact"/>
```

3) 实现数据共享

通过 Content Provider 共享数据时，一般需要继承 Content Provider 并重写下面几个方法：

① 添加数据

通过 URI 确定具体应用中的 Contents Provider 和要在表中添加的数据，检测用户传入的 URI 和系统中的是否匹配，然后用 static 代码块为 uri Matcher 对象添加需要匹配的路径，代码如下：

```java
public static final String AUTHORITY = "com.xmobileapp.provider.contact";
public static final String CONTACTS_TABLE = "contacts";
//把字符串转化为 Uri
public static final Uri CONTENT_URI = Uri.parse("content://" + AUTHORITY + "/contacts");
public static final int CONTACTS = 1;
public static final int CONTACT_ID = 2;
private static final UriMatcher uriMatcher;    //Uri 的解析类
static{
    uriMatcher = new UriMatcher(UriMatcher.NO_MATCH);//初始化，不匹配任何路径的返回码
    uriMatcher.addURI(AUTHORITY,"contacts",CONTACTS);//如果匹配，则返回匹配码 1
    uriMatcher.addURI(AUTHORITY,"contacts/#",CONTACT_ID);//#为通配符，如匹配则返回匹配码 2
}
```

在 onCreat()方法中，把 DatabaseHelper 类实例化，初始化成功返回 true，接下来就可以在 insert()方法中对 URI 进行匹配，如果匹配就可以添加数据，此方法负责往数据集中插入一列并返回这一列的 URI，详细代码如下：

```java
public boolean onCreate() {
    dbHelper = new DBHelper(getContext());
    contactsDB = dbHelper.getWritableDatabase();
    return (contactsDB == null)? false : true;
}
/*用于供外部应用向 Content Provider 中插入数据*/
public Uri insert(Uri uri, ContentValues initialValues) {
    if (uriMatcher.match(uri) != CONTACTS) {
        throw new IllegalArgumentException("Unknown URI " + uri);
    }
    ContentValues values;
    if (initialValues != null) {
        values = new ContentValues(initialValues);
        Log.e(TAG+"insert","initialValues is not null");
    } else {
        values = new ContentValues();
    }
    Long now = Long.valueOf(System.currentTimeMillis());
    long rowId = contactsDB.insert(CONTACTS_TABLE, null, values);
    if (rowId > 0) {
        Uri noteUri = ContentUris.withAppendedId(CONTENT_URI,rowId);
        getContext().getContentResolver().notifyChange(noteUri, null);
        Log.e(TAG+"insert",noteUri.toString());
        return noteUri;
    }
    throw new SQLException("Failed to insert row into " + uri);
}
```

② 更新数据

此方法的参数 URI，代表操作的是对哪个 Content Provider 进行更新，ContentValues 类型的 values 代表要更新的数值。代码如下：

```java
/*用于供外部应用更新 ContentProvider 中的数据*/
public int update(Uri uri, ContentValues values, String where, String[] selectionArgs) {
    int count;
    Log.e(TAG+"update",values.toString());
    Log.e(TAG+"update",uri.toString());
    Log.e(TAG+"update :match",""+uriMatcher.match(uri));
    switch (uriMatcher.match(uri)) {
    case CONTACTS:
```

```java
                Log.e(TAG+"update",CONTACTS+"");
                count = contactsDB.update(CONTACTS_TABLE, values, where, selectionArgs);
                break;
            case CONTACT_ID:
                String contactID = uri.getPathSegments().get(1);
                Log.e(TAG+"update",contactID+"");
                count = contactsDB.update(CONTACTS_TABLE,values,ContactColumn._ID + "=" + contactID+
                        (!TextUtils.isEmpty(where) ? " AND ("+ where + ")" : ""),
                    selectionArgs);
                break;
            default: throw new IllegalArgumentException("Unsupported URI: " + uri);
        }
        getContext().getContentResolver().notifyChange(uri, null);
        return count;
    }
```

③ 删除数据

此方法的参数 URI 代表操作的是哪个 Content Provider 和对其中的哪条数据进行删除。可以删除数据库中全部的数据或者删除指定 ID 的数据。允许外部应用通过此方法在具体应用中的数据库表中删除数据，代码如下：

```java
/*用于供外部应用从 Content Provider 中删除指定数据*/
public int delete(Uri uri, String where, String[] selectionArgs) {
    int count;
    switch (uriMatcher.match(uri)) {
        case CONTACTS:
            count = contactsDB.delete(CONTACTS_TABLE, where, selectionArgs);
            break;
        case CONTACT_ID:
            String contactID = uri.getPathSegments().get(1);
            count = contactsDB.delete(CONTACTS_TABLE,
                ContactColumn._ID+ "="+contactID+ (!TextUtils.isEmpty(where) ? " AND ("+ where + ")" :
                    ""),selectionArgs);
            break;
        default: throw new IllegalArgumentException("Unsupported URI: " + uri);
    }
    getContext().getContentResolver().notifyChange(uri, null);
    return count;
}
```

④ 查找数据

此方法返回一个 Cursor 对象作为查询结果集。参数 URI 为要查询的数据库实例。参数 projection 是一个字符串数组，里边的每一项代表了需要返回的列名；参数 selection 相当于 SQL 语句中的 where 部分；参数 selectionArgs 是一个字符串数组，里边的每一项依次替代在第三个参数中出现的问号(?);参数 sortOrder 相当于 SQL 语句当中的 group by 部分。代码如下:

```java
/*用于供外部应用从 Content Provider 中获取数据*/
public Cursor query(Uri uri, String[] projection, String selection,
    String[] selectionArgs, String sortOrder) {
    Log.e(TAG+":query"," in Query");
    SQLiteQueryBuilder qb = new SQLiteQueryBuilder();
    qb.setTables(CONTACTS_TABLE);
    switch (uriMatcher.match(uri)) {
        case CONTACT_ID:
            qb.appendWhere(ContactColumn._ID + "=" + uri.getPathSegments().get(1));
            break;
        default: break;
    }
    String orderBy;
    if (TextUtils.isEmpty(sortOrder)) {
        orderBy = ContactColumn._ID;
    } else {
        orderBy = sortOrder;
    }
    Cursor c = qb.query(contactsDB,projection,selection, selectionArgs,null, null,orderBy);
    c.setNotificationUri(getContext().getContentResolver(), uri);
    return c;
}
```

⑤ getType()方法

getType()方法用来取得 URI 的类型,这个类型是用来代表目前这个 URI 所操作的数据的内容类型。如果操作的数据属于集合类型,那么 MIME 类型字符串应该以 vnd.android.cursor.dir/ 开头;如果操作的数据属于非集合型数据,那么 Uri 为 vnd.android.cursor.item/开头,代码如下:

```java
public String getType(Uri uri) {
    switch (uriMatcher.match(uri)) {
        case CONTACTS:
            return "vnd.android.cursor.dir/vnd.xmobileapp.contact";
        case CONTACT_ID:
            return "vnd.android.cursor.item/vnd.xmobileapp.contact";
        default:
            throw new IllegalArgumentException("Unsupported URI: " + uri);
    }
}
```

Content Provider 的作用是共享数据，让其他应用通过统一的 API 去访问相应数据。

4. 菜单设计与实现

菜单是许多应用程序中不可或缺的一部分，在 Android 中更是如此，所有 Android 系统的手机几乎都有一个 Menu 键，由此可见菜单在 Android 程序中的重要性。

1) 选项菜单 options menu

① 创建菜单

Android 的 activity 已经为我们提前创建好了 android.view.Menu 对象，并提供了回调方法 onCreateOptionsMenu(Menu menu)供初始化菜单的内容，该方法只会在选项菜单第一次显示时被执行，需要编程人员在每个菜单的选项中增加按钮并为之设定快捷键及图标。首先要设置菜单项的值，具体代码如下：

```
/*设置 menu 的值*/
private static final int AddContact_ID = Menu.FIRST;
private static final int EditContact_ID = Menu.FIRST+1;
private static final int SearchContact_ID = Menu.FIRST+2;
private static final int Revert_ID = Menu.FIRST+3;
//目录建立的回调函数
 public boolean onCreateOptionsMenu(Menu menu) {
     super.onCreateOptionsMenu(menu);
     // 在目录中增加"添加"按钮并为之设定快捷键及图标
     menu.add(0, AddContact_ID, 0, R.string.menu_add)
     .setShortcut('3', 'a')
     .setIcon(android.R.drawable.ic_menu_add);
     // 在目录中增加"查找"按钮并为之设定快捷键及图标
     menu.add(0, SearchContact_ID, 0, R.string.menu_search)
     .setShortcut('3', 's')
     .setIcon(android.R.drawable.ic_menu_search);
     // 在目录中增加"回退"按钮并为之设定快捷键及图标
     menu.add(0, Revert_ID, 0, R.string.menu_revert)
     .setShortcut('3', 'r')
     .setIcon(android.R.drawable.ic_menu_revert);
     return true;
 }
```

② 响应菜单项

Android 提供了多种响应菜单项的方式。使用最多的方法是重写 Activity 类的 onOptionsItemSelected(MenuItem)回调方法。每当有菜单项被单击时，Android 就会调用该方法并传入被单击菜单项。这里使用的是 onOptionsItemSelected 方法，具体代码如下：

```
//选择 menu 选项之后的功能实现方法
 public boolean onOptionsItemSelected(MenuItem item) {
     switch (item.getItemId()) {
```

```
            case AddContact_ID:        //添加条目
                startActivity(new Intent(Intent.ACTION_INSERT, getIntent().getData()));
                    break;
            case SearchContact_ID:     //查找
                flag=1;
                showDialog(acessFlag);
                break;
            case Revert_ID:
                if(flag==0){
                    System.exit(0);     //退出
                }else{
                    manageList();       //回到主界面
                }
                break;
            }
            return super.onOptionsItemSelected(item);
}
```

2) 上下文菜单 Context Menu

Android 是通过长按某个视图元素来弹出上下文菜单的。上下文菜单继承了 android.view.Menu，因此可以像操作 Options Menu 那样给上下文菜单增加菜单项。上下文菜单与 Options Menu 最大的不同在于 Options Menu 的拥有者是 Activity，而上下文菜单的拥有者是 Activity 中的 View。

① 生成上下文菜单

尽管上下文菜单的拥有者是 View，生成上下文菜单却是通过 Activity 中的 onCreateContextMenu (ContextMenu menu, View v, ContextMenu.ContextMenuInfo menuInfo)方法，该方法很像生成 Options Menu 的 onCreateOptionsMenu(Menu menu)方法。两者的不同在于 onCreateOptionsMenu 只在用户第一次按"Menu"键时被调用，而 onCreateContextMenu 会在用户每一次长按 View 时被调用。相关代码如下：

```
//上下文菜单，通过长按条目激活上下文菜单
public void onCreateContextMenu(ContextMenu menu, View view, ContextMenuInfo menuInfo) {
        AdapterView.AdapterContextMenuInfo info;
        try {
                info = (AdapterView.AdapterContextMenuInfo) menuInfo;
        } catch (ClassCastException e) {
            return;
        }
        Cursor cursor = (Cursor) getListAdapter().getItem(info.position);//得到当前行的信息
        if (cursor == null) {
            return;
```

```
        }
        menu.setHeaderTitle(cursor.getString(1));
        menu.add(0, EditContact_ID, 0, R.string.menu_delete);    //添加"删除"选项
    }
```

② 响应上下文菜单项

它与 Options Menu 类似，唯一的不同是可以通过 Menu Info 获得额外的信息。详细代码如下：

```
//上下文菜单选择的回调函数
public boolean onContextItemSelected(MenuItem item) {
    AdapterView.AdapterContextMenuInfo info;
    try {
            info = (AdapterView.AdapterContextMenuInfo) item.getMenuInfo();//得到当前行的信息
        } catch (ClassCastException e) {
            return false;
        }
    switch (item.getItemId()) {
       //选择编辑条目
       case EditContact_ID: {
            Uri noteUri = ContentUris.withAppendedId(getIntent().getData(), info.id);//获取具有 id 的具体 uri
            getContentResolver().delete(noteUri, null, null);
            return true;
        }
    }
    return false;
}
```

9.4 本章小结

本章对 Android 中的数据存储机制进行了介绍。文件存取采用 java.io.*库提供的 I/O 接口读写文件，可以存储大容量的数据；SQLite 是一个轻量级数据库，SQLiteDatabase 是 Android 平台提供的用于访问 SQLite 数据库的接口，该类封装了一些操作数据库的 API，使用该类可以完成对数据进行添加、查询、更新和删除操作并支持游标功能，SQLiteOpenHelper 是主要的操作类；Content Provider 是一个特殊的存储数据类，是用于在不同应用程序之间共享数据的一个接口，它提供了一套标准的 API 用来获取和操作数据，是应用程序之间进行数据存储和检索的桥梁。Android 为常见的一些数据提供了 Content Provider(包括音频、视频、图片和通讯录)，每个 Content Provider 都会对外提供一个公共的 URI(包装成 Uri 对象)，如果应用程序有数据需要共享时，可以使用 Content Provider 为这些数据定义一个 URI，然后其他的应用程序就可以通过 Content Provider 传入这个 URI 并对数据进行操作了。

思考与实践

1. 谈谈 SQLite 和 Content Provider 的区别。
2. 在本章给出的工程示例中，仿照对 course 的操作实现对 person 表数据的增、删、改、查等操作。

第 10 章 Android 中的多媒体应用

在智能手机的应用中，多媒体应用是一个重要的方面。本章将介绍在 Android 智能手机中的多媒体应用是如何实现的，并通过几个简单应用程序的开发过程，介绍在 Android 手机中开发多媒体应用的一般方法。学习本章内容时要求重点掌握如下知识点：
- 了解 Android 中多媒体的运行机制。
- 了解多媒体应用中音频视频播放及录制的初步方法，并能够编写简单的多媒体应用程序。

10.1 音频及视频播放

我们在前面的章节中已经见到，播放音频视频文件一般会用到 MediaPlayer 类，该类提供了对音视频操作的一些重要方法，如播放、停止、暂停、重复播放等。而播放的文件来源则可以来自于 raw 源文件、本地文件系统和通过网络传送的文件流。

10.1.1 从 raw 源文件中播放

从 raw 源文件中播放多媒体文件比较简单，只要按照以下步骤完成即可：
(1) 将多媒体音频文件放入工程中的 raw 文件夹中(注：如果在工程中没有这个文件夹，可以在工程中新建一个 raw 文件夹，并将相应的音频文件复制到这里)。
(2) 声明 MediaPlayer 对象，用 MediaPlayer 的静态方法 create()创建 MediaPlayer 对象并与指定的多媒体文件关联。
(3) 调用 MediaPlayer 对象的 start()方法播放指定的多媒体音频文件。
针对上述步骤的示例代码如下：

```
MediaPlayer mp = MediaPlayer.create(this, R.raw.song1);//创建 MediaPlayer 对象 mp 并关联 song1 音频文件
mp.start();  //播放音频文件
```

10.1.2 从本地文件系统中播放

如果想从本地文件系统中播放，需要让播放器知道文件所在位置。MediaPlayer 对象的 setDataSource()方法可以完成这个任务，其使用方法如下：
(1) 用 MediaPlayer 的默认构造方法构造一个 MediaPlayer 对象。
(2) 调用 MediaPlayer 对象的 setDataSource()方法将文件的路径传入，在这里可指定本地音频文件所在的位置。
(3) 调用 prepare()进行媒体播放前的准备工作。
(4) 调用 start()方法播放音频。

示例代码片段如下：

```
MediaPlayer mp = new MediaPlayer();  //构造一个 mediaplayer 对象 mp
mp.setDataSource(SONGPATH);          //将多媒体文件的路径 SONGPATH 传入 MediaPlayer 对象
mp.prepare();                        //播放前的准备
mp.start();                          //播放多媒体文件
```

10.1.3 从网络文件中播放

随着 3G 网络的快速发展和完善，网络服务已经越来越普及。从网络中播放文件，一般有两种方法。

方法一：调用 MediaPlayer 的静态方法 create()，通过传递 URI 参数来完成，步骤如下：
(1) 创建网络 URI 实例。
(2) 创建 MediaPlayer 实例，使用 MediaPlayer 的静态方法 create()将 URI 参数传入。
(3) 调用 start()方法播放网络音频文件。

示例代码片段如下：

```
String   path = "http://";//播放路径
Uri   uri = Uri.parse(path); //将 Uri 字符串解析为 Uri 实例
MediaPlayer   player = MediaPlayer.create(this，uri);//实例化 MediaPlayer，将 uri 传入
player.start();   //播放
```

方法二：调用 MediaPlayer 的 setDataSource()方法，通过设置文件播放路径来完成，步骤如下：
(1) 实例化一个 MediaPlayer。
(2) 调用 setDataSource()方法将播放文件的路径传入。
(3) 调用 prepare()方法准备播放。
(4) 调用 start()方法播放音频。

示例代码片段如下：

```
MediaPlayer   mp = new MediaPlayer();      //实例化一个 MediaPlayer
String   path   =   "http://";//文件播放路径
try {
    mp.setDataSource(path);//文件路径传入 MediaPlayer 对象
    mp.prepare();   //准备播放
    mp.start();     //播放
} catch (IllegalStateException e) {
    e.printStackTrace();
} catch (IOException e) {
    e.printStackTrace();
}
```

如果想停止多媒体文件的播放，可以调用 MediaPlayer 对象的 stop()方法停止播放；暂停播放调用 pause()方法；重复播放则需要先调用 reset()方法初始化 MediaPlayer 状态，然后调用 prepare()方法进行准备，最后调用 start()方法播放媒体文件。当然暂停文件播放后，如要需要

继续播放，重新调用 start()方法即可。

> :Android 系统支持的一些音频格式包括 WAV、AAC、MP3、WMA、AMR、OOG、MIDI 等。实际上，只有 OGG、WAV 和 MP3 格式的音频可以在模拟器上正常播放。
> 　　Android 系统支持的一些视频格式包括 MP4、H.263 和 H.264(AVC)等。在 Windows 系统环境中建议使用 MP4。

10.2 音视频文件播放实例

前面对音视频的播放有了初步的了解，下面就来编写一个简单的播放器，对应的源代码在本章示例的 Chapter10_2 工程中。本程序实现了上面提到的三种播放方式：在 raw 文件夹下的文件播放、本地文件播放和网络文件播放。

10.2.1 raw 文件播放

在该方式中，首先需将要播放的文件复制到工程 res 中的 raw 文件夹中，保存后系统会在 gen 文件夹中的 R.java 文件中自动生成一个要播放的文件标识。代码中也是通过这个标识来识别要播放的资源文件的，有关这种 raw 文件播放方式的代码片段如下：

```
button1.setOnClickListener(new OnClickListener() {//侦听按钮单击事件
    public void onClick(View v) {
        text.setText("raw 文件播放");
        mp.reset();   //重置播放器
        mp = MediaPlayer.create(getApplicationContext()，R.raw.badboy);//getApplicationContext()返回应用
        程序的上下文环境，R.raw.badboy 是音频文件在 R.java 中的标识
        mp.start();//开始媒体播放 badboy
}});
```

10.2.2 本地文件播放

首先要将文件放在 DDMS 中 "data/data/工程包名/" 文件夹中(点击图 10.1 中右上角标记出的按钮即可完成)，如图 10.1 所示。

图 10.1　本地文件存放位置

本地文件存放完毕后，通过在 mediaplayer 对象的 setDataSource 方法中指定音频文件的路径 "data/data/工程包名/文件名" 来访问本地文件，相关代码片段如下：

```
button2.setOnClickListener(new OnClickListener() {//侦听按钮单击事件
        public void onClick(View v) {
            text.setText("本地文件播放");
            mp.reset(); //媒体播放器重置为空状态
```

```
                try {
                    mp.setDataSource("/data/data/com.MediaPlay/Passport.mid");//设置文件播放路径
                    mp.prepare();
                } catch (IllegalArgumentException e) {
                    e.printStackTrace();
                } catch (IllegalStateException e) {
                    e.printStackTrace();
                } catch (IOException e) {
                    e.printStackTrace();
                }
                mp.start(); //开始播放
            }
        });
```

10.2.3 网络文件播放

网络文件播放不需要将文件存储在本地，用网络标识及 URL 来直接指定要播放的文件就可以了，相关代码片段如下：

```
button3.setOnClickListener(new OnClickListener() {//侦听按钮单击事件
    public void onClick(View v) {
        text.setText("网络文件播放");
        mp.reset();//媒体播放器重置为空状态
        try {//创建网络媒体播放器对象
            String string="http://www.51work6.com/android_book/audio/ma_mma.mp3";//指定网络文件URL
            Uri uri = Uri.parse(string);//通过 Uri 解析指定的 URL
            mp = MediaPlayer.create(getApplicationContext()，uri);
            // 另一种网络路径设置方法
            // mp.setDataSource("http://www.51work6.com/android_book/audio/ma_mma.mp3");
            mp.prepare();
        } catch (IllegalArgumentException e) {
            e.printStackTrace();
        } catch (IllegalStateException e) {
            e.printStackTrace();
        } catch (IOException e) {
            e.printStackTrace();
        }
        mp.start();   //开始播放
    }
});
```

上述代码中，Uri.parse(string)是将网络标识 URL(也就是 string 所指定的音频地址)转化为 Uri，getApplicationContext()返回应用程序的上下文环境 context。

10.3 基于 Camera 类的照相功能的实现

Camera 是 Android 定义的摄像类，可用于图像预览、捕获图片和录制视频等。在照相时，这个类也可以用来设置一些所需的参数。

10.3.1 主要实现步骤简介

使用 Camera 就必须在 AndroidManifest 配置文件中声明使用 Camera 的权限。如果用到了 camera 和 auto-focus 特征，在这个文件中应该设置 "android.hardware.camera" 和 "android.hardware.camera.autofocus"，如下代码保证能获得 Camera 的使用权限并在程序中使用它：

```
<uses-permission android:name="android.permission.CAMERA" />
<uses-feature android:name="android.hardware.camera" />
<uses-feature android:name="android.hardware.camera.autofocus" />
```

基于 Camera 类的照相功能的实现步骤大致如下：

首先，建立相机的预览功能，可以使用系统提供的预览窗口 SurfaceView，并通过 SurfaceView 的 getHolder() 获得其控制器 SurfaceHolder。SurfaceHolder 是系统提供的控制 SurfaceView 的控制器，Camera 可以通过 setPreviewDisplay(SurfaceView) 来设置 camera 的预览窗口。相关代码片段如下：

```
SurfaceHolder mSurfaceHolder;
mSurfaceView = (SurfaceView) findViewById(R.id.camera);
mSurfaceHolder = mSurfaceView.getHolder();
```

其次，在得到了 SurfaceHolder 实例对象后，通过 SurfaceHolder 对象的 addCallBack() 方法将 SurfaceView 的回调接口 SurfaceHolder.Callback 绑定在 SurfaceHolder 上。这个接口必须要复写三个函数方法，它们是：SurfaceCreated()、SurfaceChanged() 和 SurfaceDestroyed()，这三个函数方法的含义如下：

(1) SurfaceCreated( ):当 surfaceView 被创建后调用。
(2) SurfaceChanged( ):当 surfaceView 发生变化时调用。
(3) SurfaceDestroyed( ):当 surfaceView 销毁时调用。

下面的代码片段演示了 SurfaceHolder 对象的 addCallBack() 方法及上述这三个函数的使用架构：

```
mSurfaceHolder.addCallback(new Callback() {
    public void surfaceDestroyed(SurfaceHolder holder) {
        //具体代码略
    }
    public void surfaceCreated(SurfaceHolder holder) {
        //具体代码略
    }
    public void surfaceChanged(SurfaceHolder holder, int format, int width, int height) {
```

```
            //具体代码略
        }
    });
```

另外,SurfaceHolder 还需要设定 surface 的类型,这需要通过 SurfaceHolder 的方法 setType() 来实现,相关代码如下:

```
mSurfaceHolder.setType(SurfaceHolder.SURFACE_TYPE_PUSH_BUFFERS);
```

至此,相机的预览窗口完成,接着就可以获得 Camera 实例进行预览了。具体方法是当 surface 创建时,通过 Camera 的静态方法 open()得 Camera 实例,然后设置 Camera 的预览窗口,最后通过 Camera 的 startPreview()方法实现预览。

```
public void surfaceCreated(SurfaceHolder holder, int format, int width, int height) {
        Camera mCamera = Camera.open();    //获得实例
        try {
                camera.setPreviewDisplay(holder);         //设置预览窗口
        } catch (IOException e) {
                e.printStackTrace();
        }
        camera.startPreview(); //开始
    }
});
```

在照相结束且不需要预览时,可以停止预览,同时也要将 camera 销毁,这些操作需要在预览窗口销毁中实现,涉及到上面提到的 SurfaceDestroyed()方法,相关代码如下(其中的 ca 是照相机实例对象名称):

```
public void surfaceDestroyed(SurfaceHolder holder) {
        ca.stopPreview();
        ca.release();
        ca=null;
    }
```

下面介绍具体的抓取照片的过程和方法。这个工作一般是通过使用 Camera 的 takePicture (Camera.ShutterCallback,Camera.PictureCallback,Camera.PictureCallback,Camera.PictureCallback) 方法来实现的,此方法的四个参数中有两个回调方法,它们分别是:

(1) Camera.ShutterCallback:相机快门响应回调接口,如通过声音提示用户照相完毕。
(2) Camera.PictureCallback:相机数据处理回调接口,可以保存不同格式的数据。

当相机抓取照片时,在 ShutterCallback 中复写 onShutter()方法,示例代码片段如下:

```
Camera.ShutterCallback shutter = new ShutterCallback(){//实例化
    public void onShutter() {
        // 相关处理逻辑
    }
};
```

而在 PictureCallback 中则需要复写 onPictureTaken(byte[] data，Camera camera)方法，示例代码片段如下所示：

```
Camera.PictureCallback jpeg= new PictureCallback(){//实例化
        public void onPictureTaken(byte[] data，Camera camera) {
             Bitmap bitmap = BitmapFactory.decodeByteArray(data，0，data.length);
             iv.setImageBitmap(bitmap); //iv 是 ImageView 的实例对象名
             iv.setVisibility(View.VISIBLE);       //使视图可见
             //略
        }
};
```

代码中的 BitmapFactory.decodeByteArray(data，0，data.length)方法是将照片数据流 data 转化为图片，并用下面 ImageView 的 setImageBitmap()将图片显示在手机屏幕上。

到此，相机的预览和抓取照片功能就可以实现了。当然，相机有不同参数，我们还可以对相机的参数进行设置，这时就需要更改Camera.Parameters。可以调用getParameters()获得 Camera 的默认设置参数Camera.Parameters，更改后用setParameters(Camera.Parameters)对 Camera重新进行设置。相关代码片段如下：

```
Parameters params = mCamera.getParameters();//获得 Camera 的参数
params.setPictureFormat(PixelFormat.JPEG);// 设置图片格式
params.set("rotation"，90);//设置照片旋转 90 度
mCamera.setParameters(params); //设置 Camera 的参数
```

上述代码中的 setPictureFormat(PixelFormat.JPEG)是设置图片的格式，params.set("rotation"，90)是设置图片的旋转角度，当然 Camera 的参数还有很多，限于篇幅，在此不再赘述。

另外还可以设置图片显示方式(横向、竖向或成夹角)，可以调用 setDisplayOrientation(int)设置照片与垂直显示边框的夹角。相关代码片段如下：

```
int result = 90;
camera.setDisplayOrientation(result);
```

上述代码中的 result 参数是 Camera 顺时针旋转的角度，如果不设置 DisplayOrientation，默认的 result 值是 0。

10.3.2 基于 Camera 的工程实例

下面通过一个具体的示例来体验一下如何用 Camera 类实现照相功能，详见本章示例工程 Chapter10_3。此工程比较简单，主要实现了预览、单击按钮抓取照片、在手机屏幕上呈现照片的功能。首先设计 UI 界面。本程序界面有两个视图，分别为拍照前的LinearLayout(LinearLayout 包含了 LinearLayout 和 Button)和拍照后的 ImageView，两者均布满整个屏幕。UI 界面设计完成后，在 Activity 中声明变量，获得 XML 文件中定义的SurfaceView、Button 和 ImageView，并完成预览功能。其次，获得 SurfaceView 的控制器SurfaceHolder，并绑定它的回调方法。在它的回调方法中创建 Camera 的实例，调用 Camera的预览方法开始预览，相关代码如下：

```java
//获得 xml 中的 SurfaceView、Button 和 ImageView
sv = (SurfaceView) findViewById(R.id.camera);//sv 是 SurfaceView 对象的实例名称
button = (Button) findViewById(R.id.button);
iv=(ImageView) findViewById(R.id.image); //iv 是 ImageView 对象的实例名称
ll=(LinearLayout) findViewById(R.id.linear); //包含 SurfaceView 和 Button 的线性布局
iv.setVisibility(View.GONE); //设置 ImageView 不可见
//获得 SurfaceView 的控制器 SurfaceHolder
sh = sv.getHolder(); //sh 是 SurfaceHolder 对象的实例名称
sh.setType(SurfaceHolder.SURFACE_TYPE_PUSH_BUFFERS);//设置 SurfaceHolder 的类型
sh.addCallback(new Callback() { //绑定 SurfaceHolder 的回调方法
    @Override //surface 销毁时调用
    public void surfaceDestroyed(SurfaceHolder holder) {
        ca.stopPreview();
        ca.release();
        ca=null;
    }
    @Override //surface 创建时调用
    public void surfaceCreated(SurfaceHolder holder) {
        ca = Camera.open();
        //改变 camera 的参数
        Parameters pa = ca.getParameters();
        pa.setPictureFormat(PixelFormat.JPEG);
        pa.set("rotation", 90);
        ca.setParameters(pa);
        try {
            ca.setPreviewDisplay(holder); //设置 camera 的预览窗口
        } catch (IOException e) {
            e.printStackTrace();
        }
        ca.setDisplayOrientation(90);
        ca.startPreview();//开始预览
    }
    @Override //surface 改变时调用
    public void surfaceChanged(SurfaceHolder holder, int format, int width, int height) {
    }
});
```

代码中，将 Camera 的生命周期和 SurfaceView 的生命周期保持一致，SurfaceView 创建时创建 Camera 实例，SurfaceView 销毁时销毁 Camera 实例，SurfaceView 改变时 Camera 设置参数并开始预览。程序运行后，单击 Button 按钮，执行 Camera 的 takePicture(shutter，null，jpeg) 方法进行拍照，相关代码如下：

```
button.setOnClickListener(new OnClickListener() {//侦听按钮单击事件
            @Override
            public void onClick(View v) {
                //抓取照片
                ca.takePicture(shutter，null，jpeg);
            }
});
```

上述代码中的 shutter 是 Camera.ShutterCallback 类型数据，是相机快门的回调方法，主要目的是提醒用户照片已经拍照完毕。jpeg 参数是 Camera.PictureCallback 类型数据，是相机拍照数据的处理回调方法参数之一，用来将数据流转化为指定的 JPEG 图片格式并在 ImageView 中显示。其他相关代码如下所示：

```
//相机的快门回调接口
Camera.ShutterCallback shutter = new ShutterCallback(){
    @Override
    public void onShutter() {
        // TODO Auto-generated method stub
    }
};
//相机的相片数据处理接口
Camera.PictureCallback jpeg= new PictureCallback(){
    public void onPictureTaken(byte[] data，Camera camera) {
        //将数据流转化为 bitmap 图片
        Bitmap bitmap = BitmapFactory.decodeByteArray(data，0，data.length);
        iv.setImageBitmap(bitmap); //将 bitmap 图片显示在 ImageView 中
        iv.setVisibility(View.VISIBLE); //将 iv 设置为可见
        ll.setVisibility(View.GONE); //将 ll 设置为不可见
    }
};
```

代码中快门的回调方法没做任何处理，而在照片数据的处理方法中，实现了照片抓取后在手机屏幕上呈现的功能。

10.4 音视频的录制

10.4.1 音频文件的录制

现在很多手机都提供了音频录制功能，Android 手机也提供该功能，要实现这一功能，一般使用 Android 的 MediaRecorder 类来完成。MediaRecorder 就是 Android 的音视频录制器，它有以下几个状态[20]：

(1) Initial：初始状态，在设定视频源或者音频源之后将转换为 Initialized 状态。

(2) Initialized：已初始化状态，可以通过设置输出格式转换为 DataSourceConfigured 状态，或者通过重新启动转换成 Initial 状态。

(3) DataSourceConfigured：数据源配置状态，可以设定编码方式、输出文件、屏幕旋转、预览显示等。它仍然可以通过重新启动回到 Initial 状态，或者就绪到达 Prepared 状态。

(4) Prepared：就绪状态，在就绪状态仍然可以通过重新启动方法回到 Initialized 状态，或者通过 start 方法进入录制状态。

(5) Recording：录制状态，它可以通过停止或者重新启动回到 Initial 状态。

(6) Released：释放状态，Initialized 初始状态可以通过调用释放方法来进入这个状态，这时将会释放所有和 MediaRecorder 对象绑定的资源。

(7) Error：错误状态，当错误发生时进入这个状态，它可以通过重新启动进入 Initialized 初始状态。

有关音频的录制过程的具体步骤如下：

(1) 添加权限。既然要录制音频，那么就要获得 Android 系统的允许，需要获得录制权限和向外存写数据的权限。在 AndroidManifest.xml 文件中添加如下代码：

```
<uses-permission android:name="android.permission.RECORD_AUDIO" />
<uses-permission android:name="android.permission.WRITE_EXTERNAL_STORAGE" />
```

(2) 用 MediaRecorder 的默认构造函数创建一个 MediaRecorder 的实例。

```
MediaRecorder recorder = new MediaRecorder();
```

(3) 调用 MediaRecorder.setAudioSource()设置 MediaRecorder 的音频源。

```
recorder.setAudioSource(MediaRecorder.AudioSource.MIC);
```

代码中的 MediaRecorder.AudioSource.MIC 为 int 型的数据，是音频源中的麦克风音源，当然，还有其他系统定义的音源方式。其中还有视频中可能用到的 MediaRecorder.AudioSource.CAMCORDER。

(4) 用 MediaRecorder.setOutputFormat()设置 MediaRecorder 的输出文件格式。

```
recorder.setOutputFormat(MediaRecorder.OutputFormat.THREE_GPP);
```

参数 MediaRecorder.OutputFormat.THREE_GPP 为 MediaRecorder 音视频输出格式的一种，其他的还有 AMR_NB、AMR_WB、DEFAULT、MPEG_4、RAW_AMR 等，详情请查看 API 的 MediaRecorder.OutputFormat 类。

(5) 用 MediaRecorder.setAudioEncoder()设置 mediaRecorder 的音频编码方式。

```
recorder.setAudioEncoder(MediaRecorder.AudioEncoder.AMR_NB);
```

Android 支持的音频编码格式有以下几种：DEFAULT、AMR_NB、AMR_WB、AAC。详见 API 的 MediaRecorder.AudioEncoder 类。

(6) 用 MediaRecorder.setOutputFile()设置 MediaRecorder 的输出文件名称。

```
recorder.setOutputFile(PATH_NAME);
```

参数 PATH_NAME 是音频录制完成之后，音频文件的保存路径。

(7) 调用 MediaRecorder.prepare()准备录制音频文件。调用了这个方法后，MediaRecorder 就准备好了捕捉和编码音频数据。

recorder.prepare();

(8) 调用 MediaRecorder.start()开始录制。

recorder.start();

(9) 录制完成后，可以调用 MediaRecorder.stop()结束音频获得。

recorder.stop();

(10) 当 MediaRecorder 完成音频录制后，并且 MediaRecorder 不再使用时，调用 release()将其释放。

recorder.release();

10.4.2 视频文件的录制

了解了音频文件的录制，下面看一下视频是如何录制的。视频文件的录制一般也是使用 Android 的 MediaRecorder 类，不同之处在于视频录制需要用到 camera 类。在 camera 中我们已经能够得到一个 camera 对象，并用这个 camera 对象进行预览，然后在预览时调用了 takePicture()函数去抓照片，那么现在要用 camera 录制视频。

首先，要获得视频录制相应的权限，需要在 AndroidManifest.xml 文件中添加以下代码：

```
<uses-permission android:name="android.permission.CAMERA" />
<uses-feature android:name="android.hardware.camera"/>
<uses-feature android:name="android.hardware.camera.autofocus"/>
<uses-permission android:name="android.permission.RECORD_AUDIO" />
```

然后，需要解锁 camera，使其可以被 MediaRecorder 使用来录制视频，相关代码如下：

```
mCamera = getCameraInstance();
mCamera.unlock();
```

上面的代码中 getCameraInstance()返回 camera 实例，这是另一种获得 camera 的方法。

接着要对 MediaRecorder 进行配置，使其满足对视频录制的要求。一般步骤如下：

(1) 设置用来录制视频的 camera：

mMediaRecorder.setCamera(mCamera);

(2) 设置用来录制视频的音频源和视频源：

mMediaRecorder.setAudioSource(MediaRecorder.AudioSource.CAMCORDER);

mMediaRecorder.setVideoSource(MediaRecorder.VideoSource.CAMERA);

(3) 设置视频录制的输出格式和编码格式；由于 Android 系统版本的更新，Android2.2 及以后版本和 Android2.2 之前版本的输出格式和编码格式设置方法是不相同的。

① Android2.2 及其以后版本的设置方法：

mMediaRecorder.setProfile(CamcorderProfile.get(CamcorderProfile.QUALITY_HIGH));

② Android2.2 之前版本的设置方法：

mMediaRecorder.setOutputFormat(MediaRecorder.OutputFormat.MPEG_4);

mMediaRecorder.setAudioEncoder(MediaRecorder.AudioEncoder.DEFAULT);

mMediaRecorder.setVideoEncoder(MediaRecorder.VideoEncoder.DEFAULT);

(4) 设置视频录制成功后的文件保存路径：

mMediaRecorder.setOutputFile(PATH);// PATH 是录制完成后视频文件的保存位置

(5) 指定程序的预览布局：

mMediaRecorder.setPreviewDisplay(mPreview.getHolder().getSurface());

到此 MediaRecorder 的配置基本完成，在配置 MediaRecorder 的过程中，配置步骤的顺序是不能改变的，否则应用程序就会出现错误。MediaRecorder 配置完成以后，就可以准备 MediaRecorder 开始录制视频了。调用 MediaRecorder 的 MediaRecorder.prepare()方法对 MediaRecorder 进行准备，然后调用 MediaRecorder.start()开始录制。

MediaRecorder.prepare();

MediaRecorder.start();

当 MediaRecorder 录制视频成功后我们需要对其停止，需要做以下几步操作。

(1) 停止 MediaRecorder 的录制：

MediaRecorder.stop();

(2) 对 MediaRecorder 进行重置：

MediaRecorder.reset();

(3) 对 MediaRecorder 资源进行释放：

MediaRecorder.release();

(4) 对 camera 进行锁定：

Camera.lock();

最后需要注意的是在 MediaRecorder 开始录制视频的同时，要结束提前设置的 camera 自身的预览，否则程序会报出错误，等录制结束后再开启 camera 预览。在整个程序结束时也要停止预览并释放 camera 资源。代码如下：

Camera.stopPreview();

Camera.release();

10.4.3 音视频文件的录制实例

本章实例程序 MediaRecordTest(即 Chapter10_4 工程)实现了视频的预览、录制和播放功能，程序中设置了两个按钮可以控制视频的录制和播放操作，而预览则是通过 SurfaceView 来实现的，界面如图 10.2 所示。

运行程序后，在手机屏幕上进行拍摄前预览，可以观察将要录制的视频内容；单击拍摄按钮后录制视频，拍摄按钮自动置为不可用，停止按钮变为可用；单击停止按钮，可以停止视频的录制，并且拍摄按钮置为可用，而停止按钮变为播放；如果播放按钮被单击，则开始播放刚刚录制的视频，且播放按钮变为停止，可以停止播放；如果拍摄按钮被单击，则重新开始录制视频。预览功能主要是通过 Android 系统中的 SurfaceView 来实现的。

图 10.2 视频录制预览界面

首先,在 Activity 中通过 findViewById()方法获得在 XML 文件中定义的 SurfaceView,并通过 getHolder()方法获得其控制器 SurfaceHolder,接着用 SurfaceHolder 的 addCallback()方法添加 SurfaceView 的事件回调方法;在 SurfaceView 的事件回调方法中添加 camera 的预览代码。代码如下:

```
sh = sv.getHolder();//获得 SurfaceView 的控制器
sh.setType(SurfaceHolder.SURFACE_TYPE_PUSH_BUFFERS); //设置 SurfaceHolder 的类型
button2.setEnabled(false);
sh.addCallback(new Callback() {
        @Override
        // SurfaceView 销毁时调用的回调方法
        public void surfaceDestroyed(SurfaceHolder holder) {
            if (isPreviewing) {
                ca.stopPreview(); // 如果正在预览则停止预览
                isPreviewing = false; // 将预览状态置为 false
            }
            ca.release(); // 释放 camera 资源
            ca = null;
        }
        @Override
        // SurfaceView 创建时调用的回调方法
        public void surfaceCreated(SurfaceHolder holder) {
            ca = Camera.open(); // 打开 camera,获得 camera 实例
            ca.setDisplayOrientation(90); // 摄像头图像旋转 90 度
            try {
                ca.setPreviewDisplay(holder); // 设置预览 SurfaceView
```

```
            } catch (IOException e) {
                e.printStackTrace();
            }
            ca.startPreview(); // 开始预览
            isPreviewing = true; // 将预览状态置为 true
        }
        @Override
        // SurfaceView 改变时调用的回调方法
        public void surfaceChanged(SurfaceHolder holder, int format,
                int width, int height) {
        }
    });
```

回调方法 surfaceCreated()是在 SurfaceView 创建时调用，代码 surfaceCreated()中进行了 camera 预览前的一些配置并开始预览。首先是用 camera 的静态方法获得了 camera，然后对 camera 进行了一些设置，如设置旋转角度、设置了预览用到的 SurfaceView，最后用 startPreview()开始预览。回调方法 surfaceDestroyed()是在 SurfaceView 销毁时调用，代码 surfaceDestroyed()中进行了预览结束后的一些操作，通过 camera 的 stopPreview()停止 camera 的预览，并释放 camera 资源。

下面需要实现视频的录制。单击拍摄按钮后，视频开始录制，相关的录制代码需要在 Button 的点击事件响应方法中添加。在这里需要注意的是视频录制状态的改变导致按钮显示及其功能的改变，拍摄按钮有两种状态：可用与不可用；第二个停止按钮的状态有四种：初始化不可用状态、拍摄状态、播放拍摄状态和停止状态。在这里使用了一个 state 变量来记录状态的改变。按钮被单击后，根据当前所处的状态进行相应操作。拍摄按钮的单击事件响应代码如下：

```
button1.setOnClickListener(new OnClickListener() {
    @Override
    public void onClick(View v) {
        if (2 == state || 0 == state) {
            startRecording(); // 开始录制
            button1.setEnabled(false); // 使 button1 不可见
            button2.setText("停止"); // 设置 button2 文本为"停止"
            button2.setEnabled(true); // 设置 button2 为可见
        } else {
            Toast.makeText(getApplicationContext(), "状态错误",
                    Toast.LENGTH_LONG);
        }
    }
});
```

停止按钮的点击事件响应代码如下：

```java
button2.setOnClickListener(new OnClickListener() {
            @Override
            public void onClick(View v) {
                switch (state) {
                case 1:
                    stopRecording(); // 停止录制
                    button2.setText("播放"); // button2 文本为"播放"
                    button1.setEnabled(true); // button1 设置为可见
                    break;
                case 2:
                    startPlaying(); // 开始播放
                    button2.setText("停止"); // button2 文本设置为"停止"
                    button1.setEnabled(false); // button1 设置为不可见
                    break;
                case 3:
                    stopPlaying(); // 停止播放
                    button1.setEnabled(true); // button1 设置为可见
                    button2.setEnabled(false); // button2 设置为不可见
                    break;
                }
            }
});
```

代码中 startRecording()是视频开始录制方法，在方法中进行了对 camera 的解锁，对 MediaRecorder 对象的配置，并开始录制视频。配置信息主要是配置了视频源音频源、输出格式、输出保存路径等。具体代码如下所示：

```java
// 开始录制
private void startRecording() {
    mRecorder = new MediaRecorder();
    ca.unlock(); // camera 解锁
    mRecorder.setCamera(ca); // 为 mRecorder 设置录制的摄像头
    mRecorder.setAudioSource(MediaRecorder.AudioSource.CAMCORDER); // 设置音频源
    mRecorder.setVideoSource(MediaRecorder.VideoSource.CAMERA); // 设置视频源
    mRecorder.setProfile(CamcorderProfile
            .get(CamcorderProfile.QUALITY_HIGH)); // 设置音视频的输出格式和编码格式
    mRecorder.setOutputFile("/sdcard/movie/video.mp4"); // 保存路径
    mRecorder.setPreviewDisplay(sh.getSurface());
```

```
        try {
                mRecorder.prepare(); // 准备录制
        } catch (IOException e) {
        }
        mRecorder.start(); // 开始录制
        state = 1; // 状态置为 1
}
```

这里需要注意的是 mRecorder 的 setProfile()方法。此方法设置了 MediaRecorder 的音视频编码格式和文件的输出格式,之所以用这个方法是因为此程序是在 Android2.2 版本上运行,如果要在 Android2.2 以前的版本上运行,那么这里就需要按照前面所述方法设置 MediaRecorder 的输出格式和音视频编码格式。

stopRecording()是程序中停止视频录制的方法。在这个方法中直接调用了 MediaRecorder 的 stop()方法停止视频录制,并将其置为初始化状态,释放 MediaRecorder 资源,锁定 camera。代码如下:

```
private void stopRecording() {
        mRecorder.stop(); // 停止录制
        mRecorder.reset(); // 将 mRecorder 置为初始状态
        mRecorder.release(); // 释放 mRecorder 资源
        ca.lock(); // 锁定 camera
        mRecorder = null;
        state = 2; // 状态置为 2
}
```

startPlaying()方法是程序中开始播放录制视频的方法。在这个方法中程序实例化了一个 MediaPlayer 类的对象,并为对象设置了播放窗口 SurfaceView 和视频资源的路径,最后调用了 MediaPlayer 的 start ()方法开始视频播放。

```
// 开始播放
private void startPlaying() {
        mPlayer = new MediaPlayer();
        mPlayer.reset(); // 将 mPlayer 置为 idle 状态
        if (isPreviewing) {
                ca.stopPreview(); // 如果正在预览,则停止预览
                isPreviewing = false; // 预览状态置为 false
        }
        mPlayer.setDisplay(sh); // 播放窗口设置为 sh 控制的 surfaceview
        try {
                mPlayer.setDataSource("/sdcard/movie/video.mp4"); // 设置播放资源
                mPlayer.prepare(); // 准备播放
```

```
        } catch (IOException e) {
        }
        mPlayer.start(); // 开始播放
        state = 3; // 状态置为 3
}
```

代码中还对视频的预览状态进行了判定，若开始播放前还在预览，则停止预览。

stopPlaying()方法是程序中停止播放视频的方法。此方法中调用了 MediaPlayer 的 stop() 方法停止了视频的播放，释放了 MediaPlayer 资源。

```
// 停止播放
private void stopPlaying() {
        mPlayer.stop(); // 停止播放
        mPlayer.release(); // 释放 mPlayer 资源
        mPlayer = null;
        state = 2; // 状态置为 2
}
```

至此，视频的录制和播放就实现了。

上面给出的实例程序，视频的保存名称已经固定。如果想要实现动态名称可以通过一个输入对话框以用户输入的方式输入视频名称，则需要添加以下代码：

```
private void writeFileName(){
        AlertDialog.Builder ad =new AlertDialog.Builder(MediaRecordTest.this);
        ad.setTitle("输入操作").setMessage("请输入文件名：").setView(et)
                .setPositiveButton("确定", new DialogInterface.OnClickListener() {
                        @Override
                        public void onClick(DialogInterface dialog, int which) {
                                fileName=et.getText().toString();
                        }
                })
                .setNegativeButton("取消", new DialogInterface.OnClickListener() {
                        @Override
                        public void onClick(DialogInterface dialog, int which) {
                                // TODO Auto-generated method stub
                        }
                }).create().show();
}
```

上述代码中的 fileName 是字符串型的数据，用来保存用户输入的文件名；et 为 EditText 类的对象，用来接收用户输入。程序的运行截图如图 10.3 所示(此时提示用户输入保存的文件名称)。图 10.4 为拍摄预览 UI 界面，单击"拍摄"按钮后，完成拍摄工作，并以在图 10.3 中设置的文件名保存。

> Tips： 本程序涉及到 camera 硬件，由于模拟器上没有提供必要的硬件设施，所以本程序在模拟器上无法运行。需要在真实手机上才能看到相应的效果。

图 10.3 输入保存的文件名称

图 10.4 拍摄时的 UI 界面

10.4 本章小结

本章介绍了 Android 中多媒体的运行机制和组成，并介绍了多媒体应用中音频视频播放及录制的初步方法。

思考与实践

1. 编写一个简单的音乐播放器实现以下功能：
- 播放/暂停/停止音乐。
- 显示音乐名称。
- 选择上一首/下一首音乐播放。

这款播放器的界面如图 10.5 所示。

图 10.5 播放器 UI 界面

下篇　Android 程序设计案例及分析

第 11 章　案例分析："搜搜问问"应用程序的设计与实现

为了方便人们对日常遇到的生涩词汇的查询和释义，本章给出一个基于 Android 的名为"搜搜问问"的软件开发和设计方法。通过对案例的分析，给出实现这个工程的主要步骤，并通过这些步骤，学习设计和实现较复杂的 Android 应用程序的方法。

11.1　背景知识：KSoap、HttpClient、WebView

11.1.1　基于 KSoap 的网络通信

1. KSoap 概述

Web Service 是一种基于 Soap 协议的远程调用标准。通过 Web Service 可以将不同操作系统平台、不同语言、不同技术整合到一起。

在 PC 机的 Java 客户端中，如果需要实现 Android 与服务器端数据的交互并实现 Web Service，是需要一些库(如 Xfire、Axis2、CXF 等)的支持的，但是有些库并不适合资源有限的 Android 手机客户端。对于 J2ME 访问远端的 Web Service，有两种协议可供选择：Wingfoot 和 KSoap。其中，Wingfoot 是由 Wingfoot Software 出品的一款 J2ME SOAP1.1 的轻量级实现方案。KSoap 可以帮助我们获取服务器的 WebService 调用，当然 KSoap 已经提供了基于 Android 版本的 JAR 包。KSoap2 -Android 是 Android 平台上一个高效、轻型的 Soap 开发包。它是 KSoap2 协议家族中专门为 Android 平台开发的一种网络协议，其中增加了一些重要的特性和增强功能，而这些特点都将使网络开发得更加轻松。KSoap2 完成了 J2ME/MIDP 平台上的 Soap 解析和调用工作。

KSoap 官方网站为 http://ksoap.objectweb.org。为了使用 Ksoap2.0，必须还要下载工具包 KXML2。KXML 官方网站为 http://kxml.objectweb.org。

2. KSoap2 接口

KSoap2 提供如下几种接口方式供选择使用：

(1) org.ksoap2. SoapEnvelope：对应于 Soap 规范中的 Soap Envelope，其中封装了 head 和 body 对象。

(2) org.ksoap2. SoapSerializationEnvelope：是 KSoap2 新增加的类，是对 SoapEnvelope 的一种扩展，对 Soap 序列化格式规范提供了支持，能够对简单对象自动进行序列化的规范。

(3) org.ksoap2. SoapObject：方便自如地构造 Soap 调用。

(4) org.ksoap2.transport. HttpTransport：为使用者屏蔽了 Internet 访问/请求和获取服务器 Soap 的细节问题。

11.1.2 Apache HttpClient 客户端

Apache HttpClient 是一个开源项目，它弥补了 java.net 灵活性不足的缺点，为客户端的 HTTP 编程提供了高效、功能丰富的工具包支持。Android 平台引入了 Apache HttpClient 的同时，对它进行了一些封装和扩展，例如设置了缺省的 HTTP 超时限制和缓存大小等功能。HttpClient 提供的主要功能有：实现了所有 HTTP 的方法、支持自动转向、支持 HTTPS 协议、支持代理服务器等。下面简单介绍其中的 GET 和 POST 方法。

1. GET 方法

一般地，使用 HttpClient 类需要以下6个步骤：

(1) 创建 HttpClient 的实例。

(2) 创建某种连接方法的实例，如 GetMethod。在 GetMethod 的构造函数中传入待连接的地址。

(3) 调用第一步中创建好的实例的 execute 方法来执行第二步中创建好的 Getmethod 实例。

(4) 读取 response 获取结果。

(5) 释放连接。

(6) 对得到后的内容进行分析处理。

在大部分情况下，HttpClient 默认的构造函数及用法如下例：

```
HttpClient    httpClient = new HttpClient();
```

根据以上方法来编写 GET 方法并在此基础上取得某网页内容的代码。主要步骤如下：

(1) 创建 GET 类的实例。在 GET 方法的构造函数中传入要连接的地址。GetMethod 将会自动处理转发过程，如：

```
GetMethod getMethod = new GetMethod("http://www.ibm.com/");
```

(2) 调用 HttpClient 实例的 executeMethod()方法来执行 getMethod。由于是执行网络上的程序，在执行 executeMethod 方法时需要处理两个异常，分别为 HttpException 和 IOException。引起第一种异常的原因可能是在构造 GetMethod 时传入的协议不对，例如误将"http"写成"htp"，或者服务器端返回的内容不对等，并且该异常发生后是不可恢复的；引起第二种异常可能的原因通常是由于网络原因引起的。executeMethod 返回值是一个整数，表示了执行该方法后服务器返回的状态码，该状态码能表示该方法执行是否成功、需要认证或者页面发生了跳转等情况。如果设置成默认的恢复策略，在发生异常时候将自动重试执行三次，在这里也可以设置自定义的恢复策略。

```
getMethod.getParams().setParameter(HttpMethodParams.RETRY_HANDLER，new DefaultHttpMethodRetryHandler());
   //执行 getMethod
int statusCode = client.executeMethod(getMethod);
```

```
    if (statusCode != HttpStatus.SC_OK) {
    System.err.println("Method failed: " + getMethod.getStatusLine());
}
```

在返回的状态码正确后，即可取得所要的内容。取得目标地址的内容有三种方法：

第1种方法：getResponseBody 方法，返回的是目标的二进制的 byte 流文件；

第2种方法：getResponseBodyAsString 方法，返回的是 String 类型的值。该方法返回的 String 的编码是根据系统默认的编码方式，所以返回的 String 值可能编码类型有误；

第3种方法：getResponseBodyAsStream 方法，这个方法对于目标地址中有大量数据需要传输是最佳的方法。以下代码使用了最简单的 getResponseBody 方法。

```
byte[] responseBody = method.getResponseBody();
```

(3) 释放连接。方法如下所示：

```
method.releaseConnection();
```

(4) 处理内容。在这一步中根据需要来处理收到的内容，在此例子中只是简单地将内容输出到控制台而已。

```
System.out.println(new String(responseBody));
```

2. POST 方法

POST 方法用来向目的服务器发出请求，要求它接受被附在请求后的实体，并把它当作请求队列中请求 URI 所指定资源的附加新子项。POST 被设计成用统一的方法实现下列功能：

(1) 对现有资源的注释。

(2) 向电子公告栏、新闻组、邮件列表或类似讨论组发送消息。

(3) 提交数据块，如将表单的结果提交给数据处理过程。

(4) 通过附加操作来扩展数据库。

调用 HttpClient 中的 PostMethod 与 GetMethod 类似(除了设置 PostMethod 的实例与 GetMethod 有些不同之外)。

11.1.3　WebKit 与 WebView

在 Android 手机中内置了一款高性能 Webkit 内核的开源浏览器。WebKit 是 Mac OS X v10.3 及以上版本所包含的软件框架，同时它也是 Mac OS X 的 Safari 网页浏览器的基础。WebKit 主要是由 KDE 的 KHTML 修改而来的，并且包含了一些来自苹果公司的一些应用组件。一般来说，WebKit 包含一个网页引擎 WebCore 和一个脚本引擎 JavaScriptCore，它们分别对应 KDE 的 KHTML 和 KJS。但是随着 JavaScript 引擎的独立性越来越强，现在 WebKit 和 WebCore 已经在很大程度上进行了融合。

在 SDK 中封装了一个叫 WebView 的应用组件。在 WebView 中不仅可以指定 URL，还可以载入 HTML 标记并显示，同时 WebView 还支持 JavaSript，可以在 Android 平台下使用 AJAX。WebView 开发过程中应该注意如下问题：

(1) AndroidManifest.xml 中必须使用许可"android.permission.INTERNET"，否则会出现错误。

(2) 如果访问的页面中有 Javascript，则 WebView 必须设置支持 Javascript 选项。可能的实现代码为：

```
webview.getSettings().setJavaScriptEnabled(true);
```

(3) 如果页面中出现超链接，且希望点击链接继续在当前 Browser 中响应链接，而不是执行 Android 系统中 Browser 来响应该链接，必须覆盖 Webview 的 WebViewClient 对象。

```
mWebView.setWebViewClient(new WebViewClient(){
    public boolean shouldOverrideUrlLoading(WebView view, String url) {
        view.loadUrl(url);
        return true;      }
});
```

(4) 如果不做任何处理而只是浏览网页内容，点击系统的"Back"键，浏览器会自动调用 finish()方法而结束。如果希望浏览网页后回退但却不是退出浏览器，那么需要在当前 Activity 中处理 Back 事件。

```
public boolean onKeyDown(int keyCode, KeyEvent event) {
    If ((keyCode == KeyEvent.KEYCODE_BACK) && mWebView.canGoBack()) {
        mWebView.goBack();
        return true;
    }
    return super.onKeyDown(keyCode, event);    }
```

11.2 "搜搜问问"应用程序主要功能的设计与实现

参考相关文献中有关基于 KSoap 应用程序的设计和其他相关知识的介绍和代码示例，本章给出"搜搜问问"应用程序的实现。它是利用 Android 的 API 开发的一款手机软件，以解决人们平时遇到的生涩词汇。下面分成如下的几个主要步骤来说明"搜搜问问"应用程序的设计与实现过程。

(1) 下载并安装 JDK、Andorid SDK、Eclipse、ADT 插件。

(2) 在 Eclipse 中新建一个 Android Project，在新建工程对话框中将工程命名为 question006。选择 Android 的系统版本为 Android 2.1 update-1，应用程序命名为"搜搜问问"，包名为 com.amaker.question，主 Activity 设置为 tabQuestionActivity。

(3) 在 com.amaker.question 包中新建 firstpageActivity.Java 文件，此 Activity 主要实现 tabQuestionActivity 中的第一个标签 tab。在 firstpageActivity 中声明两个 EditText 控件来分别实现中文搜索、英文搜索的功能。在 EditText 之下放置一个 ListView 组件，分别来承载发布问题、保存信息、浏览信息、删除信息的事件监听器。而这些组件的声明都需要在 XML 文件中进行声明，对此需要在 res/layout 文件夹下建立 firstpage.xml 配置文件并对各个组件进行声明。firstpage.xml 中采用的是线性布局方式，同时在线性布局属性中还能够定义界面的大小、背景颜色等。

接下来是 EditText 控件和 ListView 控件的 XML 声明，在声明中可以使用绝对布局来定义每个控件的绝对位置、大小、文字颜色等。限于篇幅，详情略，可参阅本章对应的示例工程。

对 XML 文件声明完之后，就应该通过 setContentView()方法将 XML 文件中的控件显示在 firstpageActivity 中，用 findViewById()方法来实例化控件，只有将控件实例化后才能对控件进行各种操作，例如对控件的事件监听操作。

在 firstpageActivity 中对各个控件的显示及实例化处理如下：

```
public class firstpageActivity extends Activity{
    private ListView listview;
    private EditText et3, et4;
    public void onCreate(Bundle savedInstanceState){
        super.onCreate(savedInstanceState);
        setContentView(R.layout.firstpage1);
        listview=(ListView)findViewById(R.id.listview01);
        et3=(EditText)findViewById(R.id.EditText06);
        et4=(EditText)findViewById(R.id.EditText07);
```

对于ListView控件来说必须要对其加入适配器来显示每条ListView的内容。而对于每条ListView所要显示的内容又要设置一个map，map中定义了所要显示的内容。主要实现的代码如下：

```
ArrayList<HashMap<String, Object>> listItem = new ArrayList<HashMap<String, Object>>();
HashMap<String, Object> map1 = new HashMap<String, Object>();
map1.put("ItemImage", R.drawable.run);
map1.put("ItemTitle", "发布问题");
map1.put("ItemText", "点击此处，进入发布问题界面 ");
listItem.add(map1);
HashMap<String, Object> map2 = new HashMap<String, Object>();
map2.put("ItemImage", R.drawable.save);
map2.put("ItemTitle", "保存信息");
map2.put("ItemText", "点击此处，进入保存信息界面");
listItem.add(map2);
HashMap<String, Object> map3 = new HashMap<String, Object>();
map3.put("ItemImage", R.drawable.browse);
map3.put("ItemTitle", "浏览信息");
map3.put("ItemText", "点击此处，进入浏览信息界面");
listItem.add(map3);
HashMap<String, Object> map4 = new HashMap<String, Object>();
map4.put("ItemImage", R.drawable.research);//图像资源的 ID
map4.put("ItemTitle", "删除信息");
map4.put("ItemText", "点击此处，进入删除信息界面");
listItem.add(map4);
```

```
SimpleAdapter listItemAdapter = new SimpleAdapter(this，listItem，R.layout.list_items，new String[]
{"ItemImage", "ItemTitle", "ItemText"}，new int[] {R.id.ItemImage，R.id.ItemTitle，R.id.ItemText}  );
listview.setAdapter(listItemAdapter);
```

在每个控件都声明好之后，必须对每个控件加载事件监听器，以监听事件的发生。当某个事件发生后，系统会自动监听到事件的发生，然后系统会按照事先定义好的方法执行动作。例如，为第一个 EditText 加入事件监听器，监听器中定义的方法实现的功能是通过 Intent 来启动另一个新的 Activity，那么在系统监听到 EditText 上出现触摸事件时，系统会自动调用其中的 startActivity()方法来启动另一个新的 Activity，而当前的 Activity 会被自动地压入系统历史栈中。在 firstpageActivity 中对于每个控件的事件监听器的加载的代码如下：

首先，是对中文搜索 EditText 和英文搜索 EditText 事件监听器的加载，实现代码如下：

```
        et3.setOnClickListener(new OnClickListener(){
            public void onClick(View v) {
                Intent intent5=new Intent(firstpageActivity.this，QueryActivity.class);
                startActivity(intent5);
                overridePendingTransition(R.anim.alpha_scale_translate，R.anim.my_alpha_action);
            }
        });
        et4.setOnClickListener(new OnClickListener(){
            public void onClick(View v) {
                Intent intent6=new Intent(firstpageActivity.this，wordTranslator.class);
                startActivity(intent6);
                overridePendingTransition(R.anim.alpha_scale，R.anim.my_alpha_action);
            }
        });
```

其次，是对于 ListView 监听器的加载，因为 ListView 有四个功能键，所以在对 ListView 加载事件监听器后，还要在事件发生后判断是哪一条功能键产生的触摸事件，此功能的实现是通过判断 arg2 参数的数值来确定的。实现的代码如下：

```
        listview.setOnItemClickListener(new OnItemClickListener() {
            @Override
            public void onItemClick(AdapterView<?> arg0，View arg1，int arg2，long arg3) {
                int i=arg2;
                if(i==0){
                    Intent intent1=new Intent(firstpageActivity.this，WebViewActivity.class);
                    startActivity(intent1);
                    overridePendingTransition(R.anim.zoom_enter，R.anim.zoom_exit);}
                if(i==1){
                    Intent intent2=new Intent(firstpageActivity.this，SaveActivity.class);
                    startActivity(intent2);
```

```
                overridePendingTransition(R.anim.zoom_enter,R.anim.zoom_exit);}
        if(i==2){
        Intent intent3=new Intent(firstpageActivity.this,browseActivity.class);
        startActivity(intent3);
                overridePendingTransition(R.anim.alpha_scale,
                        R.anim.hold);}
        if(i==3){
        Intent intent4=new Intent(firstpageActivity.this,deleteActivity.class);
        startActivity(intent4);
                overridePendingTransition(
                        R.anim.alpha_scale_translate_rotate,
                        R.anim.my_alpha_action);}}      });
```

至此，firstpageActivity 的功能已经全部实现，firstpageActivity 既是程序的首页也是通向其他功能的桥梁。程序所包含的大部分功能都通过 firstpageActivity 来启动。实现后的界面如图11.1所示。

图 11.1 主界面

(4) 在 com.amaker.question 包中新建 SaveActivity.java 文件，用来实现保存信息的功能。类似于 firstpageActivity，SaveActivity 的界面布局也是通过 XML 文件进行配置的。在 SaveActivity 中有两个 TextView 用来显示事先定义好的字符串，而两个 EditText 则是用于存储用户输入数据，在监听到点击事件后，程序则会将两个 EditText 中的 String 提取出来，加入到本地 SQLite 数据库中。SaveActivity 中只有一个 Button 控件需要加载事件监听器，通过监听器来监听点击事件是否发生，决定是否将两个 EditText 中的 String 加入到本地数据库中的 SQLite 中。程序主要的实现代码如下：

```
public class SaveActivity extends Activity {
    private EditText et1，et2;
```

```
private Button b1;
@Override
public void onCreate(Bundle savedInstanceState) {
    super.onCreate(savedInstanceState);
    setContentView(R.layout.database);
    this.setTitle("保存信息");
    et1 = (EditText) findViewById(R.id.EditText02);
    et2 = (EditText) findViewById(R.id.EditText03);
    b1 = (Button) findViewById(R.id.ButtonAdd);
    b1.setOnClickListener(new OnClickListener() {
        public void onClick(View v) {
            String word = et1.getText().toString();
            String translation= et2.getText().toString();
            ContentValues values = new ContentValues();
            values.put("words", word);
            values.put("translation", translation);
            DBHelper helper = new DBHelper(getApplicationContext());
            helper.insert(values);}});}
```

(5) 在 SaveActiviy 中用到了一个 DBHelper 类,而这个类是在 com.amaker.question 包中新建的 DBHelper.java 文件中实现的。DBHelper 相当于一个数据库驱动类,该类继承了系统提供的 DBHelper 类,并在覆盖父类方法的同时,对各个方法进行了代码实现,包括数据库的初始化功能的实现:

```
public class DBHelper extends SQLiteOpenHelper {
private static final String DB_NAME = "dictionary.db";
private static final String TBL_NAME = "DictionaryTbl";
private static final String CREATE_TBL = " create table "+ " DictionaryTbl(_id integer primary key
        autoincrement, words text, translation text) ";
private SQLiteDatabase db;
DBHelper(Context c) {
    super(c, DB_NAME, null, 2);}
@Override
public void onCreate(SQLiteDatabase db) {
    this.db = db;
    db.execSQL(CREATE_TBL);}
```

(6) 数据库查找功能的实现,此功能通过调用 SQLiteDatabase 类中的 getWritableDatabase() 方法获得实例。获得实例后,调用系统定义好的 Query()方法在本地数据库中查找所要查询的词汇。Query()方法只是返回指向本地数据库的一个游标指针,应用时还需编写一定的方法来读取各个属性的值。查询功能的实现代码如下:

```
public Cursor query(String word) {
    SQLiteDatabase db = getWritableDatabase();
    String whereClause="words="+"'"+word+"'";
    Cursor c=db.query(TBL_NAME, null, whereClause, null, null, null, null);
    return c;}
```

数据库的其他功能(如删除、插入、浏览、关闭等功能)也是通过类似的方法来实现的。一般都需要调用 SQLiteDatabase 类中的 getWritableDatabase()方法获得 SQLiteDatabase 实例，然后再分别调用实例中的各个方法。限于篇幅在此不再赘述，详情可参阅本章的示例工程。

(7) 在 com.amaker.question 包中新建 WebViewActivity.java 文件用来实现发布问题的功能。WebViewActivity 的布局文件中只有一个 WebView 组件，当首页中的发布问题功能键监听到有事件发生时，它会传递一个 Intent 来启动 WebViewActivity，而后 WebView 组件会根据 WebViewActivity 中通过 loadUrl(url)方法来确定要显示的页面。代码的实现如下：

```
public class WebViewActivity extends Activity{
    private WebView webView;
    private static final int ITEM1=Menu.FIRST;
    private static final int ITEM2=Menu.FIRST+1;
    @Override
    public void onCreate(Bundle savedInstanceState){
        super.onCreate(savedInstanceState);
        setContentView(R.layout.webview);
        webView=(WebView)findViewById(R.id.mywebview);
        String url="http://zhidao.baidu.com";
        webView.loadUrl(url);}
```

程序运行后的结果如图11.2所示。

图 11.2 显示搜索界面

(8) 在 firstpageActivity、SaveActivity.、WebViewActivity 全部实现后，将这三个 Activity 加入到 tabQuestionActivity 中。将 firstpageActivity 作为第一个 tab 的代码如下：

```
Intent intent1=new Intent(tabQuestionActivity.this, firstpageActivity.class);
th.addTab(th.newTabSpec("all").setIndicator("首页", getResources().getDrawable(R.drawable.friend)).
setContent(intent1));
```

第二个、第三个 tab 的加入与第一个 tab 的加入类似，只是其中的 Intent 和一些参数不同而已。

(9) 在 com.amaker.question 包中新建 QueryActivity.java 文件，用来实现中文词汇查询的功能。中文词汇查询的具体实现是通过查询本地数据库来实现的。在 QueryActivity 中的 onCreate()方法会将界面初始化成两个 TextView、两个 EdtiText 和一个 Button。代码如下：

```
public class QueryActivity extends Activity {
    private TextView tv1，tv2;
    private EditText et1，et2;
    private Button bt;
    public void onCreate(Bundle savedInstanceState) {
        super.onCreate(savedInstanceState);
        this.setTitle("查询信息");
        setContentView(R.layout.queryactivity);
        tv1=(TextView)findViewById(R.id.TextView03);
        tv2=(TextView)findViewById(R.id.TextView04);
        et1=(EditText)findViewById(R.id.EditText08);
        et2=(EditText)findViewById(R.id.EditText09);
        bt=(Button)findViewById(R.id.queryButton01);}
```

初始化界面后，就要规定每个控件所要完成的功能，其中两个 TextView 都是用来显示字符串的，而第一个 EditText 用来让用户输入查询的词汇，第二个 EditText 用来对查询到的词汇解释，Button 用来加载事件监听器，当有触摸事件时，程序则会按照事先定义好的方法进行动作，具体是通过 getText()方法将第一个 EditText 中的 String 提取出来，而后利用 DBHelper 类中的 Query()方法在本地数据库进行查询，将查询到的解释通过 setText()方法在第二个 EditText 中显示出来。主要代码如下：

```
bt.setOnClickListener(new OnClickListener() {
    public void onClick(View v) {
        String word=et1.getText().toString();
        Cursor c = helper.query(word);
        if(c.moveToFirst()){
            for(int i=0;i<c.getCount();i++){
                c.move(0);
                int id=c.getInt(0);
                String translation=c.getString(2);
                et2.setText(translation);}       }
```

(10) 在 com.amaker.question 包中新建 wordTranslator.java 文件，此文件主要用来实现英文词汇查询的功能，此文件的界面布局类似于中文词汇查询的布局界面，但英文词汇的查询是通过网络来实现的。程序利用 getText()方法得到输入的 String，String 会被传送给后台的 Web Service 进行查询。Web Servie 的实现需要先对 serviceNamespace、serviceURL 进行定义，用来明确网络传送的目的地和 API 的命名空间。相关代码如下：

```
String serviceNamespace = "http://WebXml.com.cn/";
String serviceURL = "http://fy.webxml.com.cn/webservices/EnglishChinese.asmx";
```

之后定义所要调用的方法，然后实例化 SoapObject，在实例化的 SoapObject 中封装好要传递的参数，相关代码实现如下：

```
SoapObject request = new SoapObject(serviceNamespace，methodName);
    request.addProperty("wordKey"，word);
    // 获得序列化的 Envelope
    SoapSerializationEnvelope envelope = new SoapSerializationEnvelope(SoapEnvelope.VER11);
    envelope.bodyOut = request;
    envelope.dotNet = true;
    envelope.setOutputSoapObject(request);
    (new MarshalBase64()).register(envelope);
    AndroidHttpTransport ht = new AndroidHttpTransport(serviceURL);
    ht.debug = true;
```

在一切工作准备好之后，调用 Call()方法进行远程方法的调用，并且接收传回的 XML 数据。相关代码如下：

```
    try {
            ht.call("http://WebXml.com.cn/TranslatorString"，envelope);
            SoapObject result=(SoapObject)envelope.bodyIn;
            SoapObject detail=(SoapObject)result.getProperty("TranslatorStringResult");
            return parseTranslation(detail);
    } catch (IOException e) {e.printStackTrace();}
        catch (XmlPullParserException e) {e.printStackTrace();}
```

接收到的是 XML 文件并非 String 形式，要想将传回的解释显示在 EditText 中，还需要构建一定的解析方法，将 XML 转换成 String 形式，相关方法为：

```
    private static String parseTranslation(SoapObject translation){
    StringBuilder sb = new StringBuilder("");
    sb.append("您输入的单词是："+translation.getProperty(0).toString());
    sb.append("\n");
    sb.append("单词的音标为："+translation.getProperty(1).toString());
    sb.append("\n");
    sb.append("单词的解释为："+translation.getProperty(3).toString());
    sb.append("\n");
    return sb.toString();}
```

得到 String 后，Web Servie 会将 String 重新传回给前台执行的 Activity，前台的 Activity 通过 setText()方法，将 String 显示在第二个 EditText 中。

(11) 在 com.amaker.question 包中新建 browseActivity.java 文件，用于实现浏览信息的功能，browseActivity 中只有一个 ListView 组件用来实现对于数据库信息读取并显示在当前的 Activity。browseActivity 中用到了 DBHelper 中的 browser()方法对本地数据库进行遍历。主要代码如下：

```java
public void onCreate(Bundle savedInstanceState) {
    super.onCreate(savedInstanceState);
    this.setTitle("浏览收藏信息");
    final DBHelper helpter = new DBHelper(this);
    Cursor c = helpter.browser();
    String[] from = { "_id", "words", "translation"};
    int[] to = { R.id.text11, R.id.text12, R.id.text13};
    SimpleCursorAdapter adapter = new SimpleCursorAdapter(this, R.layout.row, c, from, to);
    ListView listView = getListView();
    listView.setAdapter(adapter);               }
```

(12) 在 com.amaker.question 包中新建 deleteActivity.java 文件，用来实现对本地数据库所保存的数据进行删除操作，在第一个 EditText 输入所要删除的词汇后，点击删除按钮，程序会自动在数据库中查找所要删除的词汇并将解释显示在第二个 EditText 控件中，同时这条词汇将会从本地库中删除。主要代码实现如下：

```java
public class deleteActivity extends Activity{
    private EditText et1，et2;
    private Button b1;
    private int id;
    @Override
    public void onCreate(Bundle savedInstanceState) {
        super.onCreate(savedInstanceState);
        setContentView(R.layout.delete);
        this.setTitle("删除信息");
        et1 = (EditText) findViewById(R.id.EditText04);
        et2 = (EditText) findViewById(R.id.EditText05);
        b1 = (Button) findViewById(R.id.deleteButton01);
        b1.setOnClickListener(new OnClickListener() {
            public void onClick(View v) {
                String word= et1.getText().toString();
                Cursor c = helper.query(word);
                if(c.moveToFirst()){
                    for(int i=0;i<c.getCount();i++){
                        c.move(0);
                        id=c.getInt(0);
```

```
                    String translation=c.getString(2);
                    et2.setText(translation);
                    delete();}   }}});}
```

(13) 在程序菜单功能的实现方面，采用 GridView 来显示程序的菜单，让程序界面显得更加友好，方便用户管理程序。在菜单中不仅连接了首页中实现的六个主要功能，而且新增了新窗口、返回首页、关闭窗口、退出程序、关于程序等功能，让程序的功能变得更加强大，用户在应用时更加方便。在 firstpageActivivty 加入如下主要代码：

```
private String[] menu_name_array = { "中文搜索","浏览信息","保存信息","发布问题","英文搜索",
"新窗口","返回首页","关闭窗口","退出","关于","删除信息","关闭"};
int[] menu_image_array = { R.drawable.menu_search,
         R.drawable.menu_filemanager, R.drawable.menu_downmanager,
         R.drawable.menu_sharepage, R.drawable.menu_inputurl,、
         R.drawable.menu_new_window, R.drawable.menu_return,
         R.drawable.menu_close_window, R.drawable.menu_quit,
         R.drawable.menu_about, R.drawable.menu_delete,
         R.drawable.menu_more };
View menuView = View.inflate(this, R.layout.gridview_menu, null);
final AlertDialog menuDialog = new AlertDialog.Builder(this).create();
final AlertDialog.Builder builder= new AlertDialog.Builder(this);
menuDialog.setView(menuView);
menuGrid = (GridView) menuView.findViewById(R.id.gridview);
menuGrid.setAdapter(getMenuAdapter(menu_name_array, menu_image_array));
```

程序运行结果如图11.3所示。

图 11.3　菜单

在程序中还应对退出菜单进行更加友好的人机界面设计，在点击退出键后会弹出一个 AlertDialog 框用于提示用户是否真正退出程序。在 firstpageActivity 中加入实现的主要代码：

```
final AlertDialog.Builder builder=new AlertDialog.Builder(this);
    builder.setMessage("确定退出程序吗？");
    builder.setPositiveButton("是", new DialogInterface.OnClickListener(){
    public void onClick(DialogInterface dialog, int which){
     finish();} });
    builder.setNegativeButton("否", new DialogInterface.OnClickListener(){
     public void onClick(DialogInterface dialog, int which){}
    });AlertDialog ad=builder.create();
    ad.show();
    break;}
```

11.3 存在的不足和下一步的工作

由于时间和资源有限，所以找到的数据库网站只提供英文词汇的解释功能。但在实际应用时，人们会遇到各种各样的词汇，包括中文、英文，或者是其他国家的语言。所以此时程序所能提供的功能是不全面的。针对这一缺点，可以将所链接的网站改成百度百科。

关于本地数据库方面，由于时间有限，所以数据库中所保存的数据还很少，造成查询词汇时，很多时候都查不到。针对这方面的改进，是需要扩充本地数据库的。

关于人机界面方面，由于这里只是给出一个示例，因此没有对美工进行更进一步的完善。

11.4 本章小结

通过对一个基于 KSoap 的类似于百度百科的小应用程序的设计步骤分析，给出实现这个工程的主要步骤，并通过对这些步骤的实现，学习设计和实现较复杂的 Android 应用程序的方法。

思考与实践

根据不同的需求，扩充本地数据库，扩大应用程序查询范围。

第 12 章 案例分析：简易地图程序的设计与实现

地图给人们的生活带来了极大的方便。Google 公司提供的电子地图服务，包括局部的卫星照片等，应用是比较广的。通过谷歌地图查看地图和获取行车路线能方便出行。本章介绍的实例就是利用 Google 提供的 API 接口开发的简易谷歌地图程序。用户可以通过该地图规划自己的行车路线，记录自己的行车路线，实现规划路径、查询地图、路径记录、新建路径、删除路径、路径列表显示等功能。该程序基本满足了用户使用简易地图的需要。

12.1 应用背景和功能需求简介

12.1.1 应用背景

电子地图给人们的生活带来了极大的方便。目前有的地图服务主要是用户在 PC 机的浏览器端以网页的形式出现，不适合在户外旅游等场合使用。而移动手机地图是出门旅游的好帮手，它不仅可以事先规划路径，还可以快速取得旅游景点或特色美食的信息与位置，直接输入地址，便可以通过卫星导航系统指引到目的地。它是通过一组定位技术获得移动终端的地址信息(如经纬度数据等)，从而实现各种与位置相关的服务。

手机地图最大优点是便携性好，实用性强，因此开发地图应用程序具有很大的实用意义。例如，百度地图的移动版，可以让您定位当前所在位置，快速浏览城市的地图，检索公交、驾车、步行导航线路，支持多种手机操作系统。Google Map 是谷歌最为成功的网络服务之一，广泛应用在地理信息查询、线路导航等领域中。谷歌地图一般能提供三种视图：一是传统的矢量地图，可提供政区和交通以及商业信息；二是不同分辨率的卫星照片；三是地形视图，可以显示地形和等高线。使用 Google 地图作为用户界面元素，可显示地图图像、地形图以及卫星影像，可实现地理位置搜索、分类信息获取、交通情况查询、行车路线甚至街景展示和显示三维模型等功能。

本章给出的案例是开发了一个简易的 Google 地图，能满足一般用户的出行或旅游时使用地图的需求。简易地图 Goolge Map 是利用 Google 提供的 API 接口开发的。用户可以通过该地图规划自己旅游的路线，记录自己的行车路线。目前实现的功能有规划路径、查询地图、路径记录、新建路径、删除路径、路径列表显示等，满足了用户使用地图的基本需要。

要想在 Android 平台下开发整合 Google Map 服务的应用程序，需要获取 Map API Key、地图查询应用和导航应用等内容。参考相关文献中有关 Google 地图应用程序的实现方法，本章给出的地图系统扮演着与用户直接交互并提供服务的重要角色，它提供友好的、方便的用户操作界面，接收用户的操作并将这些操作转化成与之对应的命令。

12.1.2 功能需求分析

系统功能需求主要包含以下内容。

1. 主页

在该页面中有 4 个图片按钮，分别为"规划路径"、"路径记录"、"路径列表"、"关于"。

2. 规划路径

由于在 Android SDK 中删除了原版本里的 DrivingDirection package，所以无法通过程序来规划导航路径。虽然无法自行设计导航路线，但可以通过调用手机内置的地图程序来传递导航坐标并规划路径。通过规划路径，可以规划出当前位置到目的地的行车路径。

3. 路径记录

用户可以利用路径记录功能记录走过的路径，最终获得所有走过的地点的路线图。其中，通过 GPS 获得用户的当前位置，用户单击增加记录，就可以记下该地址，单击画线按钮，可以在前一个路径和该路径之间画一条直线，从而达到路径记录的功能。

4. 路径列表

路径列表显示了用户记录的所有路径信息，单击该列表可以进入路径记录页面，用户可以继续记录路径，也可以只是查看之前记录的路线图。

5. 新建路径

在新建路径页面，用户可以建立要记录的路径的标题和说明信息，以备以后查看，使路径信息更加清晰。

6. 删除路径

若记录的路径信息不正确或用户觉得不需要该路径信息，则可以单击删除路径菜单删除相应路径。

7. 查询地址

在查询地址的页面，用户只需要输入要查询的地址，即可查询出该地址的地图，并显示在路径记录页面。

8. 设置

在设置页面中，用户可以设置地图显示的级别及地图的刷新频率、是否开启 GPS 服务和网络服务等。

12.2 系统总体功能概览

我们设计的主页面中有 4 个图片按钮，分别为规划路径、路径列表、路径记录、关于。单击模拟器中的菜单或者真实手机中的菜单按钮，会显示出所有的功能菜单，它们分别是主页、规划路径、路径列表、新建路径、路径记录、More(当手机中显示不了所有的菜单时，未显示的部分都放在 More 菜单中，单击 More 菜单，会根据需要显示查询、设置、关于等)。单击菜单栏中任一菜单按钮可以进入相应的界面。图 12.1 和图 12.2 显示了该地图系统的功能图和菜单功能图。

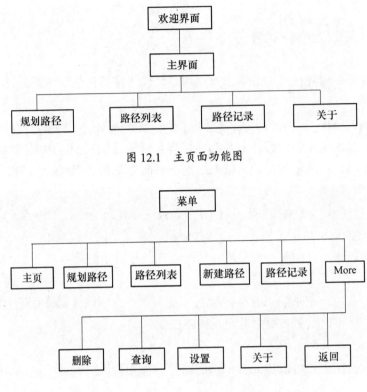

图 12.1 主页面功能图

图 12.2 菜单功能图

12.3 数据库设计

设计过程中,建立一个名为"MySimpleMap.db"的 SQLite 数据库。在该数据库中建立了两个数据表,这两个表的字段信息如表 12.1 和 12.2 所列。

表 12.1 路径记录表(routes)

字 段	类 型	是否为空	备 注
_id		否	自动生成
name	text	否	路径标题
route	text	否	路径说明
routed_time	long	否	路径记录时间
created_at	text	否	创建时间
updated_at	text	否	更新时间

表 12.2 位置信息表(position)

字 段	类 型	是否为空	备 注
_id		否	自动生成
route_id	integer	否	路径 id
longitude	double	否	经度
latitude	double	否	纬度
altitude	double	否	海拔
iconame	text	否	图标
created_at	text	否	创建时间

(1) 路径记录表(routes)：记录用户保存的路径信息，包含路径标题、路径说明信息、路径记录时间等。

(2) 位置信息表(position)：保存一些位置信息，包括经纬度信息、创建的时间等。

12.4 申请 Android Maps API Key

在 Android SDK 预装的 add-on 中提供了一个 Map 扩展库 com.google.android.maps，利用它就可以给应用程序中加上地图功能了。在使用 Android Map API 之前，还需要申请一个 Android Map API Key。

首先，要使用 Java 下的 Keytool 工具产生 MD5 密文，在使用 Google Map API 时进行证书校验。Keytool 文件一般位于%JAVA_HOME%/bin 目录下(如果是 Linux 系统，则位于 $JAVA_HOME/bin 下)。

在开发 Android 程序时，一般是在 Debug 调试模式下开发的，这时 SDK 的 Build tools 会自动使用 Debug 模式下的证书对应用进行签名。为了产生 Debug 模式下证书的 MD5 密文，必须找到 Debug 模式下的 Keystore 密钥库。在不同的操作系统中 Keystore 可能位于如下位置：

- Windows Vista：C:\Users\\.android\debug.keystore
- Windows XP：C:\Documents and Settings\\.android\debug.keystore
- OS X and Linux：~/.android/debug.keystore

使用 Keytool 工具产生 MD5 密文，在命令行下输入如下语句：

%JAVA_HOME%/bin/keytool -list -alias androiddebugkey -keystore debug.keystore -storepass android -keypass android

就产生在 Debug 模式下的 MD5 密文了。要注意的是，必须为新环境下的应用重新生成一次 MD5 密文，因为如果在不同的 Android SDK 或者不同的开发环境下，MD5 密文是不同的，否则换了环境的话 Google Map 将不会工作。产生的 MD5 密文的输出如下：

androiddebugkey，Apr 2，2010，PrivateKeyEntry，Certificate fingerprint (MD5): 72:BF:25:C1:AF: 4C:C1:2F:34:D9:B1:90:35:XX:XX:XX

接下来要到 Google Map API 的主页去申请一个 Map 的 Key，可以访问

http://code.google.com/android/maps-api-signup.html 页面，在其中的 MD5 Fingerprint 一栏中输入刚才生成的 MD5 密文，如图 12.3 所示。

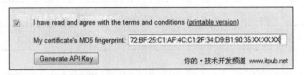

图 12.3　生成的 MD5 密文

输入后，点击图中的"Generate API Key"，就会产生 Google Map API，这个 API 是在程序中可以使用的。

> Tips：要开发 Android 地图程序，首先要申请 Google Map Key。申请好 Google Map Key 后，将获得一个内含 API key 的 MapView 控件相关代码，不同的电脑申请获得的 API Key 是不一样的，所以要将申请好的 API Key 替换导入 Eclipse 的项目中的适当位置中(在本示例项目中需要替换该句代码的文件有 directroute.xml 和 routenote.xml)。

12.5　系统各模块功能简介

搭建好开发环境后，就可以进入系统实现阶段了。首先，在 XML 文件中进行页面布局设计，然后编写相应的页面处理代码，程序执行后便可以看到欢迎界面，如图 12.4 所示。等待 3 秒后进入系统主页面，该页面放置了 4 个图片按钮，单击这 4 个按钮可以分别进入规划路径、路径列表、路径记录和关于页面，如图 12.5 所示。扩展服务是通过菜单按钮来实现的。按下 Menu 按钮，就会在画面上出现各菜单选项。通过这些菜单选项，除了可以实现主页面中的功能外，还可以实现新建路径、删除路径、设置页面信息、查询地址等功能，如图 12.6 所示。

图 12.4　欢迎界面　　　　图 12.5　主页面　　　　图 12.6　菜单页面

例如，点击导航路径，则进入导航路径页面。如现在的地点是在石家庄，想去北京，可以输入目的地 Beijing，如图 12.7 所示。然后进入路径导航页面，单击规划路径按钮，会跳转到另一个页面，显示出从石家庄到北京的路线，如图 12.8 所示。单击某一路标，可以在另一页面显示详细的行车路线图，如图 12.9 所示。

图 12.7　规划路径界面

图 12.8　路径导航后路线

图 12.9　详细行车路线

单击菜单 Menu，可以选择路径记录界面。单击 GPS 可以显示当前位置的经纬度信息，如图 12.10 所示。单击新建路径的界面如图 12.11 所示。若当前位置为 Beijing，填写路径记录标题为 Beijing 等信息后，单击新建路径记录按钮，页面进入路径记录页面，同时该页面显示了增加记录按钮和画线按钮，如图 12.12 所示。单击页面上 ADD 标识的增加路径图片按钮，可记录当前位置并在页面上标识已记录当前位置，如图 12.13 所示。

图 12.10　路径记录界面

图 12.11　新建路径界面

图 12.12　标题为北京路径记录

若当前位置变为石家庄，继续记录当前位置，并单击 paint 画线按钮，可以在北京和石家庄之间画线，从而记录走过的路径，如图 12.14 所示。可以在路径列表中查看已经记录的路径，如图 12.15 所示。

单击菜单 Menu，可以看到扩展菜单 More，如图 12.16 所示。通过扩展菜单可以扩展系统功能。用户可以删除路径，设置一些参数(如地图显示级别、地图刷新频率、是否开启 GPS 服务等)，如图 12.17 所示。还可以查询任意地点的地图，如图 12.18 所示。

图 12.13　记录当前位置　　　图 12.14　记录北京—石家庄路线　　　图 12.15　路径列表

 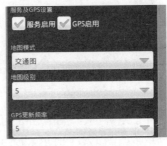 

图 12.16　扩展菜单　　　图 12.17　设置界面　　　图 12.18　地址查询界面

12.6　相关功能的设计与实现

12.6.1　编写欢迎页面布局

在工程的 Layout 文件夹下的 main.xml 中编写布局代码。布局采用 LinearLayout 线性垂直布局。页面中放一个图片和一个进度条。main.xml 中部分代码如下：

```
<ImageView android:id="@+id/ImageView01"
android:layout_width="wrap_content"
android:layout_height="wrap_content"
android:layout_gravity="center_vertical|fill_vertical|center_horizontal" android:src="@drawable/chinamap">
</ImageView>
<ProgressBar   android:id="@+id/ProgressBar01"
android:layout_width="wrap_content"
android:layout_height="wrap_content"></ProgressBar>
```

12.6.2　页面及菜单的设计与实现

首先是要编写主页面布局代码。本工程在 LinearLayout 内嵌套定义了 LinearLayout，并在其中定义了 4 个图片按钮。限于篇幅，这里只介绍单击主页面中规划路径图片按钮时，实现从主页面调转至规划路径页面的功能和菜单功能的编写(其他的按钮功能代码略)。由于在布局文件中定义了规划路径的图片按钮 imageview1 的 id 为 ImageView01，因此可以通过 findViewById()获得布局文件中定义的元素，并实现获得页面元素的功能。单击规划路径的图片按钮 imageview1，通过 Intent 实现从主页面到规划路径的页面跳转。从主页面调转至规划路径页面部分代码为：

```
imageview1 = (ImageView) findViewById(R.id.ImageView01); //找到布局中定义的 Imageview
listener1= new OnClickListener(){
  public void onClick(View v) {
    Intent intent1 = new Intent(Desk.this，DirectRoute.class);// 页面跳转
    startActivity(intent1);} };
  imageview1.setOnClickListener(listener1);
```

下面介绍如何定义菜单选项。首先定义菜单需要的常量及菜单选项的位置、文字、图片及快捷键等。然后，定义单击每一个菜单选项要实现的功能，这里也是通过 Intent 实现页面跳转。由于每页页面基本上都有菜单，其他页面就不一一再述了，相关代码如下。

```
//定义菜单需要的常量
private static final int MENU_MAIN = Menu.FIRST + 1;
private static final int MENU_DERECT_ROUTE= MENU_MAIN + 1;
public boolean onCreateOptionsMenu(Menu menu) {// 初始化菜单
    super.onCreateOptionsMenu(menu);
    menu.add(0，MENU_MAIN，0，"主页").setIcon(
        R.drawable.desk).setAlphabeticShortcut('H');
    menu.add(0，MENU_DERECT_ROUTE，0，"规划路径").setIcon(
        R.drawable.directroute).setAlphabeticShortcut('D');
        return true;         }
// 当一个菜单被选中的时候调用
public boolean onOptionsItemSelected(MenuItem item) {
    Intent intent = new Intent();
    switch (item.getItemId()) {
    case MENU_MAIN:
        intent.setClass(Desk.this，Desk.class);
        startActivity(intent);
        return true;
    case MENU_DERECT_ROUTE:
        intent.setClass(Desk.this，DirectRoute.class);
        startActivity(intent);
        return true;}
    return true;
}
```

12.6.3 规划路径页面的实现

在页面中定义一个 TextView、一个 EditText，以及三个 Button(分别为规划路径按钮、放大地图按钮、缩小地图按钮)。在 directroute.xml 中添加对 mapview 的使用，在该 XML 文件加入设定 Google Map 的 API Key 的代码：

```xml
<com.google.android.maps.MapView
    android:id="@+id/map_view"
    android:layout_width="fill_parent"
    android:layout_height="fill_parent"
    android:enabled="true"
    android:clickable="true"
    android:apiKey="0Vmwwd7nWEFgtgihcKUFKVnCWSWsuuyhgUd8tUQ" />
```

12.6.4 编写规划路径页面代码

由于在该页面中要用到 Google Maps API, 因而要在 AndroidManifest.xml 页面中说明要使用的地图库。只需在 AndroidManifest.xml 页面的</application>前添加代码<uses-library android:name="com.google.android.maps"/> 即可。又因在规划路径页面要使用 GPS 和网络功能，因此要在</application>后添加用户使用 GPS 和网络的权限，相应的权限代码如下：

```xml
<uses-permission android:name="android.permission.INTERNET"/>
  <uses-permission android:name="android.permission.ACCESS_COARSE_LOCATION"/> <uses-permission android:name="android.permission.ACCESS_FINE_LOCATION"/>
<!-- 允许应用程序访问额外的位置提供命令 -->
  <uses-permission android:name="android.permission.ACCESS_LOCATION_EXTRA_COMMANDS" />
<!-- 允许程序创建模拟位置提供用于测试 -->
  <uses-permission android:name="android.permission.ACCESS_MOCK_LOCATION" />
```

编写规划路径页面代码时要继承 MapActivity，这样才能使用 maps.jar 的一些方法。要编写地图程序，首先要获得系统 Location 服务和位置提供器，从而获得当前位置，通过位置可以获得该位置的经纬度。利用 MapView 获得地图控制器，调用 animateTo()方法显示出对应经纬度的地图。相关代码为：

```java
//取得系统 Location 服务
locationManager = (LocationManager) getSystemService(Context.LOCATION_SERVICE);
Criteria criteria = new Criteria();
//取得效果最好的 criteria
locationProvider = locationManager.getBestProvider(criteria, true);
mlocation = locationManager.getLastKnownLocation(locationProvider);
//通过地址反查，可以通过地址获得经纬度
  double geoLongitude = location.getLongitude()*1E6;
  double geoLatitude = location.getLatitude()*1E6;
  gp = new GeoPoint((int)geoLatitude, (int)geoLongitude);
//显示对应经纬度的地图
MapController mc = mapView.getController();
mc.animateTo(gp);
```

为了使程序具有很好的操作性，程序中应该设置一些提示信息，可以使用 Toast 的 makeText 方法显示提示信息。例如：

```
//通过 Toast 显示相关的信息
  Toast.makeText(DirectRoute.this, "当前位置   东经:"+(mlocation.getLongitude() )+"度  北纬:
"+(mlocation.getLatitude() )+"度 \n 地址:", Toast.LENGTH_LONG).show();
```

本页面的核心功能是单击规划路径按钮进行路径规划。由于现有的 Android SDK 中删除了 M5 版本里的导航路径包,所以无法通过程序来规划路径。虽然无法自行设计导航路线,但却可以调用手机内置的地图程序来传递导航坐标规划路径。程序以当前位置为起点,以 EditText 中用户输入的地址为终点,获得起点到终点的路径导航的行车路线。由于 maps.google.com 可接受的经纬度需要以"纬度,经度"的字符串格式传递,因此编写了一个 GeoPointToString()来重组 GeoPoint 里的经纬度。导航路径按钮的代码如下:

```
//导航路径按钮处理代码
button1 = (Button) findViewById(R.id.button1);
button1.setOnClickListener(new OnClickListener(){
  public void onClick(View v) {
    if(editText.getText().toString()!=null)
    {    //取得 User 要前往地址的 GeoPoint 对象
       toGeoPoint = getGeoByAddress(editText.getText().toString());
       Intent intent = new Intent();   //路径规划 Intent
       intent.setAction(android.content.Intent.ACTION_VIEW);
       //传入规划路径所需要的地标地址
        intent.setData(Uri.parse("http://maps.google.com/maps?
       f=d&saddr="+GeoPointToString(fromGeoPoint)+"&daddr="
       +GeoPointToString(toGeoPoint)+"&h1=cn"));
       startActivity(intent);    }
  }   });
```

12.6.5 路径记录页面的实现

首先,编写路径记录页面布局文件。在页面中定义三个图片按钮,分别为增加当前位置、画线、GPS 定位当前位置。有一个放大和缩小按钮、一个 MapView 等。

其次,编写路径记录页面代码。获得通过 SharedPreferences 保存的信息,如地图显示模式、级别、地图刷新频率等(注:限于篇幅,本书第 9 章未介绍基于 Shared Preferences 方式的数据存取,相关内容可参阅其他文献中的说明)。有关获得设置页面中设置的信息的相应代码为:

```
SharedPreferences settings = getSharedPreferences("SETTING_Infos", 0);
String setting_map = settings.getString("SETTING_Map", "5");
String setting_mode = settings.getString("SETTING_Mode", "交通图");
String setting_gps = settings.getString("SETTING_StartGPS", "true");
```

单击 GPS 按钮,在该按钮的处理方法中调用 centerOnGPSPosition() 方法。在 centerOnGPSPosition()方法中,通过自定义图层 ItemizedOverlay,在当前位置显示星形及通过继承 Overlay 显示图层为当前位置的文字,同时调用 Toast 方法提示并显示出当前位置的经纬度。部分相关代码如下所示:

```java
protected void centerOnGPSPosition() {
try{
    if(location!=null)      {//当前位置坐标
    double geoLongitude = location.getLongitude()*1E6;
    double geoLatitude = location.getLatitude()*1E6;
     geoPoint = new GeoPoint((int)geoLatitude，(int)geoLongitude);
     geoCaption = "当前位置";//位置说明信息
    mapController.animateTo(geoPoint);
    mapController.setCenter(geoPoint);
    /*画当前位置图片*/
    Drawable dr=getResources().
    dr.setBounds(-10，-10，10，10);
    getDrawable(android.R.drawable.btn_star_big_on);
    MyOverlayPic op =new MyOverlayPic(dr，geoPoint);
    List<Overlay> overlays=mapView.getOverlays();
    overlays.add(op);
    // 画位置说明
    MyOverlay mo = new MyOverlay();
    mo.onTap(geoPoint，mapView);
    mapView.getOverlays().add(mo);
    Toast.makeText(RouteNote.this,"东经: "+(location.getLongitude() )+"度 北    纬: "+ (location.getLatitude() )+"度 \n 地址: "+GetAddress(geoPoint)，
    Toast.LENGTH_LONG).show();
 }
else {
     Toast.makeText(RouteNote.this，"无法获得当前位置，当前位置为空"，
     Toast.LENGTH_LONG).show();
     }
} catch (Exception err) {
     Toast.makeText(RouteNote.this，"获取"+locationProvider+"位置失败"，
     Toast.LENGTH_SHORT).show();
     err.printStackTrace();}
}
```

RouteNote 还可以通过 Bundle 方式获得其他页面传递过来的数据。路径列表页面传递的参数为单击的列表行号、路径名、路径说明等。查询地址页面中传递的参数为查询位置。部分相关代码如下所示：

```java
Bundle extras = getIntent().getExtras();
String name = extras.getString(DBAdapter.ROUTE_NAME);
//获得 routelist 页面中 list 的单击的行号
rowId = extras.getLong(DBAdapter.ROUTE_KEY_ROWID);
route_id = rowId.intValue();//获得位置在路径记录数据表中的行号
search_address=extras.getString("SEARCH_ADDRESS");//从 SerchAddress 页面获得传递过来的搜索地址
```

新建路径页面通过 intent 的 putExtra 方法将值传递到路径记录页面。部分相关代码如下：

```
Intent intent = new Intent ();
intent.setClass(NewRoute.this，RouteNote.class);
//row_id 为新插入路径在表中的位置即游标的位置
intent.putExtra(DBAdapter.ROUTE_KEY_ROWID，row_id);
intent.putExtra(DBAdapter.ROUTE_NAME，name);
intent.putExtra(DBAdapter.ROUTE_ROUTE，route);
startActivity(intent);
```

新建路径和路径列表均是通过 paintLocates()画线方法中调用位置记录数据库页面 PositionDbAdapter 中的 getRouteAllLocates(route_id)方法得到与该路径相关的信息的，如路线图中某一位置相关联的其他位置，然后将相关参数传递到路径记录页面，将数据库中查询获得的信息显示在路径记录页面中。通过地址反查获得查询地址的经纬度,然后利用地图控制器的 aminateTo() 方法显示出相应经纬度的地图，进而将查询出的地图显示在页面中。部分相关代码如下：

```
//将经纬度转为屏幕坐标
MapController mapController = mapView.getController();
mapController.animateTo(geoPoint);//对于给定的坐标点，开始显示地图。
mapController.setCenter(geoPoint);
```

12.6.6 路径列表页面的实现

首先，编写路径列表页面布局文件。在设置页面布局文件中定义一个 ListView，用于将信息以列表形式显示出来。其次，编写路径列表页面代码。该页面最主要的功能是将路径记录表中的信息显示在列表中。活动继承自 ListActivity。SimpleCursorAdapter 方法允许绑定一个 Cursor 的 Columns 到 ListView 上，并使用自定义的 Layout 显示 List 中的每个项目。可以使用 SimpleCursorAdapter 作为中间桥梁，将从 SQLite 数据库中查询出来的数据直接显示到 ListView 中。程序中将路径记录表中的数据显示在列表的相应代码如下：

```
private Cursor routeCursor;
routeCursor = dbHelper.getAllRoutes();
startManagingCursor(routeCursor);
String []from = new String[]{DBAdapter.ROUTE_NAME，DBAdapter.ROUTE_CREATED，DBAdapter.ROUTE_ROUTE};
int []to = new int[]{R.id.name，R.id.created，R.id.route};
SimpleCursorAdapter routes = new SimpleCursorAdapter(this，R.layout.routerow，routeCursor，from，to);
setListAdapter(routes);
```

单击列表的某一行，将列表行号、路径标题、路径说明等信息保存到 Intent 中，然后传递到路径记录页面进行相应的处理(代码略)。

12.6.7 设置页面的实现

首先，编写设置页面布局文件。在设置页面的布局文件中定义了四个 TextView，两个 CheckBox 复选框，两个 Spinner 下拉框。

其次，编写设置页面代码。在设置页面中主要设置地图显示级别、地图刷新频率和是否开启 GPS 服务等，以便使程序更好地满足用户的需要。地图显示级别和地图刷新频率是通过下拉列表 Spinner 实现的。如何将数据放入下拉列表中呢？程序中是将一个定义地图模式的数组放入下拉列表项并利用 ArrayAdapter 来实现，其中 DropDownViewResource 为下拉列表的模式。涉及到的部分代码如下：

```
field_setting_mode = (Spinner) findViewById(R.id.setting_mode);
ArrayAdapter<CharSequence> adapter1 = ArrayAdapter.createFromResource(this, R.array.mode, android.R.layout.simple_spinner_item);
adapter1.setDropDownViewResource(android.R.layout.simple_spinner_dropdown_item);
field_setting_mode.setAdapter(adapter1);
```

若在设置页面中要保存信息使这些信息在其他页面中可以继续使用，可使用 SharedPreferences。通过 SharedPreferences 可以保存上一次用户所做的修改或者自定义参数设定，当再次启动程序后依然保持原有设置。通过 getPreference()方法来获得 Preference 对象，通过调用 SharedPreference 的 edit()方法取得编辑对象，然后通过 putString( )方法添加数据，最后通过 commit()方法保存这些数据，如果不需要与其他模块共享数据，可以使用 Activity.getPreference()方法保持数据为私有。通过 SharedPreferences 来保存选中的列表项，相关实现代码如下：

```
SharedPreferences settings = getSharedPreferences("SETTING_Infos", 0);
settings.edit()
.putString("SETTING_Map", field_setting_map_level.getSelectedItem().toString())
.commit();
```

12.7 程序简要使用说明

运行程序后，单击路径记录按钮，显示一个 GPS 按钮，通过该按钮可以显示当前的位置的经纬度信息等。要记录路径信息，则应先新建路径。在新建路径页面输入路径的标题和路径的说明信息。如标题为："石家庄"，说明为："石家庄到北京"。单击新建按钮，页面跳转至路径记录页面，此时路径记录页面显示三个按钮，分别为增加路径、画线、GPS 按钮。启动模拟器后，在 Emulator Controler(通过菜单【Windows】-【show view】-【other】-【android】-【Emulator Controler】调出)里设置经纬度(如在这里设置石家庄的经纬度：纬度 latitude38.04228 经度 longitude114.5144)。这样可以打开模拟器的 GPS 功能。在模拟器中要记录路径的步骤如下：

(1) 单击 GPS 显示当前位置，然后单击 Add 按钮，显示已记录当前位置。这样就把当前位置的经纬度信息保存到位置记录表中了。

(2) 在 Emulator Controler 中改变经纬度，如改为北京的经纬度(北京的经度 116.281126，纬度 39.9187374)来模拟 GPS 获得当前位置的改变。单击 GPS 按钮，可以看到当前的经纬度信息已经变为北京的经纬度信息了。继续单击 Add 按钮，可以将当前位置北京的经纬度信息保存到位置记录表中。单击 Paint 按钮，可以在地图上的石家庄和北京之间画线，达到路径记录的功能。当然还可以继续记录路线，只要当前位置变化了，用户都可以手动记录路径。用户可以单击列表中的列查看刚刚记录的路线信息。有关部分城市的经纬度信息，可查阅相关资料，在此不再赘述。

12.8 本章小结

针对 Google Map 的应用，本文给出一种设计方案、部分界面图及主要功能实现。该系统集路径规划、查询地图、路径记录、保存路径、删除路径等功能于一体，通过规划路径，可以规划出当前位置到目的地的行车路径。用户可以利用路径记录功能记录走过的路径，最终获得所有走过的地点的路线图。路径列表可以查看、修改、删除。在新建路径页面，用户可以建立要记录的路径的标题和说明信息，以备日后查看。在设置页面中，用户可以手动设置地图显示的级别、地图的刷新频率、是否开启 GPS 服务和网络服务。

思考与实践

请自行申请 Android Maps API Key 并付诸实施。

第 13 章 案例分析："宿舍通"应用程序的设计与实现

手机，作为人们之间沟通的一种重要工具，在日常生活中有着重要的作用。随着交际面的扩展，手机通信录可能也变得越来越臃肿，使得像打电话或发短信这种简单而常用的操作变得繁琐，因为我们不得不在几百条甚至更多的联系人信息中搜索我们所想要的，而统计表明人们日常通信的绝大多数仅来自于关系或业务密切的某些人群。为方便人们的沟通并简化通信过程，需要一款简单易用的具有微型通信录功能的软件。本章介绍的"宿舍通"实例就是为了满足这种需求而开发的。这款软件的核心为手机的通信业务，在开发过程中主要涉及软件的界面布局、文件读写、Intent 以及 SmsManager 对象的使用、多语系支持等方面的知识。

13.1 应用背景

参照文献[21，26-28]中相应的方法，本章给出名为"宿舍通"的用于手机通信的软件。这款软件的开发初衷是为了方便宿舍内同学间的日常通信，因此命名为"宿舍通"。它具有拨打电话、发送短信、手机业务查询等功能。但它的实际用途远不仅限于宿舍好友间的通信，它在团队以及业务管理等方面也体现出较大的实用价值。除此之外，此款软件还可以充当临时通信录以及手机业务查询器等角色。需要特别声明的是，项目中所有使用的图标均来自网络，并非作者原创，此处仅为演示方便借用。我们尊重其原作者的版权。

13.2 设计思路与注意事项

13.2.1 设计思路

设计思路是运用文件的存储功能记录联系人信息，再调用文件读写函数将其保存在相应的字符串数组中。运用 Intent 以及 SmsManager 对象实现打电话和发短信服务，在 TextView 中显示联系人姓名，而与其对应的 ImageButton 则调用与该联系人有关的服务。在设置选项中使用 startActivityForResult(intent, 0)实现相应的 Activity 的跳转，并在新打开的 Activity 中通过文件读写等方式实现对联系人信息的增、删、改等功能。通过复写 onRestart()方法，实现联系人信息在设置完成后的更新；运用 Toast、AlertDialog 等方式实现和用户的交互。

13.2.2 注意事项

该项目涉及到拨打电话和发送短信等功能，因此在开发时，要在 AndroidManifest.xml 文件中添加相应的权限。由于使用了多个 Activity，因此必须在 AndroidManifest.xml 文件中对其进行注册。为了尽可能多地演示相关技术,我们对其中的一些功能只进行了简单的示范(如:多语系仅提供了对英语的支持),相关完善工作请读者自行完成。因篇幅有限,只能在书中着重介绍整个项目的逻辑及一些难点,完整的项目文件请查阅本书提供的项目源代码。

13.3 布局的设计与实现

通过前几章的学习,相信读者对一些常用的布局方式和控件的使用已经有了一些了解。为了能突出重点,把握整体脉络,在这里就不对它们的基本特性一一赘述了。由于功能的需要,该项目的界面布局较为复杂——它采用了 LinearLayout 和 RelativeLayout 两种布局方式,在常用控件的基础上(如 TextView、Button),又引入了 SlidingDrawer 这种带有抽屉效果的组件。

主界面的布局是这个项目中布局实现的重点,虽然涉及到的布局方式和控件都比较常见,但由于功能的需要,在布局时对布局方式进行了多重嵌套。为了能够对主界面的布局有整体认识,我们给出了主界面原图(图 13.1)和主界面布局解析图(图 13.2)。请读者仔细对照两图,思考一下布局的实现方法(暂不用考虑 SlidingDrawer)。

图 13.1　主界面原图

图 13.2　主界面布局解析图

通过图 13.1 和图 13.2 的展示,可以发现在 RelativeLayout 布局下多重嵌套了 LinearLayout 布局。在最内层的 LinearLayout 为 LinearLayout 3(图 13.2 所示),它采用了垂直(vertical)布局的方式,其中包含了 ImageButton 和 TextView 两个控件。为了使这两个控件能居中显示,这里设置其 android:gravity 属性为 center。由于每个 LinearLayout 2 中包含三个 LinearLayout 3,为了避免指定每个 LinearLayout 3 的大小可能造成的屏幕空间填充时的冲突或混乱,我们使用了 layout_weight 属性,设置每个 LinearLayout 3 的权值为 1。为了对 layout_weight 的属性有一个较为全面的认识,我们做了实验并总结如下:

(1) 当 LinearLayout 为垂直分布且其内控件的 layout_height(高度)属性为 wrap_content 时,其权值越大,占有的屏幕空间越大,例如:LinearLayout 内有两个 TextView,其权值分别为 1 和 2,那么 LinearLayout 所占屏幕空间的 1/3 给权值为 1 的 TextView,2/3 给权值为 2 的 TextView。

(2) 当 LinearLayout 为垂直分布且其内控件的 layout_height(高度)属性为 fill_parent 时,

其权值越大，占有的屏幕空间越小(setting 布局中会有体现)。例如 LinearLayout 内有两个 TextView，其权值分别为 1 和 2，那么 LinearLayout 所占屏幕空间的 2/3 给权值为 1 的 TextView，1/3 给权值为 2 的 TextView。

(3) LinearLayout 为水平分布且其内控件的 layout_width(宽度)属性为 wrap_content，以及 LinearLayout 为水平分布且其内控件的 layout_width(宽度)属性为 fill_parent 的情况分别同(1) 和(2)。

(4) LinearLayout 内的子 LinearLayout 也满足上述几条，但要注意的是如果父 LinearLayout 为垂直布局、子 LinearLayout 的 layout_height(高度)属性为 fill_parent，或父 LinearLayout 为水平布局、子 LinearLayout 的 layout_width(宽度)属性为 fill_parent 时，必须指定其 layout_weight 属性，否则子 LinearLayout 会填充其父 LinearLayout 的全部空间。以上是在控件未指定属性(高度和宽度之一)为 wrap_content 时为前提的。读者可通过实验自行验证，下面为 LinearLayout 3 的布局代码：

```xml
<LinearLayout
    xmlns:android="http://schemas.android.com/apk/res/android"
    android:layout_width="wrap_content"
    android:layout_height="wrap_content"
    android:layout_weight="1"
    android:gravity="center"
    android:orientation="vertical" >
    <ImageButton
        android:id="@+id/myImageButton1"
        android:layout_width="wrap_content"
        android:layout_height="wrap_content"
        <!-- ImageButton 的图片来源(已添加在 drawable 中) -->
        android:src="@drawable/button1" />
    <TextView
        android:id="@+id/lable1"
        android:layout_width="wrap_content"
        android:layout_height="wrap_content"
        <!--TextView 要居中显示，达到始终与 ImageButton 垂直对应的效果 -->
        android:gravity="center" />
</LinearLayout>
```

了解了 LinearLayout 3 的布局后，LinearLayout 2 的布局就简单了。通过观察图 13.1 和图 13.2 可以知道 LinearLayout 2 中包含了三个 LinearLayout 3，且这些 LinearLayout 是水平排列的。LinearLayout 2 的布局代码参见示例代码，不再赘述。

接下来进行 LinearLayout 1 的布局设定。观察图 13.1 和图 13.2 可知，LinearLayout1 除包含三个 LinearLayout 2 外，还包含了三个 TextView(其中两个显示符号*，用来充当分隔栏；一个显示文字)，一个 Button(介于两个 TextView 之间)，但实际布局中为了美观，又添加了三个未显示文字的 TextView。LinearLayout 1 采用垂直布局方式。由于其内同时包含 LinearLayout

和一些基本控件，布局相对来说比较复杂。LinearLayout 1 的布局代码参见示例代码，不再赘述。LinearLayout 1 中除子 LinearLayout 外，还包含了八个控件。下面按其作用依次分类介绍。

首先来看控制 ID 为 northStarView 和 southStarView 的这两个 TextView，它们作用是显示*号(即图 13.1 中上下两个分隔栏)。为了美观，我们修改其高度为 14dp(因为其默认大小看起来有点松散)，这里需要特别提醒的是 Android 长度单位的使用，在开发中尽量使用 dp 或 sp(主要用于文字)这种不依赖像素的单位，防止因屏幕分辨率不同而引起的显示效果不同的情况出现。另外这两个 TextView 充当的是分隔栏的作用，须将其设置为单行显示(即：android:singleLine="true")。为了适应不同宽度的屏幕，我们设定 text 中*号的个数(在主程序执行时设定的)往往要超过屏幕所能显示的最大个数，而出现这种情况时，Android 默认会在后面加入省略号，所以我们需要修改其 android:ellipsize 属性的值为 none 即不显示省略号。读者可自行查看剩下的属性值如 start、end、marquee 等的效果，在此不再赘述。

其次，本工程这两个 TextView 之间使用了跑马灯效果的 selectButton(它们本工程中用于实现打电话、发短信等功能)。要实现跑马灯效果，必须要设置以下 4 个属性：

(1) android:singleLine="true"：单行显示。
(2) android:ellipsize="marquee"：设置为跑马灯效果。
(3) android:focusable="true"：获得焦点。
(4) android:focusableInTouchMode="true"：始终处于 Touch Mode 状态，即在点击其它控件时该控件也可以获得焦点。

此外，为了使其实现跑马灯循环滚动的效果，需要将 android:marqueeRepeatLimit 属性设置为 marquee_forever。

unvisionable 是为了调节控件之间距离而添加的，其内的 text 属性设置成几个空格；groupsend 则是为了给用户一个提示，其内的 text 已在 String 文件中定义(注：项目中凡是要显示文本的，都已在 String 文件中定义，后面有关多语系讲解中会提到如何在 String 文件中定义字符串)。

在介绍主界面最外层布局(RelativeLayout)之前，我们再来介绍一下 SlidingDrawer 这个实现了滑动式抽屉效果的控件。它有垂直和水平两种形式，这里我们使用的是垂直滑动效果。使用 SlidingDrawer 前必须在 XML 里指定其使用的 android:handle 与 android:content 两个属性，前者是要展开的图片，后者则是隐藏的内容。下面给出 SlidingDrawer 的代码：

```
<SlidingDrawer
        android:id="@+id/drawer1"
        android:layout_width="fill_parent"
        android:layout_height="wrap_content"
        android:handle="@+id/layout1"
        android:content="@+id/myContent1"
        android:orientation="vertical" >
        <LinearLayout
            android:id="@ід/layout1"
```

```xml
        android:layout_width="fill_parent"
        android:layout_height="wrap_content"
        android:background="#000000"
        android:gravity="center" >
        <ImageView
            android:id="@+id/myImage1"
            android:layout_width="wrap_content"
            android:layout_height="wrap_content"
            android:src="@drawable/open" />
</LinearLayout>
<LinearLayout
    xmlns:android="http://schemas.android.com/apk/res/android"
    android:id="@id/myContent1"
    android:layout_width="fill_parent"
    android:layout_height="wrap_content"
    android:background="#000000"
    android:orientation="vertical" >
    <TextView
        android:id="@+id/unvisionable"
        android:layout_width="wrap_content"
        android:layout_height="wrap_content"
        android:gravity="center_vertical"
        android:text="       " />
    <EditText
        android:id="@+id/edittext1"
        android:layout_width="fill_parent"
        android:layout_height="wrap_content"
        android:layout_gravity="top"
        android:autoLink="all"
        android:hint="@string/input_msg_content"
        android:lines="10" />
    <TextView
        android:id="@+id/unvisionable"
        android:layout_width="wrap_content"
        android:layout_height="wrap_content"
        android:gravity="center_vertical"
        android:text="     " />
    <Button
        android:id="@+id/sendButton"
```

```
                    android:layout_width="fill_parent"
                    android:layout_height="wrap_content"
                    android:text="@string/send"
                    android:textColor="#FF00FF" />
                <Button
                    android:id="@+id/cancelButton"
                    android:layout_width="fill_parent"
                    android:layout_height="wrap_content"
                    android:text="@string/cancel"
                    android:textColor="#FF00FF" />
        </LinearLayout>
    </SlidingDrawer>
```

注意代码中 android:handle 和 android:content 这两个属性的 ID 分别是其下面两个 LinearLayout 的 ID,即下面的两个 LinearLayout 分别实现了它们的布局。layout1(LinearLayout 的 ID)作为 SlidingDrawer 的 handle,其内包含了一个 ImageView(其内容为主界面下方的那个箭头图片)。当用户点击它时,程序会自动打开抽屉显示隐藏的内容,即下面要介绍的 myContent1。myContent1 用 LinearLayout 的垂直布局方式实现了 SlidingDrawer 的 content,其中包含了二个 TextView(调节控件距离)、二个 Button(分别用于发送和取消)、一个 EditText(输入并得到信息内容)。需要注意的是,要设置 layout1 和 myContent1 的 android:background 属性且它要和主界面的背景颜色一样,这样做的目的是覆盖原来的界面,这里我们设定其值为 #000000,即黑色。

最后就是主界面布局的最外层即 RelativeLayout 布局了。只需将 LinearLayout 1 和 SlidingDrawer 放在其内即可(LinearLayout 1 在上),不用设置 LinearLayout 1 的 layout_weight 属性,让其尽可能填充 SlidingDrawer 上的屏幕空间。

13.4 文件读写类的设计与实现

Android 给我们提供了多种存储数据的方式,如基于文件的流读取、基于轻量级数据库 SQLite 以及 Content Provider 等,其基本使用已经在前述章节中涉及到。由于本工程中需要存储的信息较少,同时为了让读者了解一下 Android 平台下文件的读写操作(本书第 9 章中已提供了使用 SQLite 数据库的实例),本工程采用基于文件的流读取方式来实现数据存储。

在默认情况下,应用程序创建的文件都是私有的,这些私有文件位于 Android 系统下的 /data/data/<应用程序包名>/files 目录下(可通过 Eclipse 的 DDMS 视图来查看),其他应用程序一般是不能访问的,除非在创建时指明是 MODE_WORLD_READABLE 或者 MODE_WORLD_WRITEABLE 模式,当然这就需要给应用程序添加一定的权限。因为这里不需要别的程序访问我们的数据,所以采用了默认模式,感兴趣的读者可自行验证上面提到的两种模式的区别。

按照面向对象的方法,这里将所有相关文件的操作写成了一个类,在这个类中主要包含了文件读方法reader(Context context，String fileName)、文件写方法writer(Context context，String fileName，String message[])，以及为其服务的有关字符串处理的方法 aryToString(String[] ary)(即将一个字符串数组转换成字符串)、strToArray(String str)(将一个字符串转换成字符串数组)。另外，在这个类中还加入了一个用于判断文件是否存在的方法 isFileExists(String filename)，isFileExists(String filename)传入的参数必须是绝对路径。

```java
package com.zhou.work;
import java.io.DataInputStream;
  ⋮
import java.io.OutputStream;
public class FileUtils {
    /* 把字符串数组转化为字符串 */
    private String aryToString(String[] ary) {
        StringBuilder sb = new StringBuilder();// 新建一个 StringBuilder 对象
        for (int i = 0; i < ary.length; i++) {
            sb.append(ary[i]).append("，");//把数组中的每一字符串追加到sb 且每个后面都加一个逗号
        }
        sb.deleteCharAt(sb.length() - 1);// 把最后一个逗号去掉
        return sb.toString();
    }
    /* 把字符串转化为字符串数组 */
    private String[] strToArray(String str) {
        String[] strAry = str.split("，");// 通过逗号将把字符串分割为字符串数组
        return strAry;
    }
    /* 读取一个文件，并以字符串数组的形式返回 */
    public String[] reader(Context context，String fileName) {
        InputStream inputStream=null;
        String message[] = null;
        try {
            inputStream=context.openFileInput(fileName);//打开私有目录下的fileName 文件以读入数据
            DataInputStream ins = new DataInputStream(inputStream);
            message = strToArray(ins.readUTF());// 从 ins 中读出一个以 UTF-8 编码的字符串
        } catch (FileNotFoundException e2) {
            e2.printStackTrace();
        } catch (IOException e) {
            e.printStackTrace();
```

```java
        }finally{
            if (inputStream!=null) {
                try {
                    inputStream.close();// 关闭 inputStream
                } catch (IOException e) {
                    e.printStackTrace();
                }
            }
        }
        return message;// 返回字符串数组
}
/* 把一个字符串数组以 UTF-8 的格式写入到 outputStream 中 */
public void writer(Context context, String fileName, String message[]) {
    OutputStream outputStream = null;
    try {
        outputStream = context.openFileOutput(fileName, Context.MODE_PRIVATE); // 打开应用程
            序私有目录下的 fileName 文件以写入数据，如果文件不存在就创建这个文件
        DataOutputStream dos = new DataOutputStream(outputStream);
        dos.writeUTF(aryToString(message));//把字符串数组转化成字符串，按逗号分割
    } catch (FileNotFoundException e2) {
        e2.printStackTrace();
    } catch (IOException e) {
        e.printStackTrace();
    } finally {
        if (outputStream != null) {
            try {
                outputStream.close();// 关闭 outputStream
            } catch (IOException e) {
                e.printStackTrace();
            }
        }
    }
}
/* 判读一个文件是否存在,若果存在为 true,否则为 false */
public boolean isFileExists(String filename) {
    File f = new File(filename);
    if (!f.exists()) {
```

```
            return false;
    }
        return true;
}
```

13.5 发送短信及拨打电话相关函数的设计与实现

发送短信及拨打电话相关函数是放在工程 MainActivity 中的，它们也是这个工程项目的核心方法。发送短信和拨打电话属于手机底层服务，与用户隐私以及通信费用等问题关系密切，因此实现这两个功能需要程序获得相应的权限，下面分别来实现这两个功能。

13.5.1 发送短信相关功能的设计与实现

发送短信是通过 SmsManager 对象的 sedTextMessage()方法实现的。sedTextMessage()需要传入五个参数，依次为收件人地址(String)、发送地址(String)、消息内容(String)、发送服务(PendingIntent)与送达服务(PendingIntent)。其中的收件人地址和消息内容为必填项。除此之外，Android 还提供了 SendMultipartTextMessage()方法用于发送多条短信。

因为项目中多个功能涉及到发送短信功能，所以这里将其定义成一个方法——makeMessage(phoneNumber，strMessage)，然后在后面的功能中直接调用它。考虑到电信运营商默认短信内容一般不超过 70 个字符，为了突破这种限制我们使用了 SmsManager 对象的 divideMessage()方法，将其拆分为多条短信后再进行发送。下面为实现源代码：

```
public void makeMessage(String phoneNumber, String strMessage) {
    /*注意 android.telephony.gsm.SmsManager 已过期，应引入 android.telephony.SmsManager */
    android.telephony.SmsManager smsManager = android.telephony.SmsManager.getDefault();// 获取
    SmsManager 的默认实例
    if (strMessage.length() > 70) {
        /* 如果短信内容超过 70 个字则将其拆分后放在 texts(String 类型的泛型)内 */
        List<String> texts = smsManager.divideMessage(strMessage);
        for (String text : texts) {
            /* 增强型 for 循环，将拆分后的内容逐条发送出去 */
            smsManager.sendTextMessage(phoneNumber, null, text, null, null);
        }
    } else {
        smsManager.sendTextMessage(phoneNumber, null, strMessage, null,
            null);// 不超过 70 个字直接发送
    }
}
```

Toast 用于向用户显示一些帮助或提示。Toast 样式多种多样，我们可以设置其位置、向其内添加图片等,用途十分广泛(在本书前面的章节中多处用到它)。在完成 makeMessage (phoneNumber，strMessage)后，在其后添加一个 Toast 对象来实现手机业务查询功能。这里使用了 Toast 最基本的功能，即仅显示一个字符串。下面为实现源代码：

```java
public void makeMessageForChecking(String phoneNumber，String strMessage) {
    makeMessage(phoneNumber，strMessage);// 调用发送短信函数
    Toast.makeText(MainActivity.this，R.string.request_sent，Toast.LENGTH_SHORT).show();
}
```

13.5.2 ProgressDialog 的使用

上面提到的 sedTextMessage()方法中仅传入了两个基本参数，并没有涉及到发送服务和送达服务。可以通过创建一个新的线程来模拟短信的发送过程，弹出相应提示对话框来弥补用户体验方面的缺憾。

ProgressDialog 通常使用的提示形式有两种：进度轮和进度条，在后面的两个功能中，会分别采用这两种形式演示其使用方法，同时在创建线程时也使用了两种方法，目的是让读者在掌握方法的同时了解其特点和利弊。使用 ProgressDialog 的方法在每次创建一个对话框后，处于其下的 Activity 就会失去焦点，因此必须在适当的时候调用 dismiss()方法来关闭这个取得焦点的对话框(在线程结束前调用)。为了方便对比学习，这里给出这两个功能的代码，请读者认真分析其不同之处。

给单个联系人发送短信相关的代码如下(在此称之为"策略甲")：

```java
/* 用于模拟短信发送的过程 */
public void msgSending() {
    /* 使用 ProgressDialog 构造函数新建 ProgressDialog ，第二、三个参数为 CharSequence 类型，要使用我们定义的字符串需要使用 getString(resId)方法*/
    sendMsgDlg = ProgressDialog.show(MainActivity.this，getString(R.string.notice)，
        getString(R.string.sending_message));
    sendMsgDlg.setIcon(R.drawable.xiaolian);//设置图标
    new SleepThread().start();// 启动一个 SleepThread 用于停留一段时间后关闭 sendMsgDlg
}
/* 新建一个继承自 Thread 的类，通过覆写其 run()方法实现线程睡眠 2.5s 后(模拟短信发送)，关闭 sendMsgDlg */
private class SleepThread extends Thread {
    public void run() {
        try {
            sleep(2500);// 睡眠 2500ms
        } catch (InterruptedException e) {
            e.printStackTrace();
        }
```

```java
            sendMsgDlg.dismiss();// 关闭 sendMsgDlg
        }
    }
    /* 给单个联系人发送短信 */
    public void makeMessageToOne(String phoneNumber, String strMessage) {
        if (strMessage.equals("")) {
            /* 如果消息内容为空则给用户提示"请输入短信内容"(显示时间为 long) */
            Toast.makeText(MainActivity.this, R.string.input_msg_content, Toast.LENGTH_LONG).show();
        } else {
            /* 如果短信内容不为空则调用发送短信方法进行发送 */
            makeMessage(phoneNumber, strMessage);
            msgSending();// 显示一个 ProgressDialog 提示信息正在发送
            sd.close();// 关闭 SlidingDrawer 返回主界面
        }
    }
}
```

给多个联系人发送短信相关的代码如下(在此称之为"策略乙"):

```java
/* 用于得到短信的内容*/
public String getText() {
    String strMessage = editText1.getText().toString();// 获得短信内容
    return strMessage;
}
/* 用于模拟短信群发的过程 */
public void gropMsgSending() {
    new Thread(new ProgressDlgThread()).start();// 启动一个 ProgressDlgThread 用于停留一段时间后关闭 sendMsgDlg
}
/*新建一个覆写了 handleMessage(Message msg)方法 Handler 的对象以实现线程间的通信, 实时更新进度*/
Handler handler = new Handler() {
    public void handleMessage(Message msg) {
        super.handleMessage(msg);
        sendMsgDlg.setProgress(msg.arg1);//显示已完成的进度
        sendMsgDlg.setMessage(getString(R.string.pre_sed_msg) + msg.arg1
                + getString(R.string.aft_sed_msg));// 用于显示"正在发送第 arg1 条短信"
    }
};
/* 新建一个实现 Runnable 接口的类控制进度条的显示 */
private class ProgressDlgThread implements Runnable {
    public ProgressDlgThread() {
```

```java
            sendMsgDlg = new ProgressDialog(MainActivity.this);
            sendMsgDlg.setProgressStyle(ProgressDialog.STYLE_HORIZONTAL);// 设置进度条风格
            sendMsgDlg.setTitle(R.string.notice); // 设置对话框标题
            sendMsgDlg.setMax(sendTimes);// 设置最大值为发送短信的条数
            sendMsgDlg.setMessage(getString(R.string.sending_message));// 设置对话框内容
            sendMsgDlg.setIcon(R.drawable.xiaolian);//设置图标
            sendMsgDlg.show();// 开始显示
        }
            public void run() {
            try {
                for (int i = 1; i <= sendTimes; i++) {
                    Thread.sleep(1200);
            Message message = handler.obtainMessage();

                    message.arg1 = i;//将 i 进行封装
                        handler.sendMessage(message);//发送消息
                }
            } catch (InterruptedException e) {
                e.printStackTrace();
            }
            sendMsgDlg.setProgress(sendTimes);//上面程序显示最后一个人的短信正在发送后就立即结束
                了，所以我们要其重新显示并停留 0.5s
            try {
                Thread.sleep(500);;//睡眠 500ms
            } catch (InterruptedException e) {
                e.printStackTrace();
            }
            sendMsgDlg.dismiss();// 关闭 sendMsgDlg
        }
    }
    /* 群发短信 */
    public void makeMessageToEveryone() {
        String message = getText();// 获得短信内容
        if (message.equals("")) {
        Toast.makeText(MainActivity.this，R.string.input_msg_content，Toast.LENGTH_LONG).show();
        //如果消息内容为空则给用户提示"请输入短信内容"(显示时间为 long)
        return;
        }
```

```
sendTimes = 0;// 发送短信的次数
for (int i = 0; i < phoneNumbers.length; i++) {
    if (!phoneNumbers[i].equals(EMPTY)) {
        /* 如果电话号码不为空则向其发送短信，同时发送次数加 1 */
        makeMessage(phoneNumbers[i], message);
        sendTimes++;
    }
}
sd.close();// 关闭 SlidingDrawer 返回主界面
if (0 == sendTimes) {
/* 如果发送次数为 0 即联系人号码均为空则显示"号码不存在请在菜单中设置后使用" */
Toast.makeText(MainActivity.this, R.string.num_not_exist, Toast.LENGTH_LONG).show();
} else {
    gropMsgSending();// 显示进度条提示"短信正在发送"
}
}
```

通过上述两部分代码可以看出，虽然都是通过创建线程来控制 ProgressDialog 的，但线程的创建方法却有所不同："策略甲"采用了直接继承的方法，而"策略乙"却采用了实现接口的方法。虽然使用起来并没有太大的区别，但推荐尽量使用"策略乙"，因为使用实现接口的方法可以使创建的类具有继承其他类的能力；另外在 ProgressDialog 的使用方面，由于"策略甲"没有指定其形式和最大值等参数，所以显示效果为一个无限循环的进度轮(图 13.3)，而"策略乙"通过设定其参数来达到显示一个可实时更新的进度条的效果(使用 Handler 来传送数据)，其效果对比见图 13.3 所示。可以把"策略乙"看做是"策略甲"的进阶。

图 13.3　两种不同实现策略得到的效果对比图(左方是"策略甲"，右方是"策略乙")

13.5.3　拨打电话功能的实现

拨打电话是通过自定义的 Intent 对象来实现的，通过 Intent 对象带入"ACTION_CALL"这个关键词，通过 Uri.parse()方法带入用户要拨打的电话号码，最后使用 startActivity()方法将自定义的 Intent 传入，即可完成通过程序直接拨打电话(也可传入 Intent.ACTION_DIAL 来调用拨打电话界面)的功能。需要注意的是传入的 Uri 数据，电话号码的前缀标识为"tel:"。该部分代码如下：

```java
public void makePhone(String s) {
    if (!s.equals(EMPTY)) {// 号码不为空
        String phoneNumber = s;
        /* 新建 Intent 带入 android.intent.action.CALL，通过 Uri.parse()带入用户号码 */
        Intent myIneIntentDail = new Intent("android.intent.action.CALL", Uri.parse("tel:" + phoneNumber));
        startActivity(myIneIntentDail);// 调用系统直接拨打电话功能
        isToMakePhone = false;// 将打电话标记设为 false(已完成拨打电话功能)
    } else {
        isToMakePhone = true;// 如果号码为空，打电话标记依然为 true
        Toast.makeText(MainActivity.this, R.string.num_not_exist,
                Toast.LENGTH_LONG).show();// 提示用户号码不存在
    }
}
```

> **Tips**：这里使用的 Uri.parse()方法返回的是一个 URI 类型，通过这个 URI 可以访问一个网络上或者是本地的资源，当然也可以用于系统功能的调用。

13.6　MainAcitivity 主要逻辑的设计与实现

　　这部分是整个项目的主体。限于篇幅，这里只列出了部分重要代码，建议读者学习该部分时阅读完整源码，并参照注释认真体会其设计思路。

　　这部分的关键在于对 makeChoice(String phoneNumber)函数和 selectButton 组合使用的理解。如果 selectButton 设置的是拨打电话状态(isToMakePhone 值为 true)，则调用 makeChoice(String phoneNumber)时直接拨打电话，否则将传入的电话号码(phoneNumber)传给 theMakingNumber(将要发送短信的号码)，同时展开 SlidingDrawer，等待用户输入短信内容，当用户输入完成单击"确定"时则向其发送短信；如果 theMakingNumber 为空(用户直接点击箭头)，则群发短信。主要代码如下：

```java
package com.zhou.work;
import java.util.Arrays;
        ⋮
import android.widget.Toast;
public class MainActivity extends Activity {
    int buttonClickTimes = 0;
        ⋮
    String[] virginStatesStrings = new String[] { EMPTY，EMPTY，EMPTY，EMPTY，EMPTY，EMPTY };
    //初始状态字符串
```

```java
private FileUtils fileUtils = new FileUtils();
public void onCreate(Bundle savedInstanceState) {
    super.onCreate(savedInstanceState);
    setContentView(R.layout.main);
    myImageButtons[0] = (ImageButton) findViewById(R.id.myImageButton1);
            ⋮
    myImageButtons[8] = (ImageButton) findViewById(R.id.myImageButton9);
    sd = (SlidingDrawer) findViewById(R.id.drawer1);
    im = (ImageView) findViewById(R.id.myImage1);
    sendButton = (Button) findViewById(R.id.sendButton);
    cancelButton = (Button) findViewById(R.id.cancelButton);
    selectButton = (Button) findViewById(R.id.selectButton);
    textViews[0] = (TextView) findViewById(R.id.lable1);
            ⋮
    textViews[5] = (TextView) findViewById(R.id.lable6);
    editText1 = (EditText) findViewById(R.id.getmessage);
    northStars = (TextView) findViewById(R.id.northStarView);
    southStars = (TextView) findViewById(R.id.southStarView);
    showStars(northStars);// 显示上面的分隔栏
    showStars(southStars);// 显示下面的分隔栏
    if (!fileUtils.isFileExists("/data/data/com.zhou.work/files/"+ fileNameOfNames)) {// 如果第一次使用时(文件不存在)，则写入初始状态文件即内容全为空，以便后面程序直接读取
        fileUtils.writer(this, fileNameOfNames, virginStatesStrings);
        fileUtils.writer(this, fileNameOfPhoneNumbers, virginStatesStrings);
    }
    setTextViews();// 设置 TextView 显示的内容
    if (Arrays.equals(phoneNumbers, virginStatesStrings)&& Arrays.equals(names, virginStatesStrings))
    {// phoneNumbers 和 names 为空对用户进行提示
        Toast.makeText(MainActivity.this, R.string.welcome_to_use, Toast.LENGTH_LONG).show();
        // 提示用户在菜单中阅读相关说明后进行设置
    }
    /*覆写 OnClickListener 的 onClick(View v)方法，实现根据调用的 ImageButton 的 id 来实现不同功能，并创建其一个对象*/
    OnClickListener imageClickListener = new OnClickListener() {
        public void onClick(View v) {
            ImageButton btn = (ImageButton) v;//强制类型转换
            int id = btn.getId();//得到调用该方法 ImageButton 的 id
            switch (id) {//根据 id 不同调用不同功能
                case R.id.myImageButton1:
```

```
                    makeChoice(phoneNumbers[0]);//调用 makeChoice 方法并传入相应号码
                    break;
                case R.id.myImageButton2:
                    makeChoice(phoneNumbers[1]);
                    break;
                case R.id.myImageButton3:
                    makeChoice(phoneNumbers[2]);
                    break;
                case R.id.myImageButton4:
                    makeChoice(phoneNumbers[3]);
                    break;
                case R.id.myImageButton5:
                    makeChoice(phoneNumbers[4]);
                    break;
                case R.id.myImageButton6:
                    makeChoice(phoneNumbers[5]);
                    break;
                case R.id.myImageButton7:
                    makeMessageForChecking(SERVICE_NUMBER, FOR_TELEPHONEBILL_CHECKING);
                    //发送短信查询话费(号码为 10086，功能代码为 101)
                    break;
                case R.id.myImageButton8:
                    makeMessageForChecking(SERVICE_NUMBER, FOR_PACKAGEPLANS_CHECKING);
                    //发送短信查询进行话费查询(号码为 10086，功能代码为 501)
                    break;
                case R.id.myImageButton9:
                    makeMessageForChecking(SERVICE_NUMBER, FOR_DEBITS_CHECKING);//发送
                    短信查询话费 (号码为 10086，功能代码为 0000)
                    break;
            }
        }
    };
    for (int i = 0; i < myImageButtons.length; i++) {// 给 myImageButtons[i]设置监听
        myImageButtons[i].setOnClickListener(imageClickListener);
    }
    sendButton.setOnClickListener(new Button.OnClickListener() {
        public void onClick(View arg0) {
```

```java
            if (theMakingNumber == null) {// theMakingNumber 为空(用户未点击 ImageButton, 而是
点击了箭头), 则群发短信
                makeMessageToEveryone();
            } else {
                makeMessageToOne(theMakingNumber, getText());// theMakingNumber 不为空(用
户点击了 ImageButton), 则向该联系人发送短信
            }
            sd.close();// 关闭 SlidingDrawer
        }
    });
    cancelButton.setOnClickListener(new Button.OnClickListener() {//点击取消, SlidingDrawer 关闭
            public void onClick(View arg0) {
                sd.close();
            }
    });
    selectButton.setOnClickListener(new Button.OnClickListener() {
        public void onClick(View arg0) {
            buttonClickTimes++;
            // isToMakePhone = true;
            if (0 == buttonClickTimes % 2) {
                isToMakePhone = false;//如按下该键次数为 2 的整数倍则将打电话标记设 false
                selectButton.setText(R.string.send_state);//将 selectButton 上显示的内容改为"发送短
信状态"
            } else {
                isToMakePhone = true;// 将打电话标记设为 true
                selectButton.setText(R.string.call_state);//将 selectButton 上显示的内容改为"拨打电
话状态"
            }
        }
    });
    /* 设置 SlidingDrawer 被打开的事件处理 */
    sd.setOnDrawerOpenListener(new SlidingDrawer.OnDrawerOpenListener() {
        @Override
        public void onDrawerOpened() {
            im.setImageResource(R.drawable.close);// 换成箭头朝下的图片
        }
    });
    /* 设置 SlidingDrawer 被关闭的事件处理 */
    sd.setOnDrawerCloseListener(new SlidingDrawer.OnDrawerCloseListener() {
        public void onDrawerClosed() {
```

```
                    im.setImageResource(R.drawable.open);// 换成箭头朝上的图片
                    theMakingNumber = null;// 将要发送短信的号码设为空
                    editText1.setText("");// 清空 editText1(短信输入框)的内容
            }
        });
    }
    /* 用于分隔栏的显示,每两个字符随机给个颜色 */
    private void showStars(TextView tv) {
        Random r = new Random();//新建一个 Random 对象用于产生随机数
        int j = 0;
        String strStars = "***********************************************************";//显示字符
        SpannableStringBuilder style = new SpannableStringBuilder(strStars);
        for (int i = 0; i < strStars.length(); i++) {
            style.setSpan(
                    new ForegroundColorSpan(Color.rgb(r.nextInt(256),
                            r.nextInt(256), r.nextInt(256))), j, j + 1,
                    Spannable.SPAN_EXCLUSIVE_EXCLUSIVE);
            j += 1;
        }//设置指定位置文字颜色,调用 Color.rgb()方法随机给值,利用循环给每两个字符设定一种颜色
        tv.setText(style);//显示设定好格式的字符
    }
    public void makeChoice(String phoneNumber) {
        if (!isToMakePhone) {
            if (phoneNumber.equals(EMPTY)) {
                Toast.makeText(MainActivity.this, R.string.num_not_exist,
                        Toast.LENGTH_LONG).show(); // 提示用户号码不存在
            } else {
                theMakingNumber = phoneNumber;// 将要传入的号码赋给 theMakingNumber
                sd.open();// 打开 SlidingDrawer 让用户输入短信内容
            }
        } else {
            makePhone(phoneNumber);// isToMakePhone 标记为 true 则调用拨打电话功能
        }
    }
    /* 用于主界面 TextView 内容的显示,如果为空则显示"未启用",否则显示联系人的姓名 */
    private void setTextViews() {
        names = fileUtils.reader(this, fileNameOfNames);//将 fileNameOfNames 信息读到 names 数组中
        phoneNumbers = fileUtils.reader(this, fileNameOfPhoneNumbers); /*将 fileNameOfPhoneNumbers(联
        系人号码)文件中信息读到 phoneNumbers 这个字符串数组中去 */
        for (int i = 0; i < textViews.length; i++) {//names[i]不为 EMPTY(初始状态)则显示 names[i]
            if (!(names[i].equals(EMPTY)))
                textViews[i].setText(names[i]);
```

```
            else
                textViews[i].setText(R.string.disable);//否则显示"未启用"
        }
    }
}
```

13.7 菜单功能的设计与实现

有关菜单功能的实现，需要通过复写 onCreateOptionsMenu(Menu menu)方法来实现，并使用 Menu.add()方法添加菜单项。当然也可以运用 XML 来创建(使用 MenuInflater 方法)，通过复写 onOptionsItemSelected(MenuItem item)方法来响应菜单的点击事件。在项目中添加了四个菜单项(Android 最多同时显示六个)，它们分别为：关于(程序的简单介绍)、设置(实现 Activity 跳转)、免责声明(权限和话费的说明)、退出(退出程序)，其中在"关于"和"免责声明"中使用了 AlertDialog 这种提示方式(代码注释中有其用法)，在"设置"中通过 startActivityForResult(Intent，0)方法实现 Activity 的跳转，以便在 SettingActivity 中进行数据的增、删、改等操作。为了美观，使用 setIcon()方法来为菜单项设置图标(项目中调用的是系统图标)。该部分代码如下：

```
/* 生成菜单 */
public boolean onCreateOptionsMenu(Menu menu) {
    /* 添加菜单项，第一个参数表示给这个新增的菜单项分配一个分组号，第二个参数表示给这个新
       增的菜单项分配一个唯一标识 id，第三个参数为菜单项的标题。为每个菜单项设置一个图标(调用
       系统图标如：android.R.drawable.ic_menu_compass)*/
    menu.add(0，ABOUT_ID，0，R.string.about).setIcon(android.R.drawable.ic_menu_compass);//添加
    "关于"菜单项(ABOUT_ID 已被我们定义为静态常量)
    menu.add(0，SETTING_ID，1，R.string.setting).setIcon(android.R.drawable.ic_menu_preferences);// 添
    加"设置"菜单项
    menu.add(0，DISCLAIMER_ID，2，R.string.disclaimer).setIcon(android.R.drawable.ic_menu_
    myplaces);// 添加"免责声明"菜单项
    menu.add(0，EXIT_ID，3，R.string.exit).setIcon( android.R.drawable.ic_menu_close_clear_cancel);
    // 添加"退出"菜单项
    return super.onCreateOptionsMenu(menu);
}
/* 响应菜单项点击 */
public boolean onOptionsItemSelected(MenuItem item) {
    super.onOptionsItemSelected(item);
    switch (item.getItemId()) {
    case ABOUT_ID://  如果"关于"被按下了，则调用 openOptionsDialog()，弹出一个 AlertDialog
        openOptionsDialog(R.string.setting，R.string.about_msg);
        break;
    case SETTING_ID:// 如果"设置"被按下了，则新建一个 Intent，利用 startActivityForResult()方法
    实现跳转
```

```
            Intent sheIntent1 = new Intent();// 新建 Intent 对象
            sheIntent1.setClass(MainActivity.this，SettingActivity.class);// 传入参数，SettingActivity.class 为要
            启动的 Activity
            startActivityForResult(sheIntent1，0); /*因为设置完要返回主界面所以使用了 startActivityForResult()，
            通过它我们可以方便地传送数据(这里没有)*/
            names = fileUtils.reader(this，fileNameOfNames);//读取更新后的 names 数据
            phoneNumbers = fileUtils.reader(this，fileNameOfPhoneNumbers);//读取更新后的 phoneNumbers 数据
            break;
        case DISCLAIMER_ID:// 如果"关于"被按下了，则调用 openOptionsDialog()，弹出一个 AlertDialog
            openOptionsDialog(R.string.disclaimer，R.string.disclaimer_msg);
            break;
        case EXIT_ID:
            finish();//退出
            break;
    }
    return true;
}
/* 用于 AlertDialog 的显示，传入不同内容进行不同的提示 */
private void openOptionsDialog(int title，int id) {
    new AlertDialog.Builder(this)
            .setTitle(title)//设置标题
            .setMessage(id)//设置内容
            .setPositiveButton(R.string.confirm，
                    new DialogInterface.OnClickListener() {
                        public void onClick(
                                DialogInterface dialoginterface，int i) {
                        }//添加一个确定按钮
                    }).show();//显示
}
```

13.8 Setting Activity 及其主要逻辑的设计与实现

在菜单中我们实现了 Activity 的跳转，之后就可以在 SettingActivity 中对联系人的信息进行操作了。

首先，定义两个方法 nullToEmpty(String string)(如果 EditText 中联系人信息为空，则将其转换成 EMPTY 用于文件的写入)和 emptyToNull(String string)(如果文件读出内容为 EMPTY，则将其转换成 null 用于 EditText 的显示)。然后，通过读文件操作将联系人信息处理后显示在 EditText 中，用户可以对其内容进行增、删、改等操作。如果用户按下了"取消"按钮，则不采取任何操作返回主界面。如果用户单击了"确定"按钮，则读出 EditText 中的内容处理后写入文件，在实现联系人信息更新后返回主界面。该部分主要代码如下：

```
package com.zhou.work;
import android.app.Activity;
```

```java
import android.os.Bundle;
public class SettingActivity extends Activity {
    private FileUtils fileUtils = new FileUtils();
        ⋮
    private static final String EMPTY="empty";
    protected void onCreate(Bundle savedInstanceState) {
        super.onCreate(savedInstanceState);
        setContentView(R.layout.setting);
        confirmButton = (Button) findViewById(R.id.confirmButton);
        cancelButton = (Button) findViewById(R.id.cancelButton);
        namesEditTexts[0] = (EditText) findViewById(R.id.yi2);
        phoneNumbersEditTexts[0] = (EditText) findViewById(R.id.yi3);
            ⋮
        namesEditTexts[5] = (EditText) findViewById(R.id.liu2);
        phoneNumbersEditTexts[5] = (EditText) findViewById(R.id.liu3);
        names = fileUtils.reader(this，"Name.txt");//读取联系人的姓名放在 names 字符串数组中
        phoneNumbers = fileUtils.reader(this，"PhoneNumber.txt");/*读取联系人的号码放在 phoneNumbers 字符串数组中*/
        for (int i = 0; i < 6; i++) {
            namesEditTexts[i].setText(emptyToNull(names[i]));/*在 namesEditTexts 内显示已设置的联系人的姓名*/
            phoneNumbersEditTexts[i].setText(emptyToNull(phoneNumbers[i])); /*在 namesEditTexts 内显示已设置的联系人的姓名*/
        }
        /*如果用户点击确定按钮则更新文件中的数据，并返回 MainActivity*/
        confirmButton.setOnClickListener(new Button.OnClickListener() {
            @Override
            public void onClick(View arg0) {
                for (int i = 0; i < 6; i++) {
                    names[i] = nullToEmpty(namesEditTexts[i].getText().toString());/*读取 namesEditTexts 内的联系人姓名放在 names 字符串数组中*/
                    phoneNumbers[i] = nullToEmpty(phoneNumbersEditTexts[i].getText().toString());
                    //读取 namesEditTexts 内的联系人号码放在 phoneNumbers 字符串数组中
                }
                fileUtils.writer(SettingActivity.this，"PhoneNumber.txt"，
                        phoneNumbers);//更新 PhoneNumber.txt 中的联系人号码
                fileUtils.writer(SettingActivity.this，"Name.txt"，names);//更新 Name.txt 中的联系人姓名
                finish();
```

```java
            }
        });
        /* 如果用户点击取消则直接返回 MainActivity */
        cancelButton.setOnClickListener(new Button.OnClickListener() {
            @Override
            public void onClick(View arg0) {
                finish();
            }
        });
    }
    /*将空字符串转换成内容为 EMPTY 的字符串用于文件的写入*/
    public String nullToEmpty(String string) {
        if (string.equals("")) {
            string = EMPTY;
        }
        return string;
    }
    /* 将内容为 EMPTY 的字符串转化成空字符串用于 EditText 的显示 */
    public String emptyToNull(String string) {
        if (string.equals(EMPTY)) {
            string = "";
        }
        return string;
    }
}
```

13.9 其他相关工作

13.9.1 权限的完善和 Activity 的注册

这部分原本应该在项目开始或者进行时完成的,我们在这里专门拿出来讲,是为了突出其重要性。如果认真地按照要求完成了该项目(没有代码错误),一切就绪,却出现运行错误时,建议查看一下是否在 AndroidManifest 文件内加入了打电话和发短信的权限,并对 SettingActivity 进行了注册。另外由于我们这个项目的布局不适合横屏操作,所以我们需要在 AndroidManifest 下每个 Activity 标签内添加 android:screenOrientation="nosensor"这个属性,取消对方向的监听。

AndroidManifest 部分代码如下:

```xml
    <activity
            android:name=".SettingActivity"
            android:screenOrientation="nosensor" >
        </activity>
    </application>
```

```
<uses-permission android:name="android.permission.SEND_SMS" >
</uses-permission>
<uses-permission android:name="android.permission.CALL_PHONE" >
</uses-permission>
```

13.9.2 有关生命周期的修改

写到现在，这个项目已经基本完成了。但当测试或使用时，却不难发现在设置完联系人信息返回时，主界面依然显示的是未设置前的信息。只有当我们重新启动程序后，那些更新的信息才能显示。为了使这种情况得到改善，需要对 Android 生命周期中的 onStart()方法进行修改，以便在重新返回 MainActivity 时调用相应的函数(setTextViews())来更新界面内容。同时，为了保证 selectButton 上显示的内容与其实际代表的功能相吻合(如当我们拨打完电话返回，或出现接入电话等不可预知的情况时，会出现显示内容与功能不符的现象)，需要在这里对其进行重设。下面为 onRestart()方法的代码：

```
protected void onRestart() {
    super.onRestart();
    buttonClickTimes = 0;// 将 buttonClickTimes(selectButton 按键次数)置为 0
    selectButton.setText(R.string.send_state);// 将 selectButton 的显示内容改为"发送短信状态"
    setTextViews();// 更新显示内容
}
```

13.10 不足之处和下一步的完善计划

虽然我们尽可能做得完善些，但由于篇幅的限制，我们不得不舍弃一部分功能，如对于用户输入的的号码，并没有为其匹配正则表达式(只提供了 EditText 的限制)，未添加手机查询业务的动态设置功能(这里采用了预置方式，读者可在菜单的设置选项中添加子菜单项，仿造 SettingActivity 实现设置)，未实现与手机通信录相匹配(直接获取其内的部分信息)等。针对上述不足之处的改进工作，可作为我们下一步的工作。

13.11 本章小结

本章给出了一个基于手机通信的应用程序，在开发过程中主要涉及软件的界面布局、文件读写、Intent 以及 SmsManager 对象的使用等方面的知识。

思考与实践

按照相应的实际需求，进一步完善该应用程序。

第 14 章 案例分析：RSS 阅读器的设计与实现

RSS(简易信息聚合，也叫聚合内容)，是一种描述和同步网站内容的格式，目前广泛用于网上新闻频道、Blog、Wiki 等。有些网站提供 RSS 输出。网络用户可以在客户端借助于支持 RSS 的工具软件，在不打开网站内容页面的情况下阅读支持 RSS 输出的网站内容。本章通过实例展示了一个基于 RSS 阅读器的设计与实现过程。

14.1 软件功能简介

一个 RSS 文件就是一段规范的 XML 数据，该文件一般以 rss、xml 或者 rdf 作为后缀。

XML，即可扩展标记语言(eXtensible Markup Language)，是一种用于标记文件并使其具有结构性的一种标记语言，可以用来标记数据、定义数据类型，同时也允许用户对自己的 XML 文件进行定义。XML 提供统一的方法来描述和交换独立于应用程序或供应商的结构化数据。下面是路透社于 2011 年 11 月 21 日发布的一段完整的基于 XML 格式的网页新闻代码：

```
<?xml version="1.0" encoding="UTF-8" ?>
<rss version="2.0"
    xmlns:media="http://search.yahoo.com/mrss/">
<channel>
<title>路透中文</title>
<item>
<title>卡扎菲次子赛义夫被捕</title>
<link>http://cn.reuters.com/article/cnWorldNews/idCNCHINA-5247420111121?feedType=RSS&amp;feedName=cnWorldNews</link>
<description>卡扎菲次子、在伦敦政经学院取得博士学位的赛义夫如今已成了阶下囚。他在撒哈拉沙漠深处接近产油区的小镇奥巴里被捕，被绑在一架陈旧的利比亚空军运输机上，曾经精心修剪的短胡子如今已经变得杂乱不堪。登上这架飞机同行的一名路透记者近身接近了这位 39 岁的囚犯。路透</description>
<pubDate>Mon, 21 Nov 2011 10:14:42 +0800</pubDate>
</item>
</channel>
```

在上述代码中，第 1 行定义了使用的 XML 版本以及字符编码。为了显示中文，一般选用 UTF-8 编码方式；<title>定义了当前新闻的标题；<description>定义了其详细的内容；<link>是指向指定新闻的超链接；<pubDate>是该条新闻发表的日期；<item>将每一条新闻分割开来(上述只是显示了一条新闻，因此只有一个 item 标记)。

本示例软件是将下载下来的 XML 进行解析——即将其中的有效内容提取出来。参照文献

[22-25]中的相关方法,本章给出一个 RSS 手机阅读器的设计与实现。

RSS 阅读器有一个欢迎界面,这时 SAX 解析器获得资源链接,读取<title>标签中的内容放到 ListView 中,界面则从欢迎界面跳转到一个列表,在每个列表单元中添加单击事项,单击显示二级页面,此时提取<title><description><link><pubdate>的内容并显示在二级页面中,由于这是个需要访问互联网的程序,在一级页面中,如果用户没有打开互联网的网络链接,则可利用 Toast 进行提示,引导用户设置。

限于篇幅,这里仅对路透社中文网站进行了 RSS 解析与显示,未包括其他重要的门户网站中的新闻。

14.2 SAX 及其使用

SAX,全称 Simple API for XML,既指一种接口(事件驱动型 XML 解析的一个标准接口),也指一个软件包(SAX 最早始于 1997 年,由一些在互联网上分散的程序员合作进行。后来参与开发的程序员越来越多,组成了互联网上的 XML-DEV 社区。目前版本是 SAX 2.0)。SAX 最初是由 David Megginson 采用 Java 语言开发的,之后 SAX 很快在 Java 开发者中流行起来。SAX 没有语言开发商必须遵守的标准 SAX 参考版本。因此 SAX 的不同实现可能采用区别很大的接口。

SAX 解析 XML 为事件驱动,占资源较少,但是需要手动保存数据,在嵌入式开发里有广泛的应用。由于 Android 受设备、内存等诸多限制,SAX 比 DOM 更优越。SAX 不会将 RSS 文档都存入内存,我们需要自己保存解析的数据,这里通过两个实体类 RSSFeed 和 RSSItem 来实现数据的提取和保存。SAX 的基本工作过程是顺序解析、事件驱动。SAX 解析器(parse(…))包括如下方法:

(1) startDocument(...)。
(2) startElement(...)。
(3) characters(...)。
(4) endElement(...)。
(5) endDocument(...)。

文档解析主要步骤如下:
(1) 创建 SAXParserFactory 的实例。
(2) 创建 SAXParser 的实例。
(3) 创建 SAXParserHandler 类。
(4) 使用 parse()方法解析 XML 文档。

SAX 适用于如下情况:
(1) 需要解析大型文档时。
(2) 只需要一部分信息时。

SAX 缺点如下:
(1) 不能对文档进行随机访问。
(2) 只读。

(3) 只遍历文档一次。

下面通过一个简单的例子看看基于 SAX 如何实现 XML 中的内容。假设 XML 中的内容如下：

```xml
<?xml version='1.0' encoding='UTF-8' standalone='yes' ?>
<List>
<item><userName>张</userName><userPwd>zhang</userPwd></item>
<item><userName>王</userName><userPwd>wang</userPwd></item>
</List>
```

首先，新建 StringEntity.java，声明字符串中的相关各项(对应于上述 XML 文件，就是 userName 和 userPwd)，并返回其各自的值。相关 Java 代码如下：

```java
public class StringEntity {
    private String userName;
    private String userPwd;
    public String getUserName() {
        return userName;
    }
    public void setUserName(String userName) {
        this.userName = userName;
    }
    public String getUserPwd() {
        return userPwd;
    }
    public void setUserPwd(String userPwd) {
        this.userPwd = userPwd;
    }
}
```

其次，新建 StringHandler 类(它扩展了 DefaultHandler 类)，完成对字符串进行解析的工作。注意这里需要导入相应的包，即 org.xml.sax.Attributes、org.xml.sax.SAXException、org.xml.sax.helpers.DefaultHandler 包：

```java
public class StringHandler extends DefaultHandler{
    private StringEntity mStringEntity;
    private List<StringEntity> mString;
    private String temp="";
    private String localName="";
    public List<StringEntity> getParsedData() {
        return this.mString;
    }
    @Override
```

```java
public void characters(char[] ch, int start, int length)
        throws SAXException {
    //得到 xml 值。消息队列,先进先出
    String data=new String(ch, start, length);
    if(localName.endsWith("userName")||localName.endsWith("userPwd")){
        temp=temp+data;
    }
}
@Override
//起始元素
public void startElement(String uri, String localName, String qName, Attributes attributes) throws SAXException {
    this.localName=localName;
}
//结束元素,将 userName,userPwd 存入
@Override
public void endElement(String uri, String localName, String qName)    throws SAXException {
    if(localName.endsWith("userName")){
        mStringEntity.setUserName(temp.trim());
        temp="";
    }else if(localName.endsWith("userPwd")){
        mStringEntity.setUserPwd(temp.trim());
        temp="";
    }else if(localName.endsWith("item")){
        mString.add(mStringEntity);
        mStringEntity=new StringEntity();
    }
}
@Override
public void startDocument() throws SAXException {
    mStringEntity = new StringEntity();
    mString =new ArrayList<StringEntity>();
}
@Override
public void endDocument() throws SAXException {
    super.endDocument();
}
}
```

最后,将得到的数据进行解析,将值输出。

```
class XmlAdapt extends BaseAdapter{
    public int getCount() {
        return mStringList.size();
    }
    public Object getItem(int arg0) {
        return arg0;
    }
    public long getItemId(int arg0) {
        return arg0;
    }
    public View getView(int arg0, View arg1, ViewGroup arg2) {
        View convertView=arg1;
        if(convertView==null){
            TextView UserNameTextView, UserPswTextView;
            LayoutInflater mInflater=LayoutInflater.from(StringXmlActivity.this);
            convertView=mInflater.inflate(R.layout.adapt_item_xmlshow, null);
            UserNameTextView=(TextView)convertView.findViewById(R.id.showUserNameText);
            UserPswTextView=(TextView)convertView.findViewById(R.id.showUserPswText);
            UserNameTextView.setText("用户："+mStringList.get(arg0).getUserName());
            UserPswTextView.setText("密码："+mStringList.get(arg0).getUserPwd());
        }
        return convertView;
    }
}
```

上述内容主要是介绍 SAX 解析的具体过程，并没有具体的布局文件，只有简单的输出字符。

14.3 欢迎界面的设计与实现

这里介绍一种全屏显示的欢迎界面，在显示此页面的时候会隐藏上方的状态栏，相关代码如下：

```
requestWindowFeature(Window.FEATURE_NO_TITLE);
    getWindow().setFlags(WindowManager.LayoutParams.FLAG_FULLSCREEN, WindowManager.
    LayoutParams.FLAG_FULLSCREEN);
    setContentView(R.layout.start);
    new Handler().postDelayed(new Runnable(){
        //匿名内部类
        @Override
        public void run() {
```

```
                Intent i = new Intent();
                i.setClass(Start.this，RSSReader.class);//启动另外的 Activity 类文件
                startActivity(i);
            }
        },
    //这里定义等待跳转时间，余略
```

上述方法使用了 Intent 进行跳转，我们用 timer 计时器设定为 3 秒，首先显示的是哪个 Activity 是要值得注意的，看一下 AndroidMainfest.xml 文件的内容：

```
<?xml version="1.0" encoding="utf-8"?>
<manifest xmlns:android="http://schemas.android.com/apk/res/android"
    package="leftpocket.androidrss"
    android:versionCode="1"
    android:versionName="1.0"><!—这里定义的是包名，一般是默认的-->
    <application android:icon="@drawable/icon" android:label="@string/app_name">
        <activity android:name=".Start"
                  android:label="@string/app_name">
            <intent-filter>
                <action android:name="android.intent.action.MAIN" />
                <category android:name="android.intent.category.LAUNCHER" />
            </intent-filter>
        </activity>
<!—所有的 Activity 都需要注册，否则会显示意外停止-->
<activity android:name=".ShowDescription"/>
<activity android:name=".RSSReader">
    <uses-permission android:name="android.permission.INTERNET"/>
</activity>
</application>
<uses-sdk android:minSdkVersion="5" />
<uses-permission android:name="android.permission.INTERNET"/>
</manifest>
```

容易看出，包括一些访问权限都在这个文件中显示出来了。它写出了包括软件名称、版本号、涉及到的敏感权限等。

14.4 网络文件的解析

有关对网络 XML 文件的解析，参见如下的 RSSReader.Java 代码(下述代码是对 "路透中文网" 中内容的解析)。在下述代码的实现中，首先得到 Feed(这里就是我们所需要的"资源")，取得网址之后进行解析，并添加了两个简单的菜单项，添加的功能可以直接加入新的 menu.add(0，1，0，"")中。之后，使用 onOptionsItemSelected 的 Switch 进行选择。Menu 和 Dialog 的效果如图 14.1 所示。

图 14.1　Menu 及 Dialog 效果

14.4.1　主界面的布局和实现

在如下的例子中，首先设定资源链接为路透资讯，可以在此基础上进行更多的扩展，这个 Activity 里有两个 TextView 和一个 Listview，两个 TextView 分别显示"程序欢迎"和"Feedtitle"，ListView 则显示每一条新闻的 Title，在 Menu 中设置"刷新"按钮用于 XML 文档的重解析。生成一个 SAXParserFactory 的工程，通过 SAXParser 将 Title 提取出来，经过 xmlreader 返回。另外建立一个 Bundle 对象 b，将 Title，Pubdate，Description 存入，以便传入到二级页面中。下面来看一下具体的代码实现：

```
public class RSSReader extends Activity implements OnItemClickListener
{
    private static final View view = null;
    public final String RSSFEEDOFCHOICE = "http://cn.reuters.com/rssFeed/cnworldNews?mrss=true";
    public final String tag = "RSSReader";
    private RSSFeed feed = null;
    public void onCreate(Bundle icicle) {
        super.onCreate(icicle);
        setContentView(R.layout.main);//布局
        feed = getFeed(RSSFEEDOFCHOICE); //获得 feed
        UpdateDisplay(); //更新界面
    }
    private RSSFeed getFeed(String urlToRssFeed)
    {
        try
        {
            URL url = new URL(urlToRssFeed); //获取感兴趣的提要信息
            SAXParserFactory factory = SAXParserFactory.newInstance();//生成一个工程
            //指定由此代码生成的解析器将提供对 XML 名称空间的支持。默认情况下，其值为 false。
```

```java
            SAXParser parser = factory.newSAXParser();
            /* 此类的实例可以从 SAXParserFactory.newSAXParser()方法获得。获取此类的实例之后，将可
            以从各种输入源解析 XML */
            XMLReader xmlreader = parser.getXMLReader();
            RSSHandler theRssHandler = new RSSHandler();
            xmlreader.setContentHandler(theRssHandler);
            InputSource is = new InputSource(url.openStream());
            //生成的流传给 xmlreader
            xmlreader.parse(is);
            return theRssHandler.getFeed();// 返回值
        }
        catch (Exception ee)
        {
            //异常处理，返回 null;
            return null;
        }
    }
//menu 选项
public boolean onCreateOptionsMenu(Menu menu)
{
    //刷新按钮
    super.onCreateOptionsMenu(menu);
    menu.add(0，0，0，"刷新");
    Log.i(tag, "Refreshing RSS Feed");
    //关于
    menu.add(0，1，0，"关于");
    Log.i(tag, "about");
    return true;
}
//监听 menu 中的各个选项，单击时实现
public boolean onOptionsItemSelected(MenuItem item){
    switch (item.getItemId()) {
    case 0:
            Log.i(tag，"Refreshing RSS Feed");
            UpdateDisplay();
            return true;
    case 1:
            Log.i(tag，"about");
            AlertDialog.Builder builder = new AlertDialog.Builder(this);
            builder.setMessage(R.string.dialog)
            .setCancelable(false)
            .setTitle(R.string.about)
```

```java
            .setPositiveButton("返回", new DialogInterface.OnClickListener() {
                public void onClick(DialogInterface dialog, int id) {
                    dialog.dismiss();
                }
            });
        final AlertDialog alert = builder.create();
        alert.show();
    }
    return false;
}
//更新显示列表
private void UpdateDisplay()
{
    TextView feedtitle = (TextView) findViewById(R.id.feedtitle);
    TextView feedpubdate = (TextView) findViewById(R.id.feedpubdate);
    ListView itemlist = (ListView) findViewById(R.id.itemlist);
    if (feed == null)
    {
        feedtitle.setText("无可用的 RSS 链接");
        Toast.makeText(RSSReader.this, "请确保您已经连接到有效的网络", Toast.LENGTH_LONG).show();
        return;
    }
    //这里设置标题
    feedpubdate.setText(feed.getPubDate())
    ArrayAdapter<RSSItem> adapter = new ArrayAdapter<RSSItem>(this, android.R.layout.simple_list_item_1, feed.getAllItems());
    itemlist.setAdapter(adapter);
    itemlist.setOnItemClickListener(this);
    itemlist.setSelection(0);
}
//Bundle 值传递
public void onItemClick(AdapterView parent, View v, int position, long id)
{
    Log.i(tag, "item clicked! [" + feed.getItem(position).getTitle() + "]");
    Intent itemintent = new Intent(this, ShowDescription.class);
    Bundle b = new Bundle();
    b.putString("title", feed.getItem(position).getTitle());//将 title 的值传入 b
    b.putString("description", feed.getItem(position).getDescription());//将 description 的值传入 b
    b.putString("link", feed.getItem(position).getLink());//将 link 的值传入 b
    b.putString("pubdate", feed.getItem(position).getPubDate());//将 pubdate 的值传入 b
```

```
            itemintent.putExtra("android.intent.extra.INTENT", b);
            startActivity(itemintent);
        }
}
```

14.4.2 二级界面的布局和实现

页面布局取自 showdescription.xml，它包含一个 TextView 和一个 Button，其中 Text 用于显示单条 Item 的 Title、Description、Pubdate、Link，Button 用于返回主界面，新建 String 类型的 theStory 用于存放上面已经传入的数据，然后将 theStory 显示出来。关于 Activity 的几个状态请参阅前述章节。用于显示用户单击 ListView 后的详细信息的代码 ShowDescription.java 如下：

```
public class ShowDescription extends Activity
{
    public void onCreate(Bundle icicle)
    {
        super.onCreate(icicle);
        setContentView(R.layout.showdescription);
        String theStory = null;
        Intent startingIntent = getIntent();
        if (startingIntent != null)
        {
            Bundle b = startingIntent.getBundleExtra("android.intent.extra.INTENT");
            if (b == null)
            {
                theStory = "bad bundle?";
            }
            else
            {
                theStory = b.getString("title") + "\n\n" + b.getString("pubdate") + "\n\n" + b.getString("description").replace('\n', ' ') + "\n\nMore information:\n" + b.getString("link");
            }
        }
        else
        {
            theStory = "Information Not Found.";
        }
        TextView db= (TextView)findViewById(R.id.storybox);
        db.setText(theStory);
        Button backbutton = (Button)findViewById(R.id.back);
        //单击 backButton 时返回
        backbutton.setOnClickListener(new Button.OnClickListener()
```

```
        {
            public void onClick(View v)
            {
                finish();
            }
        });
    }
}
```

相应的实现效果如图 14.2 所示。

图 14.2　显示效果

涉及到的布局文件对应的 XML 代码如下：

```
<TextView
        android:id="@+id/storybox"
        android:layout_width="fill_parent"
        android:layout_height="wrap_content"
        android:autoLink="all"
        android:text="story goes here...."
        android:textColor="#ffffff"
        android:textSize="24px" />
```

上述代码中的 android:autolink 属性设置自动链接，当用户单击相应的网址时，可以直接关联到浏览器并打开相应的网站。android:text 属性设置默认的文字，值得注意的是，在 showDescription 中的 setText()方法会覆盖这里的文字。android:textSize 是字体大小，在 android 中支持的描述大小区域的类型有以下几个，在相对和绝对布局中，常常使用如下的属性：

- px(pixels):像素。
- dip(device independent pixels)：依赖于设备的像素。
- sp(scaled pixels—best for text size)：带比例的像素。
- pt(points)：点。
- in(inches)：英尺。
- mm(millimeters)：毫米。

14.4.3 解析器回调函数

Handler 是 Android 中的消息发送器,其在哪个 Activity 中创建就属于该 Activity。Handler 主要接受子线程发送的数据,并用此数据配合主线程更新 UI。当应用程序启动时,Android 首先会开启一个主线程,主线程为管理界面中的 UI 控件进行事件分发。如果此时需要一个耗时的操作,一般情况下需要把这些耗时的操作放在一个子线程中。

Handler 运行在主线程中(UI 线程中),它与子线程可以通过 Message 对象来传递数据,这时 Handler 接受子线程传过来的 Message 对象,把这些消息放入主线程队列中,配合主线程更新 UI。需要构造 RSSHandler,获得 Feed 和 Item 并将它们返回。各个元素,如 Channel、Title、Item、Description、Link 等,其作用就是创建 SAX 解析器的 Handler 类,涉及 startDocument、startElement 和 endElement、endDocument 等。下面来看一下具体的实现:

```
//RSSHandler 类实现 SAX 解析器回调函数
public class RSSHandler extends DefaultHandler
{   RSSFeed _feed;
    RSSItem _item;
    String _lastElementName = "";
    boolean bFoundChannel = false;
    final int RSS_TITLE = 1;
    final int RSS_LINK = 2;
    final int RSS_DESCRIPTION = 3;
    final int RSS_CATEGORY = 4;
    final int RSS_PUBDATE = 5;
    int depth = 0;
    int currentstate = 0;
    //构造 RSSHandler 函数
    RSSHandler()
    {
    }
    //获得 Feed,所有的数据被解析
    RSSFeed getFeed()
    {
        return _feed;
    }
    public void startDocument() throws SAXException
    {
        //初始化 RSSFeed
        _feed = new RSSFeed();
        //初始化 RSSItem
        _item = new RSSItem();
```

```java
    }
    public void endDocument() throws SAXException
    {
    }
    public void startElement(String namespaceURI, String localName, String qName, Attributes atts) throws
SAXException
    {
        depth++;
        if (localName.equals("channel"))
        {
            currentstate = 0;
            return;
        }
        if (localName.equals("image"))
        {
            //保存 feed 记录
            _feed.setTitle(_item.getTitle());
            _feed.setPubDate(_item.getPubDate());
        }
        if (localName.equals("item"))
        {
            _item = new RSSItem();//保存 Item
            return;
        }
        if (localName.equals("title"))
        {
            currentstate = RSS_TITLE;
            return;
        }
        if (localName.equals("description"))
        {
            currentstate = RSS_DESCRIPTION;
            return;
        }
        if (localName.equals("link"))
        {
            currentstate = RSS_LINK;
            return;
        }
        if (localName.equals("category"))
        {
```

```
            currentstate = RSS_CATEGORY;
            return;
        }
        if (localName.equals("pubDate"))
        {
            currentstate = RSS_PUBDATE;
            return;
        }
        // 容错机制
        currentstate = 0;
    }
    public void endElement(String namespaceURI, String localName, String qName) throws SAXException
    {
        depth--;
        if (localName.equals("item"))
        {
            _feed.addItem(_item);
            return;
        }
    }
    public void characters(char ch[], int start, int length)
    {
        String theString = new String(ch, start, length);
        Log.i("RSSReader", "characters[" + theString + "]");
        switch (currentstate)
        {
            case RSS_TITLE:
                _item.setTitle(theString);
                currentstate = 0;
                break;
            case RSS_LINK:
                _item.setLink(theString);
                currentstate = 0;
                break;
            case RSS_DESCRIPTION:
                _item.setDescription(theString);
                currentstate = 0;
                break;
            case RSS_CATEGORY:
                _item.setCategory(theString);
                currentstate = 0;
```

```
                break;
            case RSS_PUBDATE:
                _item.setPubDate(theString);
                currentstate = 0;
                break;
            default:
                return;
        }
    }
}
```

14.4.4 数据提取

RSSFeed.java 用于将从 XML 数据流提取到的 RSS 数据进行保存,此时需要将所有的 Item 都提取出来,代码中的_itemcount 用于 Item 的计数,RSSItem 中的每个函数用于返回对应的值,包括 Pubdate、Title 等。

```
public class RSSFeed
//从 XML 数据流提取得到的 RSS 提要必须使用一种有用的格式保存。
//用到两个 helper 类:RSSFeed 和 RSSItem
{
    private String _title = null;
    private String _pubdate = null;
    private int _itemcount = 0;
    private List<RSSItem> _itemlist;
    RSSFeed()
    {
        _itemlist = new Vector(0);
    }
    int addItem(RSSItem item)
    {
        _itemlist.add(item);
        _itemcount++;
        return _itemcount;
    }
    RSSItem getItem(int location)
    {
        return _itemlist.get(location);
    }
    List getAllItems()
    {
        return _itemlist;
    }
    int getItemCount()
```

```
        {
            return _itemcount;
        }
        void setTitle(String title)
        {
            _title = title;
        }
        void setPubDate(String pubdate)
        {
            _pubdate = pubdate;
        }
        String getTitle()
        {
            return _title;
        }
        String getPubDate()
        {
            return _pubdate;
        }
}
```

14.4.5 属性封装

在 RSSItem.java 中，每个 Item 的具体元素封装了 RSS 频道的标题、链接和描述等属性，这里只是构造函数，没有具体的实现方法，RSSItem 类有 5 个私有成员及其相关属性。构造函数简单地将每个成员初始化为空字符串。

```
public class RSSItem
{
    private String _title = null;
    private String _description = null;
    private String _link = null;
    private String _category = null;
    private String _pubdate = null;
    RSSItem()
    {
    }
    void setTitle(String title)
    {    _title = title;    }
    void setDescription(String description)
    {    _description = description;    }
    void setLink(String link)
    {    _link = link;    }
    void setCategory(String category)
    {    _category = category;    }
```

```
    void setPubDate(String pubdate)
    {    _pubdate = pubdate;    }
    String getTitle()
    {    return _title;    }
    String getDescription()
    {    return _description;    }
    String getLink()
    {    return _link;    }
    String getCategory()
    {    return _category; }
    String getPubDate()
    {    return _pubdate;    }
    public String toString()
    {   // 限制显示字数
        if (_title.length() > 90)
        {    return _title.substring(0，90) + "...";            }
        return _title;
    }
}
```

14.5　本章小结

本章对一个基于 RSS 阅读器的应用进行了实现,并对 SAX、界面设计、网络文件解析等进行了介绍。

思考与实践

了解 RSS 及其阅读器的工作原理。仿本章示例工程,自行设计一个基于 RSS 的阅读器。

第 15 章 案例分析："俄罗斯方块"游戏的设计与实现

本章将完成一个"俄罗斯方块"小游戏的设计与实现。先对 Android 的界面显示做简单介绍，之后介绍自定义 View、软件分析、游戏设计与实现等。学习本章内容时要求重点掌握如下知识点：
- 了解 Android 界面组件的关系。
- 了解并掌握自定义 View 的使用方法。
- 了解游戏开发的基本流程。

15.1 开发背景简介

2011 年 11 月 3 日，在由 CSDN 和创新工场联合主办的"2011 中国·移动开发者大会"上，创新工场董事长兼首席执行官李开复表示，互联网走了三个发展阶段：第一个阶段是工具和门户阶段；第二个是游戏和社交阶段；第三个是视频和电子商务阶段。从 1998 到 2002 年是工具时代；2004 年到 2008 年是游戏时代，2008 年到 2011 年是比较商务的消费时代。同样，移动互联网会基本重蹈互联网走过的道路。目前的移动互联网已经基本走过了工具和门户时代——无论是 Android 优化大师，还是 UC 浏览器、Google 地图和搜狗输入法等。2011 年，已经看到了移动互联在娱乐方面的爆发成长，如"二战风云"、"捕鱼达人"等，这些游戏产品已经达到千万收入的水平，可以说娱乐正在崛起。因此，开发 Android 游戏程序，学习游戏设计与实现，符合时代发展需要。

参照百度百科给出的相关资料，俄罗斯方块(Tetris)是一款风靡全球的电视游戏机和掌上游戏机游戏。它由俄罗斯人阿列克谢·帕基特诺夫发明，故得此名。俄罗斯方块的基本规则是移动、旋转和摆放游戏自动输出的各种方块，使之排列成完整的一行或多行并且消除得分。由于上手简单、老少皆宜，从而风靡世界。参考有关文献和资料中相关内容的介绍和实现方法，本章给出在 Android 手机上设计俄罗斯方块的方法。

15.2 Android 界面组件间的关系

Android 中每一个 Activity 被分配一个屏幕，可以切换屏幕界面内容。通常每个屏幕中可以显示一个布局，如可以用我们熟悉的语句 setContentView(R.layout.main)来设定布局。也可以显示一个 View(指继承自 View 的子类)。此外，每个布局中还可以包含若干个布局和 View，如在 main.xml 文件中定义的布局里可以包含 TextView 和其他的布局。如果在 Activity 中没有设定当前显示的 View，那么显示的是黑屏(见图 2.15(a)所示)。不论是用 XML 文件实现界面，还是用代码实现界面,Android 里最终负责显示的都是一个个继承自 View 的子类。图 15.1 是 Android 中有关显示的示意图。

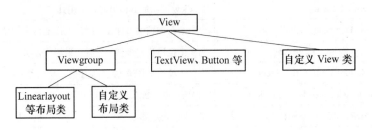

图 15.1 各 View 及其关系

Android 为每个 View 的子类分配了一个区域供其显示界面。用户可以继承 View 自定义组件,并且可以在 XML 文件布局里使用。用户也可在 XML 文件中定义布局及其子控件,Android 会为其创建一个对象并把 XML 文件中定义的属性赋值给这个对象。在前面的章节中,我们多次通过函数 findViewByID()来获得这个相关的对象(如按钮 Button、文字 TextView 等),前提是给出了这个对象的 ID。另外,一个 Layout 类中可以包含其他的 Layout 类对象、TextView、Button 等定义好的类对象以及自定义的 View 类对象等。也就是说,可以通过使用 Layout 的 addView()方法,让我们向里面添加其他的对象。在前面章节给出的代码和示例中,也已经多处见到这种做法。

15.3 定义和使用 View 类

自定义的 View 组件一般继承自 View 类(或者其他类如 Layout 类、Button 类等)。在这个类中一般要重载一些函数以便实现想要的功能。表 15.1 是 SDK 文档中关于自定义组件时可能会需要重载的一些常用方法。Android 会在某个特定的时刻调用这些方法。如当刷新 View 时,将会调用重载的 onDraw()方法。如果修改了界面中的内容,需要自己刷新 View,否则 View 中的内容是不会发生变化的。

表 15.1 常用方法及其功能描述

类别	方法	描述
创建	Constructors	第一种形式构造函数,当用代码创建对象时使用,如:MyView(Context context);另一种构造函数用在当从 XML 文件中导入对象时,如 MyView(Context context,AttributeSet attrs)
	onFinishInflate()	当 View 和它的所有子对象从 XML 中导入之后,调用此方法
布局	onMeasure(int,int)	View 会调用此方法,来确认自己及所有子对象的大小
	onLayout(boolean,int,int,int,int,int,int)	当 View 要为所有子对象分配大小和位置时,调用此方法
	onSizeChanged(int,int,int,int)	当 View 大小改变时,调用此方法

(续)

类别	方法	描述
绘图	onDraw(Canvas)	当 View 要绘制其内容时，调用此方法
事件处理	onKeyDown(int，KeyEvent)	当一个新的按键事件发生时，调用此方法
	onKeyUp(int，KeyEvent)	当一个按键释放事件发生时，调用此方法
	onMotionEvent(MotionEvent)	当一个动作事件(如触摸)发生时，调用此方法
焦点	onFocusChanged(boolean，int)	当 View 获得或失去焦点时，调用此方法
附加	onAttachedToWindow()	当 View 附加到一个窗体上时，调用此方法
	onDetachedFromWindow()	当 View 离开它的窗体时，调用此方法

15.3.1 继承 View 类

下面给出一个示例以便演示如何继承 View 类。创建新工程，名为 Tetris(包名为 com.Tetris，Activity 名为 Tetris)。在 src\com.Tetris 下创建两个类，分别命名为 GameView.java 和 NextBlockView.java。其代码分别如下：

```java
//下面为 GameView.java，其 import 语句略
public class GameView extends View{//继承 View 类
    public GameView(Context context) {
        super(context);
    }
//如果要在 XML 文件中使用自定义组件必须要声明这种格式的构造函数
    public GameView(Context context，AttributeSet attrs) {
        super(context，attrs);
    }
    public void onDraw(Canvas canvas) {
        super.onDraw(canvas);// Canvas 类中含有很多画图的接口
        Paint pnt = new Paint();
        pnt.setStyle(Paint.Style.FILL);
        pnt.setColor(Color.BLACK);
        canvas.drawText("这里是游戏区域"，0，20，pnt);
    }
}

//下面是 NextBlockView.java
public class NextBlockView extends View{//继承 View 类。
    public NextBlockView(Context context) {
        super(context);
    }
//如果要在 XML 文件中使用自定义组件必须要声明这种格式的构造函数
    public NextBlockView(Context context，AttributeSet attrs) {
```

```
        super(context，attrs);
    }
    public void onDraw(Canvas canvas) {
        super.onDraw(canvas);
        Paint pnt = new Paint();//定义画笔对象
        pnt.setStyle(Paint.Style.FILL);//设置画笔属性
        pnt.setColor(Color.BLACK);
        canvas.drawText("这里是提示区域"，0，20，pnt);//在canvas画布中显示文字
    }
}
```

15.3.2 使用自定义组件

直接在代码里使用自定义组件的步骤是：定义组件对象，然后设置当前View为自定义组件，具体实现参见如下Tetris.java代码所示：

```
public class Tetris extends Activity {
    @Override
    public void onCreate(Bundle savedInstanceState) {
        super.onCreate(savedInstanceState);
        GameView game=new GameView(this);//使用自定义组件
        setContentView(game);//在界面中只能有一个自定义的组件
    }
}
```

如果在XML文件中需要引用自定义组件，标签内容格式为<包名.类名/>，具体实现见如下Layout/game.xml代码所示：

```
<?xml version="1.0" encoding="utf-8"?>
<LinearLayout xmlns:android="http://schemas.android.com/apk/res/android"
    android:layout_width="fill_parent"
    android:layout_height="fill_parent"
    android:orientation="horizontal" >
    <com.Tetris.GameView
        android:id="@+id/gmview"
        android:layout_width="fill_parent"
        android:layout_height="fill_parent"
        android:layout_weight="11"
        android:background="#ff00FF" />
    <LinearLayout
        android:layout_width="fill_parent"
        android:layout_height="fill_parent"
        android:layout_weight="25"
        android:orientation="vertical" >
```

```xml
<!--要想在 XML 文件中引用自定义的组件,需用如下的"<包名.类名/>"的格式 -->
    <com.Tetris.NextBlockView
        android:id="@+id/nbview"
        android:layout_width="fill_parent"
        android:layout_height="fill_parent"
        android:layout_weight="1"
        android:background="#00FFFF" />
    <TextView
        android:id="@+id/score"
        android:layout_width="fill_parent"
        android:layout_height="fill_parent"
        android:layout_weight="1"
        android:text="计分板"
        android:background="#00FFFF"
        android:textColor="#ff000000" />
    </LinearLayout>
</LinearLayout>
```

下面是采用上面布局的 Tetris.java 的实现:

```java
public  Tetris  extends Activity{
    public void onCreate(Bundle savedInstanceState) {
        super.onCreate(savedInstanceState);
        setContentView(R.layout.game); // 界面中可以拥有 XML 文件中定义的所有组件
    }
}
```

15.4 游戏规则及分析

参照相关文献,这里给出有关俄罗斯方块的游戏规则。

(1) 一个用于摆放小型方形的平面虚拟场地,其标准大小为行宽 10、列高 20,以每个小正方形为基本单位。

(2) 一组由 4 个小型正方形组成的规则图形,共有 7 种,分别以 S、Z、L、J、I、O、T 这 7 个字母的形状来命名,如图 15.2 所示。

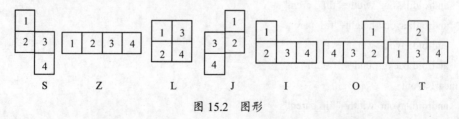

图 15.2 图形

游戏时,上述这几种方块会从区域上方开始缓慢落下。玩家可以做的操作有:以 90 度为单位旋转方块,以格子为单位左右移动方块,让方块加速落下。方块移到区域最下方或是着地到其他方块上无法移动时,就会固定在该处,而新的方块出现在区域上方开始落下。当区域中某一列横向格子全部由方块填满,则该列会消失并成为玩家的得分。同时删除的列数越多,得分数越能上升。当固定的方块堆到区域最上方而无法消除层数时,则游戏结束。一般来说,游戏还会提示下一个要落下的方块,玩家会根据下一个方块的位置和形状来评估现在要如何进行操作。

(3) 通过设计者预先设置的随机发生器,不断地输出单个方块到场地顶部,以一定的规则进行移动、旋转、下落和摆放,锁定并填充到场地中。如果将场地的一行或多行完全填满,则组成这些行的所有小正方形将被消除,并且以此来换取一定的积分或者其他形式的奖励。而未被消除的方块会一直累积,并对后来的方块摆放造成各种影响。

从游戏规则中可以知道,界面中已经静止的方块需要有个场地来存放,当方块移到区域最下方或是下落到其他方块上无法移动时,就会固定在该处,由此可以确定这个场地中的方块会实时更新。当一行填满时需要消行,所以这个场地应该有消行的功能。游戏结束的条件是当场地中方块的高度超过规定最大高度,故场地必须能有判断结束的功能。当然最终这个场地还必须能够显示给玩家,所以还需要绘制这个场地。方块可能有七种基本类型,每个方块可以有下降、左移、右移、变形四种运动方式。方块除七种基本形状外还有各自固定的变形。为了识别这些变形我们要为它们编码。在运动过程中,需要判断当发生下降、左移、右移、变形之后的方块与场地中静止的方块是否碰撞以及方块是否出界,从而决定是否进行此次运动。方块落地之后必须能够新建方块,开始下一次循环。运动的方块需要绘制出来显示给玩家。绘制方块的过程需要方块在场地中运动的实时位置。通过对方块的分析我们可以抽象出 Block 类,这个类的示意图如图 15.3 所示。

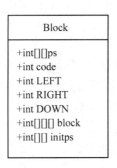 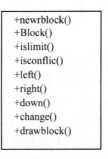

图 15.3 Block 类

15.5 游戏设计

每个游戏都有自己的主菜单界面,在其中可以设置游戏难度、设置音效、开始游戏等。开始游戏之后就是游戏界面。在游戏界面中需要按照游戏规则显示场地和方块,同时显示下一个方块的提示和玩家得分等。游戏结束后弹出对话框,提示玩家结束游戏或重新开始。这个过程的状态如图 15.4 所示。

主菜单的功能主要是设置游戏属性并跳转到游戏界面,此功能需在 Activity 中实现目前工程中的 Tetris 类。界面用 XML 布局文件实现,布局文件名叫 begin.xml。其中开始游戏与退出游戏是通过 Button 来实现,背景音乐是一个 CheckBox,游戏难度是一组 RadioGroup。游戏界面的实现大部分靠 Activity 来实现,而 View 则只负责显示。游戏界面的大概功能图如图 15.5 所示。

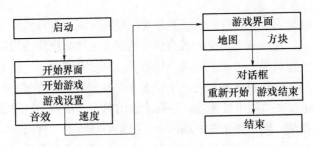

图 15.4　游戏过程

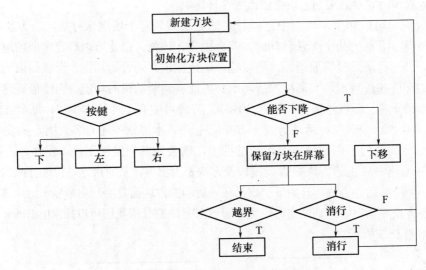

图 15.5　游戏界面大致功能

　　游戏界面仍然采用 XML 布局文件 game.xml 来实现。GameView 中实现 Block 对象和 Map 对象的绘制；NextBlockView 负责显示下一个要出现的方块；ID 为 score 的 TextView 负责显示游戏得分。作为 Activity 的 Tetris 则负责按键事件处理、刷新 UI、结束游戏和将这几个类组合起来等，它将设置定时器并决定何时刷新屏幕、是否结束、更改游戏得分、新建方块、定时使方块下降和运动方块在这几个类中的同步问题等。

15.6　游戏实现

　　"俄罗斯方块"游戏包含了 Map.java、Block.java、GameView.java、NextBlockView.java、Tetris.java 五个类文件以及 game.xml、begin.xml 两个布局文件。下面介绍相关类和布局的设计与实现。

　　begin.xml 文件实现开始界面的布局，在开始界面中可以选择游戏难度、背景音乐、开始游戏与结束游戏，当点击开始游戏时跳转至游戏界面。

　　game.xml 文件布局游戏界面中的组件，其中包含两个自定义 View 组件 GameView 和 NextBlockView，以及一个 TextView 组件。

　　Map.java 是对游戏过程中存放静止方块场地的抽象，实际为一个二维数组，能够存放不能下降的方块及完成某些判断功能。

　　Block.java 则是对游戏过程中运动方块的抽象，它也是一个二维数组，用于存储四个基本方块单位的位置，此外该类还实现了方块的移动与绘制。

GameView.java 为自定义 View 组件，负责绘制游戏区域中网格，并调用 Map 和 Block 类的绘制方法实现运动与静止方块的绘制。

NextBlockView.java 仅用于生成下一个方块，并调用 Block 类的绘制方法将其绘制到该 View 负责的界面区域。

Tetris.java 是上述基于类与布局文件的综合实例，在 Activity 中实现程序主要逻辑功能并决定何时调用上述类的功能。

15.6.1 实现 begin.xml 并在 Tetris 中实现其功能

在 res\layout 目录下新建 begin.xml 文件，然后在文件中设计主菜单的布局。布局文件内容参见示例工程中的 XML 文件，在此不再列出。

实现主菜单的基本布局后，下一步要为主菜单上的 Button、CheckBox、RadioGroup 组件实现相应功能。为此，要在 Tetris 类中实现上述组件的监听器接口、音效和级别变量的设置、跳转到游戏界面等。Tetris.java 代码如下：

```
//import 语句略。在 Tetris 类中实现 Button、RadioGroup 和 CheckBox 的监听器接口
public class Tetris extends Activity implements OnClickListener, android.widget.RadioGroup. OnCheckedChangeListener, android.widget.CompoundButton.OnCheckedChangeListener{
    RadioButton easy, medium, hard;
    Boolean music=false;//是否开启音乐
    int level=500;//级别(为方块每隔几毫秒下降一次)
    public void onCreate(Bundle savedInstanceState) {
        super.onCreate(savedInstanceState);
        setContentView(R.layout.begin);
        Button startbutton = (Button)findViewById(R.id.start_button);
        startbutton.setOnClickListener(this);//在 Tetris 类中已经实现了监听接口，所以监听器对象为 this
        CheckBox sound = (CheckBox)findViewById(R.id.sound);
        sound.setOnCheckedChangeListener(this);
        RadioGroup level = (RadioGroup)findViewById(R.id.level);
        easy = (RadioButton) findViewById(R.id.easy);
        medium = (RadioButton) findViewById(R.id.medium);
        hard = (RadioButton) findViewById(R.id.hard);
        level.setOnCheckedChangeListener(this);
        Button exitbutton = (Button)findViewById(R.id.exit_button);
        exitbutton.setOnClickListener(this);
    }
    public void onClick(View v) {         //实现 Button 监听器 OnClickListener 的接口函数
        switch (v.getId()) {
        case R.id.start_button:
```

```
            setContentView(R.layout.game);
            Log.d("Test", "变量的值是"+"music="+music+" level="+level); //在 LogCat 中输出
            break;
        case R.id.exit_button:
            finish();
            break;
        }
    }
    //实现 RadioGroup 监听器 OnCheckedChangeListener 的接口函数
    public void onCheckedChanged(RadioGroup group, int checkedId)
    {
      if(checkedId==easy.getId())
       {
         /*当选中 easy 时设置 level 变量的值为 1000*/
         level=1000;
       }
      else if(checkedId==medium.getId())
       {
         /*当选中 medium 时设置 level 变量的值为 500*/
        level=500;
       }
      else if(checkedId==hard.getId())
       {
         /*当选中 hard 时设置 level 变量的值为 200*/
        level=200;
       }
    }
    //实现 CheckBox 监听器 OnCheckedChangeListener 的接口函数
    public void onCheckedChanged(CompoundButton buttonView, boolean isChecked) {
        if(isChecked){
            music=true;
        }else{
            music=false;
        }
    }
}
```

程序运行结果如下(图 15.6 和图 15.7)：

图 15.6　开始界面　　　　　　　图 15.7　游戏界面

15.6.2　实现 Map.java

在 Map 类中要实现的功能是存放静止方块的场地(即 Map 对象)。Map 对象的类图在游戏设计阶段已给出，Map 类包括 map()、drawmap()、isover()、resetmap()、deletline()五个方法，这五个方法对应的功能如下：

(1) map()：该类的初始化函数，为存储游戏区域的二维数组分配内存。

(2) drawmap()：绘制游戏区域中静止方块。

(3) isover()：判断游戏是否结束。

(4) resetmap()：方块无法下降时，用该方块重新修改 map 数组。

(5) deletline()：消行并返回消去的行数。

存储游戏区域的是 int[][]型的二维数组。在构造函数中初始化这个数组为 20 行 10 列，即设定游戏区域为 20*10 的网格，系统自动为数组所有元素赋零值。相关代码如下：

```
int[][] map;
public Map()
    {
        map=new int[20][10];
    }
```

接下来绘制游戏区域。map 数组中存放的方块是游戏区域中静止的方块，数组中若 map[j][k]元素的值为 1，则表示 20*10 的网格中第 j 行第 k 列处有一个基本方块单位，我们需要将这个方块绘制在界面的第 j 行第 k 列；如果 map[j][k]元素为 0 则表示此处没有基本方块单位，也就不用绘制了。界面中的游戏区域定义为以左上角为起点 20*10 的网格，网格以 width 为宽，以 height 为高。数组中元素与界面游戏区域中的网格是一一对应关系，如 map[0][0]对应界面中左上角的第一个网格，map[0][1]对应界面中第一行第二个网格，以此类推。相关代码如下：

```
public void drawmap(Canvas canvas, Bitmap bitmap)
//canvas 为绘制所需游戏区域画布，bitmap 为要填充每个基本方块单位的图片
    {
        Rect rct = new Rect();//定义一个方块区域
```

```
int i, k;//定义循环变量
int x, y;//定义方块区域左上角的 xy 坐标
Paint pnt = new Paint();//定义画笔对象
pnt.setStyle(Paint.Style.FILL);//设置画笔属性
pnt.setColor(Color.BLUE );
int width=(canvas.getWidth()/12)*5/6;//定义每个基本方块单位的宽度
int height=width;
for(i=0;i<20;i++)//外循环一共输出 20 行
{
    for(k=0;k<10;k++)//内循环输出每一行的所有基本方块单位
    {
        x=k*width;//设置第 i 行中第 k 个方块左上角的 x 坐标
        y=i*height; //设置第 i 行中第 k 个方块左上角的 y 坐标
        if(map[i][k]==1)//如果区域数组中该位置值为 1 输出一个基本方块
        {
            rct.set(x, y, x+width, y+height);//设置基本方块的区域
            canvas.drawBitmap(bitmap, null, rct, pnt);//绘制基本方块
        }
    }
}
```

Map 类需要有判断游戏是否结束的功能，设定当第一行中存在方块时就判定游戏结束，相关代码如下所示：

```
public boolean isover()
    {
        for(int i=0;i<10;i++)
        {
            if(map[0][i]==1)//当区域数组第一行中有一个值为 1 判定游戏结束
                return true;
        }
        return false;
    }
```

当游戏中的方块不能再向下移动时，需要用该方块更新游戏区域，即将游戏方块四个基本方块单位填充到游戏区域数组中。相关代码如下所示：

```
public void resetmap(int[][] b)//b 为落地方块中四个基本方块单位在游戏区域中的位置
{
    for(int i=0;i<4;i++)
        map[b[i][1]][b[i][0]]=1;//将四个基本方块单位填充到游戏区域数组中
}
```

Map 类最后的功能是当游戏区域一行填满方块时消去该行，并且返回消去的行数以供游

戏计分所用。相关代码如下所示：

```
public int deleteline()
    {
        boolean flag;//定义标识该行是否需要消去
        int line=0;//初始消去的函数为 0
        for(int i=0;i<20;i++)//外循环共判断 20 行
        {
            flag=true;//每次假设需要消去该行
            for(int k=0;k<10;k++)
            {
                if(map[i][k]==0)
                  {
                    flag=false;//该行中有一个区域没有基本方块则设置 flag 标志值为 false、放弃消除该行
                    break;
                  }
            }
            if(flag)
            {
                line++;
                for(int l=i;l>0;l--)//当确定需要消行时将该行以上区域下移一个单位
                    for(int s=0;s<10;s++)
                        map[l][s]=map[l-1][s];
            }
        }
        return line;
    }
```

为了显示 Map 类的效果，在游戏区域中放置一个方块并调用 drawmap()方法显示出来。先在 res 文件夹中的 drawable-前缀的文件夹中添加 block.png 图片，这三个文件夹分别对应三种像素的图片文件，以适应不同分辨率的手机屏幕。此图片用于填充小正方形。然后在 GameView 类中添加成员变量：

```
Bitmap bitmap; //定义填充基本方块单位的位图，绘制方块时需用该位图
Map map=new Map();
```

修改构造函数为：

```
public GameView(Context context，AttributeSet attrs) {
    super(context，attrs);
    BitmapDrawable d = (BitmapDrawable) context.getResources().getDrawable(R.drawable.block);
    //最好在 res 文件夹下每个 drawable 子文件夹中都添加 block.png 否则显示图片可能与预想
       不符
    bitmap=d.getBitmap();//初始化 bitmap 位图
}
```

由于 GameView 负责绘制 Map 与 Block，所以要在 GameView 的 onDraw()函数中调用 Map 的绘制方法 drawblock()，注意 map 数组初始化时各元素均为零，即什么也不画，所以还需要调用 resetmap()往其中放置一个方块，将 GameView 类中的 onDraw()函数做如下更改：

```java
public void onDraw(Canvas canvas) {
    super.onDraw(canvas);
    int[][] ps={
                {0, 0},
                {1, 0},
                {2, 0},
                {3, 0}
        };
    map.resetmap(ps);//在 map 对象的区域数组中添加一个方块
    map.drawmap(canvas，bitmap);//绘制游戏区域
}
```

运行程序当进入游戏界面后效果如图 15.8 所示。

图 15.8　游戏界面

15.6.3 实现 Block.java

上节实现了存放静止方块的 Map 类，在本节里将分析运动方块 Block 类的实现。Block 的类图在游戏分析阶段已经给出，共包含 newrblock()、Block()、islimit ()、isconflic ()、left ()、right()、down()、change()、drawblock()等 9 个方法，如图 15.3 所示。

(1) newrblock()：新建方块。

(2) Block()：该类构造函数，初始化成员变量并新建方块。

(3) islimit()：　判断方块是否越界。

(4) isconflic()：　判断方块是否与静止方块发生碰撞。

(5) left()：　方块左移。

(6) right()：　方块右移。

(7) down()：　方块下降。

(8) change()： 方块变形。

(9) drawblock()： 绘制方块。

要实现上述功能，先在 Block 类中添加如下成员变量：

public int[][] ps;//运动的方块由四个基本方块单位组成，要表示运动的方块只需记录四个基本方块单位在游戏区域中的位置即可。此二维数组每一行中的两个 int 值表示该基本方块在游戏区域数组中第几行第几列

public int code;//每个运动方块都有固定的变形形态，code 记录该方块当前形态编码

public int[][] initps;//方块的初始形态

int[][][] block={

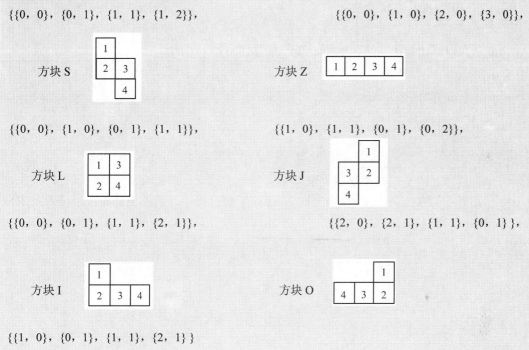

};//7 种方块基本形状的初始位置

首先实现新建方块的功能，新建方块就是在 7 个基本形态中随机选取一个。我们为每个方块进行了编码。编码规则如下：当方块为基本形状时编码为一位数，表示其在 block 数组中的位置；当方块为基本方块的变形时编码为两位数，第一位表示其所属基本形状，第二位表示其为第几个变形。如方块 Z 在 block 数组中为第二个，故编码为 2，当变形为竖条时其为该基本形态变换中的第一个变形，故编码为 21。相关代码如下所示：

```
public void newrblock()
    {
        int i;
        Random rand = new Random();
```

```
            i=rand.nextInt(100)%7;//产生随机数决定产生七种基本形态中的哪一个
            for(int k=0;k<4;k++)//将原始方块赋值给临时方块
                {
                    ps[k][0]=block[i][k][0];
                    ps[k][1]=block[i][k][1];// 利用产生的随机数选择七种基本形态中的一个
                    initps[k][0]=ps[k][0];
                    initps[k][1]=ps[k][1]; //初始化该方块起始形态
                }
            code=i+1;//初始化方块形态的编码
    }
```

在构造函数中新建方块初始化成员变量，相关代码如下所示：

```
public Block()
    {
        ps=new int[4][2];//初始化 ps
        initps =new int[4][2];//为初始位置分配内存
        newrblock();//新建方块
    }
```

在实现方块移动或变形之前必须判断能否进行此次移动，需要判断两种情况是否发生。一种是运动和变形时是否超出左右边界，另一种是下降过程中与场地中静止方块是否发生碰撞，相关代码如下所示：

```
public boolean islimit(int[][] p)
    {
        int i;
        for(i=0;i<4;i++)
        {
            if(p[i][0]<0||p[i][0]>9||p[i][1]<0||p[i][1]>19)//4个基本方块中任一坐标超出游戏区域
                return true;
        }
        return false;
    }
public boolean isconflic(int[][] b，int[][] map)
    {
        int i;
        for(i=0;i<4;i++)
            {
                if((map[b[i][1]][b[i][0]])==1)//4个基本方块中任一与游戏区域中静止方块重合
                    return true;
                }
        return false;
    }
```

下面实现方块运动与变形的功能。其中最繁琐的是变形的方法，它需要处理各种变形。以方块 I 为例，I 的基本形态编码为 5，方块按顺时针旋转对应编码为 51、52、53。当进行变形操作时程序先判断此时的编码，如果是 5 则变形到 51 形态，若是 53 则变形到 5 状态。相关代码如下所示：

```java
public void left(int[][] map) //方块左移方法
{
    int[][] tp=new int[4][2];//创建临时方块
    for(int i=0;i<4;i++)//将运动中的方块左移之后的位置赋值给临时方块
    {
        tp[i][0]=ps[i][0]-1;
        tp[i][1]=ps[i][1];
    }
    if(!islimit(tp)&&!isconflic(tp,map))//判断临时方块是否出界或与其他方块碰撞，如果没有，则将原始方块指向临时方块，否则原始方块不发生改变
    {
        ps=tp; //若能左移则 ps 指向临时方块数组，即运动后方块的位置，原方块数组中的数据作废等待 java 虚拟机回收这些内存
    }
}
public void right(int[][] map) //方块右移方法
{
    int[][] tp=new int[4][2]; //创建临时方块
    for(int i=0;i<4;i++) //将运动中的方块右移之后的位置赋值给临时方块
    {
        tp[i][0]=ps[i][0]+1;
        tp[i][1]=ps[i][1];
    }
    if(!islimit(tp)&&!isconflic(tp,map)) //判断能否右移
    {
        ps=tp;
    }
}
public boolean down(int[][] map) //方块下移方法
{
    int[][] tp=new int[4][2];//创建临时方块
    for(int i=0;i<4;i++) //将运动中的方块下移之后的位置赋值给临时方块
    {
        tp[i][0]=ps[i][0];
        tp[i][1]=ps[i][1]+1;
    }
    if(!islimit(tp)&&!isconflic(tp,map)) //判断能否下移
```

```
        {
            ps=tp;
            return true;
        }
        return false;
}
public boolean change(int[][] map) //方块变形方法
{
    int[][] tp=new int[4][2];//创建临时方块
    for(int i=0;i<4;i++)//将原始方块赋值给临时方块
    {
        tp[i][0]=ps[i][0];
        tp[i][1]=ps[i][1];
    }
    switch(code)//根据原始方块编码决定变换的形态
    {
        ……
        //各方块变形操作相似，都是把每个小方块放到顺时针旋转90度后的位置，下面仅以I方块为例
        case 5:
            tp[0][0]++; //旋转后应将1号小方块横坐标加1，即右移一个单位
            tp[1][1]--;  //旋转后应将2号小方块纵坐标减1，即上移一个单位
            tp[2][0]--;  //旋转后应将3号小方块横坐标减1，即左移一个单位
            tp[3][0]-=2; //旋转后应将4号小方块横坐标减2，即左移两个单位
            tp[3][1]++; //旋转后还应将4号小方块纵坐标加1，即下移一个单位
            if(!islimit(tp)&&!isconflic(tp,map)) //判断能否变换
            {
                ps=tp;
                code=51; //变换后改变方块编码
                return true; //变换效果如右图
            }
            else
                return false;
        case 51:
            tp[0][1]++; //旋转后应将1号小方块纵坐标加1，即下移一个单位
            tp[0][0]++; //旋转后还应将1号小方块横坐标加1，即右移一个单位
            tp[1][0]+=2; //旋转后应将2号小方块横坐标加2，即右移两个单位
            tp[2][1]--; //旋转后应将3号小方块纵坐标减1，即上移一个单位
```

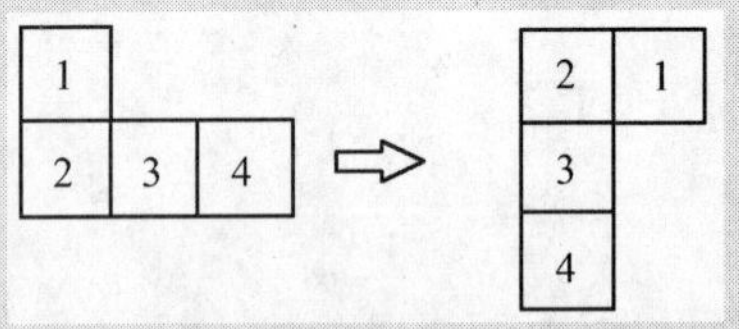

            tp[2][0]++; //旋转后还应将 3 号小方块横坐标加 1，即右移一个单位
            tp[3][1]-=2; //旋转后应将 4 号小方块纵坐标减 2，即下移两个单位
            if(!islimit(tp)&&!isconflic(tp,map)) //判断能否变换
            {
                ps=tp;
                code=52; //变换后改变方块编码
                return true; //变换效果如右图
            }
        else
            return false;
case 52:
            tp[0][0]--; //旋转后应将 1 号小方块横坐标减 1，即左移一个单位
            tp[0][1]++; //旋转后还应将 1 号小方块纵坐标加 1，即下移一个单位
            tp[1][1]+=2; //旋转后应将 2 号小方块纵坐标加 2，即下移两个单位
            tp[2][0]++; //旋转后应将 3 号小方块横坐标加 1，即右移一个单位
            tp[2][1]++; //旋转后还应将 3 号小方块纵坐标加 1，即下移一个单位
            tp[3][0]+=2; //旋转后应将 4 号小方块横坐标加 2，即右移两个单位
            if(!islimit(tp)&&!isconflic(tp,map)) //判断能否变换
            {
                ps=tp;
                code=53; //变换后改变方块编码
                return true; //变换效果如右图
            }
        else
            return false;
case 53:
            tp[0][1]--; //旋转后应将 1 号小方块纵坐标减 1，即上移一个单位
            tp[1][0]--; //旋转后应将 2 号小方块横坐标减 1，即左移一个单位
            tp[2][1]++; //旋转后应将 3 号小方块纵坐标加 1，即下移一个单位
            tp[3][0]++; //旋转后应将 4 号小方块横坐标减 1，即左移一个单位
            tp[3][1]+=2; //旋转后应将 1 号小方块横坐标减 1，即左移一个单位
            if(!islimit(tp)&&!isconflic(tp,map))
            {
                ps=tp;
                code=5; //变换后改变方块编码
                return true; //变换效果如右图
            }
        else
            return false;

```
        ……
    return false;
}
```

最后实现绘制方块的方法。绘制的过程就是在游戏区域中根据方块中基本方块的位置计算出需填充方块的坐标，然后用图片填充。相关代码如下所示：

```
public void drawblock( Canvas canvas，Bitmap bitmap，int[][] ps)
//canvas 为绘制所需画布，bitmap 为基本方块单位图片，ps 为要绘制的方块的位置
{
        Rect rct = new Rect();//新建矩形区域
        int i;
        int x，y;
        Paint pnt = new Paint();//创建画笔设置属性
        pnt.setStyle(Paint.Style.FILL);
        pnt.setColor(Color.BLUE );
        int width=(canvas.getWidth()/12)*5/6;//设置基本方块单位宽度
        int height=width;
        for(i=0;i<4;i++)//循环填充四个基本方块单位
        {
            x=ps[i][0]*width;
            y=ps[i][1]*height;
            rct.set(x, y, x+width, y+height);
            canvas.drawBitmap(bitmap, null，rct, pnt);
        }
}
```

现在来看一下方块类的效果。在 GameView 中添加 block 对象，方法：

```
Block block=new Block();
```

对其 onDraw()函数做如下修改：

```
public void onDraw(Canvas canvas) {
    super.onDraw(canvas);
    map.drawmap(canvas，bitmap);//画游戏区域中的静止方块，其实什么也没有
    block.drawblock(canvas，bitmap，block.ps);//画运动方块
}
```

在 NextBlockView 中添加成员变量如下：

```
Block block=new Block();
Bitmap bitmap;//定义位图变量，用此位图填充小方格
```

将其构造函数改为：

```
public NextBlockView(Context context，AttributeSet attrs) {
        super(context，attrs);
        BitmapDrawable d = (BitmapDrawable) context.getResources().getDrawable(R.drawable.block);
```

//最好在 res 文件夹下每个 drawable 子文件夹中都添加 block.png
        bitmap=d.getBitmap();//初始化 bitmap 位图
}

重写其 onDraw 函数为：

```
public void onDraw(Canvas canvas) {
    super.onDraw(canvas);
    block.drawblock(canvas，bitmap，block.ps);//绘制方块
}
```

在 Tetris 添加 GameView 与 NextBlockView 对象：

```
GameView gmview;
NextBlockView nbview;
```

然后，在响应点击开始游戏按钮事件的函数中获得这两个对象，相关代码如下：

```
case R.id.start_button:
    setContentView(R.layout.game);
    gmview=(GameView)findViewById(R.id.gmview);
    nbview=(NextBlockView)findViewById(R.id.nbview);
    Log.d("Test"，"变量的值是"+"music="+music+" level="+level);
    break;
```

此外还必须实现按键响应函数，通过按键方块执行相应动作。在 Tetris 类中添加如下函数：

```
        @Override
        public boolean onKeyDown(int keyCode，KeyEvent msg) {
            if (keyCode == KeyEvent.KEYCODE_DPAD_UP) {
                gmview.block.change(gmview.map.map);//按上键变形
                gmview.invalidate();//刷新游戏界面
                return (true);
            }
            if (keyCode == KeyEvent.KEYCODE_DPAD_DOWN) {
                gmview.block.down(gmview.map.map);//按下键下降
                gmview.invalidate();
                return (true);
            }
            if (keyCode == KeyEvent.KEYCODE_DPAD_LEFT) {
                gmview.block.left(gmview.map.map);//按左键左移
                gmview.invalidate();
                return (true);
            }
            if (keyCode == KeyEvent.KEYCODE_DPAD_RIGHT) {
                gmview.block.right(gmview.map.map);//按右键右移
```

```
            gmview.invalidate();
            return (true);
        }
        return super.onKeyDown(keyCode,msg);
    }
```

程序运行效果如图 15.9 和图 15.10 所示。

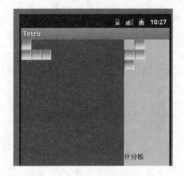
图 15.9　点击开始游戏后

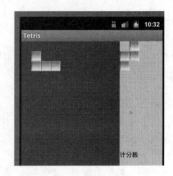
图 15.10　按右键下键

15.6.4　完善 GameView.java

GameView 类的功能为显示场地与运动方块,在前面已经实现。为了美观,需要在场地中绘制方格线,这样可以更清楚地知道方块将落在什么位置。要实现此功能,只需将 GameView 类的 onDraw()函数修改如下:

```
public void onDraw(Canvas canvas) {
        super.onDraw(canvas);
        float width=(canvas.getWidth()/12)*5/6;//确定网格宽度
        float height=width;
        int i, k;
        float x, y;
        x=y=0;
        Paint pnt = new Paint();
        pnt.setStyle(Paint.Style.FILL);
        pnt.setColor(Color.BLACK);
        for(i=1;i<=11;i++)//画竖线
        {
            canvas.drawLine(x, 0, x, width*20, pnt);
            x=x+width;
        }
        for(k=1;k<=21;k++)//画横线
        {
            canvas.drawLine(0, y, height*10, y, pnt);
            y=y+height;
```

```
        }
        map.drawmap(canvas，bitmap);//画游戏区域静止方块
        block.drawblock(canvas，bitmap，block.ps);//画运动方块
    }
```

运行效果如图 15.10 所示。

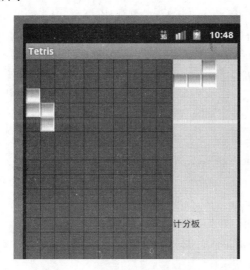

图 15.10 带有方格线的场地效果

15.6.5 实现 Tetris 的控制功能

在这里，我们对 Map、Block、GameView、NextBlockView、TextView 进行整体控制。游戏中需要设定一个 Timer 定时器，使得每隔一段时间使方块下降一个单位。每次定时结束，在处理方法中进行方块下降、刷新屏幕、是否结束、更改游戏得分、新建方块等操作。

每个 Timer 对应一个后台线程，所以在 TimerTask 中完成有关界面的操作是不可能的。因为在 Android 中有关界面操作的函数都是线程不安全的，也就是当 A、B 两个线程同时修改界面中的两个元素 Y1、Y2 时，可能会出现本来 A 要修改完 Y1、Y2 之后才轮到 B 修改，结果 A 只修改了 Y1 之后，B 就开始修改，从而引发共享数据不同步的问题，所以 Android 中规定有关界面的操作要在主线程中进行。方法是 Timer 每隔一段时间向 Activity 发送消息，而在 Activity 中用 Handler 处理消息。因此需要在 Tetris 中添加 Timer 与 Handler 对象(分别是 timer 和 mHandler)以及分数 score 成员并用 Handler 处理消息，相关代码如下：

```
Timer timer=new Timer();
int score=0;
private Handler mHandler = new Handler() { // 内部类
    public void handleMessage(Message msg) {
    switch (msg.what) {
    case 1: // 处理 MyTask 发送来的消息
        if (!gmview.block.down(gmview.map.map))// 如果方块不能再下降
        {    gmview.map.resetmap(gmview.block.ps);// 用当前方块更新游戏区域
```

```
score = score + 100 * gmview.map.deleteline();// 消行,如果能消的话消去行返回消去函数并更新分数,否则返回0分数不变
if (!gmview.map.isover())// 游戏是否结束
{
    gmview.block = nbview.block;// 将下一个方块赋值给当前方块
    nbview.block = new Block();// 重新创建下一个方块
    nbview.invalidate();//刷新 nbview
    TextView tv = (TextView) findViewById(R.id.score);
    tv.setText("score" + score);// 更新分数
}
else
{
    timer.cancel();// 如果结束取消定时器
    String s;
    s = String.valueOf(score);
    // 弹出对话框询问退出还是重新开始
    new AlertDialog.Builder(Tetris.this)
    .setTitle("提示")
    .setMessage("游戏结束你的得分是:" + s)
    .setIcon(R.drawable.ic_launcher)
    .setPositiveButton("退出",
    new DialogInterface.OnClickListener() {// 退出按钮点击响应方法
        public void onClick(DialogInterface dialog, int whichButton) {
            setResult(RESULT_OK);
            finish();
            Tetris.this.finish();//退出时结束 Activity
        }
    })
    .setNegativeButton("重新开始",
    new DialogInterface.OnClickListener() {// 重新开始按钮点击响应方法
        public void onClick(DialogInterface dialog, int whichButton) {
            setTitle("俄罗斯方块");
            score = 0;
            setContentView(R.layout.begin);
            // 下面重新获得界面中组件的对象并设置监听器
            Button startbutton = (Button) findViewById(R.id.start_button);
            startbutton.setOnClickListener(Tetris.this);
            CheckBox sound = (CheckBox) findViewById(R.id.sound);
            sound.setOnCheckedChangeListener(Tetris.this);
            RadioGroup level = (RadioGroup) findViewById(R.id.level);
```

```
                    easy = (RadioButton) findViewById(R.id.easy);
                    medium = (RadioButton) findViewById(R.id.medium);
                    hard = (RadioButton) findViewById(R.id.hard);
                    level.setOnCheckedChangeListener(Tetris.this);
                    Button exitbutton = (Button) findViewById(R.id.exit_button);
                    exitbutton.setOnClickListener(Tetris.this);
                    timer = new Timer();
                }
                }).show();
                }
                break;
            }
            gmview.invalidate(); // 每次下降都刷新屏幕
            break;
        }
    };
};
private class MyTask extends TimerTask{
    @Override
    public void run() {
        Message message = new Message(); //创建消息对象
        message.what = 1;    //发送的消息为 1
        mHandler.sendMessage(message); //发送消息
    }
}
```

最后需要修改开始游戏按钮点击事件响应函数，在其中开启 Timer 与背景音乐。在 res 文件夹下新建 raw 文件夹，在 raw 中添加 music.mp3 音频文件。然后在 GameView.java 中添加成员变量 mediaplayer，相关代码如下：

```
MediaPlayer  mediaplayer;
```

再修改 start_button 的点击响应如下：

```
case R.id.start_button:
        setContentView(R.layout.game);
        gmview = (GameView) findViewById(R.id.gmview);
        nbview = (NextBlockView) findViewById(R.id.nbview);
        timer.scheduleAtFixedRate(new MyTask()，1，level);//启动定时器每隔 level 毫秒发送消息 1
        if(music)
        {
            mediaplayer=MediaPlayer.create(this，R.raw.music);
            mediaplayer.setLooping(true);
```

```
            mediaplayer.start();
        }
        Log.d("Test","变量的值是" + "music=" + music + " level=" + level);
        break;
```

至此,完整的俄罗斯方块已基本实现。运行结果如图 15.11 所示。

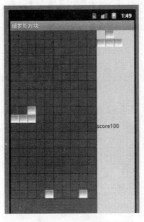

图 15.11　游戏界面

15.7　本章小结

俄罗斯方块堪称一款经典游戏,游戏规则相对简单,所以在实现游戏逻辑时我们也采用了简单的方法,如对游戏中方块的旋转和移动(比较高级的方法是用矩阵换算,而在本章中采用将基本方块一一移动的简单方法)。除了程序逻辑功能实现之外,本章主要学习了自定义 View 的方法及如何使用自定义 View。其中自定义 View 时主要是继承 View 类重载其方法,在程序中只重载 onDraw()函数就可以完成所有功能,读者可重载其他函数完成其他的功能。自定义 View 可以在代码或 XML 文件中使用,在 XML 文件中使用时构造函数需采用 MyView(Context context , AttributeSet attrs)格式,标签内容格式为<包名.类名/>。另外,游戏分析与设计也是一个非常重要的环节。

思考与实践

了解本游戏设计的主要思路。

附录　IDE 开发环境 Eclipse、XML 及智能手机简介

在 Eclipse 出现之前，虽然也有不少的 IDE 程序开发环境（如 Boland 的 JBuilder、IBM 的 Visual Age for Java、Oracle 的 Jdeveloper、WebGain 的 Visual Café、Sun 的 NetBeans 等），但 Eclipse 却以其开放性、高效的 GUI、先进的代码编辑器等著称。在 Java Web 程序开发中，Eclipse 一直扮演着重要的角色，社区的支持也越来越强大，第三方插件只需简单复制到 Eclipse 的插件文件夹下就可以被使用。可以说，Eclipse 已经占据了 Java 开发者中最大的 IDE 市场。而且 Google 特别提供的 ADT plugins 在 Eclipse 与 Android 仿真器上做了很多的工作，Android 程序运行时的错误消息也都可以通过 DDMS 显示在 Eclipse 中，而 Eclipse 开发成功的应用程序，将自动打包成 APK 文件并自动安装到 Android 仿真器中。Android 将 Eclipse 作为其官方指定的集成式开发环境。本附录简单介绍 Eclipse 使用技巧。

1. Eclipse 工程的基本配置

开发 Java 相关程序时，常常需要对工程的源代码进行设定，或者需要添加或修改 JAR 包。这时，右击工程名，选择最后一个选项"Properties"(属性)，对其中的"Java Build Path"进行配置即可。它主要包括如下几项：

1) "Source"(源代码)选项卡

指明工程中要编译的 Java 文件存放的位置。注意只有存放在源文件夹中的 Java 代码才参与代码编译。也就是说，如果新建了一个"文件夹"而不是"源文件夹"(如新建 otherfolder 文件夹)，再将"源文件夹"中的某个 Java 文件拖到这个新建的文件夹中，即使其中有非法字符，系统也不会提示编译错误，因为只有在源文件夹中的文件才参与代码编译与构建。

如果想要这个新建的一般文件夹 otherfolder 中的文件也参与编译，只需单击"添加文件夹"按钮，选中刚才新建的 otherfolder 文件夹，则其中的 Java 文件就要参与编译了。此时如果代码中有编译错误，就会出现红叉标志。选中相应的文件夹，单击"Remove"(去除)按钮，则这个文件夹就不再作为源文件夹了，此时其中的类文件中的错误也不会再有红叉提示了。

2) "Libraries"(库)选项卡

在 Java 中，有时需要引入第三方 JAR 包文件，如为了使用全文检索 Lucene 中的索引，需要在 Java 文件上面输入"import org.apache.lucene.index.IndexWriter"，但是这样做的前提是工程中要添加进相应的第三方的 JAR 包文件（如 Lucene 的 JAR 包）。这里的"添加 JAR"按钮是指添加存在于这个工程下的某个文件夹下的某个 JAR 文件，而"添加外部 JAR"则是将存放在工程外的其他文件夹中的 JAR 包添加到这个当前工程中来。这两个按钮的作用一样，都是向工程中添加相应的 JAR 包文件，也只有在这样做了之后，才能在相应的 Java 文件上面添加诸如 import org.等命令来调用相应 JAR 包文件中的功能。

2. Java 代码的自动完成和修复

1) 自动修复错误和清除 Java 中的无用代码

Eclipse 有自动修复 Java 代码错误的功能，错误处会有红色叉标志。单击左侧这个红

色叉时会出现修改提示，对于不同的错误会提示不同的修改建议。如在 Java 代码中引用了一个不存在的函数时则会出现红色叉标志，单击这个红叉标志，选择相应的命令即可完成清理和修复工作。当 Java 代码中存在无用的方法、import 了无用的内容后，在代码左侧会出现黄色的小手标记。单击这个标记，可选择将其去掉。同理，当在 Java 程序中使用了某个功能但尚未通过 import 命令引入对应的内容时也会出现红叉，表示还没有相应的 import 语句。单击这个红叉标志，选择相应的命令就可以将对应的 import 语句添加到程序上方，之后错误标志消失。另外，Java 代码中可能会导入无用的包和类，通过菜单【源代码】|【组织导入】，或者在编辑器的快捷菜单中选择该选项，或者按下快捷键【Ctrl+Shift+O】，就可以重新组织并去掉无用的类和包。

2）Java 方法和类名的自动完成

在输入 Java 代码时，只要在变量名后输入点(·)就会给出这个变量对应的方法提示。如果这个下拉列表没有出现，也可按【Alt+/】组合键，则会再次显示对应的提示信息。这种特性为编制程序提供了极大便利。如当程序中没有 main 方法而想在程序中使用 main 方法时，可以在输入 main 后，按【Alt+/】组合键，则相应的代码会自动出现。又如，当需要 switch 方法时，只需输入 switch，再按下【Alt+/】组合键，即可自动生成 switch 程序块。

3）格式化源代码

Java 中有很多规范，如代码缩进位置、变量名缩进位置、大括号位置等。使用 Eclipse 提供的格式化源代码可以方便地实现这个功能。选中要格式化的 Java 代码(注意，当不选择代码行时则格式化所有代码)，选择菜单【源代码】|【格式】，或者在快捷菜单中单击相应的命令，或者按下快捷键【Ctrl+Shift+F】，可以快速地将代码格式化为便于阅读的格式。这个操作在 MyEclipse 插件中也可以用来格式化 XML、JSP、HTML 等源文件。上述格式的样式是 Eclipse 默认风格。如果想自行更改(如改变大括号的放置位置)，可以执行【窗口】菜单下的【首选项】，选择【Java】|【代码样式】|【格式化程序】|【新建】，可以新建一个样式。

4）自动添加/去除注释，查找匹配的大括号

选中相应的 Java 代码，用鼠标右键单击，在弹出的快捷菜单中选择【源代码】，选择【添加块注释】，即可对选中的内容添加注释。

在 Eclipse 中，按下【Ctrl+Shift+P】组合键，可以查找和当前大括号匹配的另一部分括号。

5）查看文件上一次保存以来做了什么修改

有时需要了解源代码自上一次保存以来所做的修改，这时可以在某个 Java 文件上右击，在弹出的快捷菜单中选择【比较对象】|【本地历史记录】，可以观察到修改细节及和本地历史记录的不同。

6）自动导入类或包

如果添加了相应的函数或类但却忘记使用 import 导入该函数的类或包，则该"出错"的函数或类下面会显示红色下划线，同时在编辑窗口左侧的长条灰色边框上会出现红色叉图标。单击这个红色叉图标会给出智能提示，可能第一项就是需要引用的包，只需双击第一项，Eclipse 就会自动添加相应的 import 语句。

3. 打开和选择视图

Eclipse 提供不同的视图可供选择，如果需要的视图没有打开，可以执行菜单【窗口】|【打开透视图】，选择到不同的透视图上去。执行菜单【窗口】|【显示视图】，可以显示不同的视图。其中，"包资源管理器"提供项目概貌，"层次结构"可以使用类型层次，"大纲"则

显示当前打开的文件中的元素的层次视图，"任务"则提供未解决任务列表，"控制台"则显示发送到控制台的输出。

和其他编程语言一样，开发 Java 程序时也需要进行代码调试。在相应的工程下，执行菜单命令【窗口】|【打开透视图】|【调试】，可以选择打开"调试"透视图。当想返回到 Java 视图方式时，执行菜单命令【窗口】|【打开视图】|【Java】即可。执行菜单命令【窗口】|【显示视图】|【其他】|【调试】，可以打开不同的调试子视图。其中，"变量"视图可以检查局部变量的值；"表达式"视图可以求表达式的值；"断点"视图可以管理代码中的断点，通过右击列表中的断点，可以使这些断点为"Disable"、"Enable"、"Remove"、"Remove all"等。

4. 设置普通断点和条件断点

可以在源代码左侧隔条上双击鼠标切换是否在当前设置断点。断点以小圆点的形式显示。之后，可以通过执行菜单命令【运行】|【调试方式】(Debug As)|【>1 Java Application】，或者通过选择快捷菜单中同样命令，或者按下快捷键【F11】来启动调试器。当调试器遇到断点时就会挂起当前线程并切换到调试器视图(程序运行到断点处停止)，调试器视图会显示 Debug(调试)视图、Variables(变量)视图、Breakpoints(断点)视图和 Expressions 视图。

其中的 Debug 视图中显示了当前所有运行的线程及所执行的代码所在的位置。这时编辑器将会以绿色高亮背景指示代码的位置，而 Variables(变量)视图则显示当前线程所执行到的方法或者类中的局部、全局等变量的值，这时线程已经被挂起，单击 Debug 视图的"Resume" (继续)按钮继续往下执行。要重新挂起可以选择某个线程，然后单击"Suspend"(暂挂)按钮。如果需要一行行地调试代码，可以单击"Step Over"(单步跳过)按钮往后执行，或者按下【F6】键。要终止调试，可以单击 Debug 视图上红色的停止按钮。另外，单击断点标志，选择"断点属性"，可以设置条件断点。条件断点的意思就是说当满足什么条件时，才在这个断点停下来。具体细节不再赘述。

5. Eclipse 插件及其使用

Eclipse 强大生命力表现在多个方面，而其中插件的功劳是功不可没的。在 Eclipse 中用户可以方便地添加第三方开发的插件并集成到 Eclipse 中，这也是 Eclipse 备受用户欢迎的重要原因之一。安装插件主要有三种方法。

方法 1：在线安装

很多 Eclipse 插件都提供了在线安装。只要该插件提供了在线安装方式，就会提供在线安装网址。在 Eclipse 中，执行命令【帮助】|【软件更新】|【查找并安装】|【搜索要安装的新的功能部件】，输入网址即可。限于篇幅在此不再赘述。

方法 2：将安装包直接解压使用

首先，下载插件安装包(如 Log4E，具体过程略)，将其解压后会有两个子文件夹 features 和 plugins。将 features 下的内容复制到 Eclipse 安装路径的 features 文件夹下，同时将这个插件的 plugins 下的内容复制到 Eclipse 安装路径的 plugins 文件夹下。重启 Eclipse。Eclipse 在启动过程中就会到其安装路径的 features 下找到应该加载哪些插件，接着到 plugins 路径下去实际加载插件。

方法 3：通过 Link 方式安装

这是一种常用的方法，主要优点是可以自行指定安装路径，删除时只要删掉对应的 link

文件即可，不会对其他插件造成影响。下面以安装进行日志输出管理的 API 类库 Log4E 插件为例进行说明。

(1) 将下载的 Log4E 插件的 rar 文件解压，会看到 features 和 plugins 两个文件夹。

(2) 建立 d:\eclipse\3rdplugins\log4je\eclipse 文件夹(注：假定 Eclipse 安装在 d:\eclipse 中)。将 features 和 plugins 文件夹复制到这个文件夹中。

(3) 在 d:\eclipse\links 下新建文本文件 log4je.link，其中的内容如下：

"path=d:/eclipse/3rdplugins/log4je"

(4) 重启 Eclipse，在【编辑】菜单下就会出现 "Log4E"，之后就可以在工程中使用 Log4E 提供的插件功能了。

6. 在 Eclipse 中完成 Java Web 应用程序的配置

为了更加方便地开发、部署 Web 应用程序，最好在安装 Eclipse 之后再安装 MyEclipse，这样可以更加方便地完成 JSP 代码编写、Web 应用程序的部署等。在 MyEclipse 中完成 Web 应用程序开发的主要步骤如下。

1) 选择 Web 服务器

因为 Web 应用程序要运行在某一个 Web 服务器(如 Tomcat、Weblogic 等)上，因此需要首先选择适宜的 Web 服务器。这里选用的是 Tomcat（当然也可以选择其他的 Web 服务器）。在系统中安装上 Tomcat 后，在 Eclipse 部署 Web 应用程序前，一般还要进行如下设置才可以使用。

执行命令【窗口】|【首选项】，打开【MyEclipse】|【Application Servers】|【Tomcat 5】(注：可以根据安装版本选中适宜的版本选项)，使其为 Enable 状态，并指定其安装路径。需要注意的是，服务器的 JDK 要选择系统的 JDK 路径，而不是 Eclipse 默认的 JRE。

2) 建立 Web 工程

在 Eclipse 中，执行菜单命令【文件】|【新建】|【其他】|【MyEclipse】|【J2EE Project】|【Web Project】，可以新建一个 Web 应用程序。用户可以为这个工程起名，如这里称其为 "MyWebProject"。

3) 建立 JSP 文件

执行 JSP 时需要在 Web 服务器上架设一个编译 JSP 网页的引擎。当然，这需要先安装 JDK 和 Web 容器如 Tomcat 等。在 Eclipse 环境下建立 JSP 工程是比较简单的。右击示例的 MyWebProject 工程下的 WebRoot 文件夹，选择菜单【新建】|【JSP(Advanced Templates)】，系统会自动建立一个 JSP 文件并自动附加一些代码，这里为这个 JSP 起名为 MyJsp.jsp。需要注意的是，JSP 文件要在启动 Tomcat 等服务器并在完成相应的部署后，通过输入相应的网址 URL，如输入 http://localhost:8080/MyWebProject/MyJsp.jsp，还要通过将其部署在指定的 Web 服务器如 Tomcat 上后（注：方法见下述步骤），才可以看到其运行效果。

4) 将建立的工程部署到某个服务器上

单击 My Eclipse 工具按钮【Deploy MyEclipse J2EE Project to Server】，打开对话框，选择要部署的工程如 MyWebProject，单击【Add】按钮，选择服务器如【Tomcat】。部署完成后，会在方话框下放显示相应的提示信息，显示服务器部署成功。

5) 运行 Web 应用程序

在 Eclipse 中启动 Tomcat 服务器。在浏览器(或者 Eclipse 下的 Web Brower)中输入

http://localhost:8080/MyWebProject/MyJsp.jsp(假定 MyWebProject 是对应的工程名)，就会在浏览器中显示出这个 JSP 页面的内容。可以根据用户不同的需求，修改这个 JSP 文件。

限于篇幅，有关 JSP 语法细节，在此不再赘述。

7. XML 技术简介

随着应用领域的拓展，人们在数据存储方面又有了新的选择，那就是 XML。随着越来越多的应用都将数据表示成 XML 形式，XML 也使我们拥有了一种用来结构化文档和数据的通用且适应性强的格式。

XML 是一种由 W3C 提出并创建的简单的、与平台无关并被广泛采用的标准，利用这个标准，可以根据需要定义自己新的标记。准确地说，XML 是一个元标记语言，它允许开发人员根据规则指定各种各样的标记语言。XML 格式是基于 Unicode 文本的，相对于关系数据库来说，这使得它们易读、易调试、易交换。在 Android 应用程序的开发中，以 XML 形式表示的数据随处可见。因此，Java 程序设计和 XML 技术构成了 Android 应用程序开发的基石。

和 HTML 一样，XML 也是基于 SGML 的一个子集，但与主要用于控制数据显示和外观的 HTML、CSS+DIV 不同，XML 主要用于定义数据本身结构和数据类型，而不是用于描述如何显示数据或文本的。由于 XML 将数据与显示分离，即表示和内容分开，使得集成来自不同信息源的数据成为可能。一般地，XML 使用一组用户可自定义的标记来描绘数据元素，每个元素封装可能十分简单也可能十分复杂的数据。由于 XML 文档以机器无关方式描述数据，使数据在不同的设备上能正确显示(注：可能会借助于 XSL 或 CSS+DIV 技术等)，任何程序都可以处理这些数据。因此，软件开发人员可将 XML 数据集成到程序中用于改进 Web 功能和提高互操作性，通过层叠样式表 CSS+DIV 或 JavaScript 技术，能够方便、灵活地设置网页中不同元素的外观属性。

XML 并不局限于客户端，也不仅限于 Web 程序。需要说明的是，虽然 XML 标记可用于描述用户自定义的特定项的结构，但它本身并不包含可用于发送或处理该信息的业务逻辑代码。由于 XML 主要是用来存放数据的，可以利用相关的 HTML、API(如 MSXML、DOM、JAVA DOM 等)对 XML 进行存取和查询。常见的 XML 应用有如下几种：

(1) XML 用于存放数据，然后由 XSLT 将 XML 转换、解析，结合 XSLT 中的 HTML 标签，最终转换为 HTML 显示在浏览器上。

(2) XML 作为微型数据库，利用相关工具对 XML 进行存取和查询，如在留言板的实现中就可用 XML 作为数据库。在有些版本的数据库系统中，XML 也可作为一种中间或最终数据类型。

(3) XML 作为信息传递的载体。Web Service 可以让使用不同系统和不同编程语言的用户能够相互交流和分享数据，其主要基础就是 Web Service 使用 XML 在系统之间交换数据。例如，在 SOAP(Simple Object Access Protocol)平台上，可以在用不同编程语言构造的对象(如 C# 对象和 Java 对象)之间传递消息。

(4) XML 作为应用程序的配置信息数据，如 J2EE 配置 Web 服务器时用的 web.xml 文件。只要将需要的数据存入 XML 文件中，然后在应用程序运行中载入，就会根据不同的数据做相应的操作。使用.NET 中的类如 XMLDocument 和 XMLTextReader，将配置数据标记为 XML 格式，能使其更具可读性，并能方便地集成到应用程序中去。使用 XML 配置文件的应用程序能够方便地处理所需数据，不用像其他应用程序那样要经过重新编译后才能使改变生效。

(5) XML 可以作为某些文档的通用格式。

(6) XML 可以用做保存数据间的映射关系，如 Hibernate 框架等。

1) XML 的基本规范和简单结构

一个 XML 元素一般是由开始标签、结束标签及标签之间的数据构成的，它有一个唯一的第一元素和根节点，标签之间的数据被认为是元素的值。元素允许嵌套但不能交叉嵌套，一个元素可以包含一个或多个属性。属性用来给一个元素添加附加的、次要的信息，是一个由 "=" 隔开的名称值，属性值须加引号，如<book ISBN= "978-7-03-026143-4" >。另外，元素的每一个属性可以以任意顺序进行说明，但仅能说明一次。此外，XML 标签对大小写敏感。在每个 XML 的开始处都需要对 XML 文档进行声明，用来描述该 XML 文件的版本、编码信息等，如<?xml version= "1.0" encoding = "gb2312" standalone= "yes" ?>，这里的各个属性的意义如下：

① version：指定当前 XML 文档所采用的 XML 的版本号，这里使用的是 XML1.0 规范。

② encoding：指定当前 XML 数据所采用的编码标准，如 GB 2312 指明 XML 文档的字符编码格式使用 GB 2312 来支持中文显示，如果这里指定 ISO—8859—1 等格式，文档中的内容可能显示为乱码。

③ standalone：设置 XML 的结构，指定当前 XML 文档是否和一个 DTD 文件有关联，一般用 DTD 来定义 XML 文件架构。

每个 XML 元素都以一个起始标记开始，以一个结束标记收尾。比如<title>是一个起始标记，</title>就是一个结束标记。可见起始标记以 "<" 开始，以 ">" 结束；结束标记以 "</" 开始，以 ">" 结束。

下面的代码是一个 XML 文件的示例。

```
<?xml version= "1.0"  standalone= "yes"  ?>
<?xml-stylesheet href= "StyleSheet.css"  type= "text/css"  ?>
<!--下面是有关学生的信息，其中<students>是根头，最后的</students>是根尾-->
<students>
  <student>
    <no>10001</no>
    <name>张三</name>
    <sex>男</sex>
    <birth>1994-11-17</birth>
    <address>石家庄</address>
  </student>
</students>
```

注意：一个 XML 段由段头和段尾组成。段头和段尾均用 "< >" 括起来，其中是段名，在段尾前要添加 "/" 标记。如上例中，<students>和</students>就是配对的一个段，在这个段中又嵌套了<student> </student>段，而在<student> </student>段中，又分别包含 no、name、sex、birth、address 等多个不同的部分。

需要注意的是，XML 一般是不作为的，它仅仅被设计用来结构化、存储以及传输信息。例如，下面是张三写给李四的 XML 形式的便签：

```
<note>
<to>李四</to>
```

```
<from>张三</from>
<heading>重要信息</heading>
<body>今天晚上我请客</body>
</note>
```

上面的这条 XML 具有自我描述性，它拥有标题以及留言，同时包含了发送者和接受者的信息，但是这个 XML 文档没有做任何事情，仅仅是包装在 XML 标签中纯粹的信息。一般来说，需要程序员编写软件或者程序，才能传送、处理和显示 XML 文件。

使用 XML 的好处是多方面的，最重要的是易携带和传输，因为 XML 文档不依赖于特殊的软件且是文本格式。其次，XML 是半结构化的数据，很容易被各种环境所读取。最后，因为 XML 的树状结构，也很容易被查询和检索。正因为上述原因，Android 采用 XML 来存储布局和其他相关信息。

2）Android 中基于 XML 的页面布局

Android 应用程序的布局信息（如在何处添加一个什么样的用户界面控件、大小、显示内容、颜色等），都是以 XML 文件的形式存储在工程的 res 文件夹下的。在这里可以使用各种 XML 标签。例如，下面的代码就是一个有关布局的 XML 文件，其布局含义暂不赘述，需要明确的是如下几点：

① 版本和字符编码信息：由首行的<?xml version = "1.0" encoding = "utf-8"？>表示。

② 每段由"<"开头，如在表示线性布局的"<LinearLayout"后，指明其 id、宽度、高度、布局方位等，最后由">"结束。中间嵌套的<TextView>、<Button>等同理。最后，由"</LinearLayout"作为这个线性布局的结束。

③ 注释文字由"<!--文字信息-->"表示，它们一般位于"</>"标记之后。

```
<?xml version="1.0" encoding="utf-8"?>
<LinearLayout
    android:id="@+id/widget92"
    android:layout_width="fill_parent"
    android:layout_height="fill_parent"
    android:orientation="vertical"
    xmlns:android="http://schemas.android.com/apk/res/android"
>
<TextView
    android:id="@+id/TextView_Show_yourChoice"
    android:layout_width="190px"
    android:layout_height="wrap_content"
    android:text="TextView"
    android:textSize="25sp"
    android:layout_gravity="center_horizontal" >
</TextView>
<EditText
    android:id="@+id/EditView_Input"
```

android:layout_width="fill_parent"
android:layout_height="wrap_content"
android:textSize="18sp" >
</EditText>
</LinearLayout> <!--LinearLayout 说明这是一个线性布局-->

3) 导入导出 Android 工程

如果在 Eclipse 中需要导入现成的 Android 工程,可以打开 Eclipse,右击左侧的包资源管理器,选择【import…】命令,在弹出的对话框中选择 "Existing Projects into Workspace" 选项,在后续操作中,选择相应的工程名即可方便地将指定的工程导入到 Eclipse 中。

同样,如果需要导出 Eclipse 工程,可以在 Eclipse 中,右击某个相应的工程名,从弹出的快捷菜单中选择复制命令,再将其粘贴到其他的文件夹中即可。本书所有章节中的实例工程,都是这样导出的。而如果在 Eclipse 中右击某个相应的工程名,从弹出的快捷菜单中【Export…】命令,则是将该工程导出为 APK 文件,详细可参阅本书第 2 章中的说明。

特别需要注意的是,有时当导入其他的工程后,在 Eclipse 中会出现错误,问题提示信息是 "The import android cannot be resolved"。如附图 1 所示。

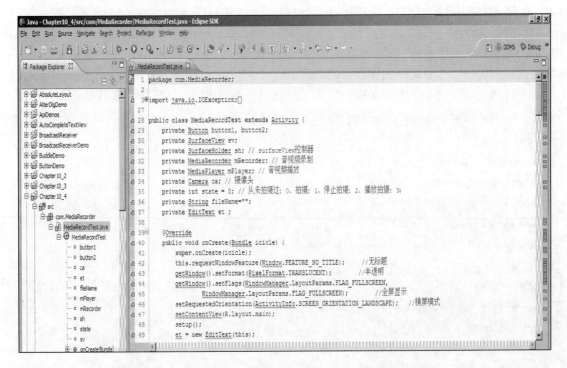

附图 1 The import android cannot be resolved 类型的出错信息

出现这种问题多是由于新导入的项目没有导入 Android 的 API 包,所以不会识别那些 JAR 包。解决办法是右击这个工程,选择 "Properties" 命令,在弹出的对话框的 Android 部分,在右侧 "Project Build Target" 里面,勾选相应的 SDK,如附图 2 所示,再点击 Apply 和 OK 按钮,一般就能解决问题。

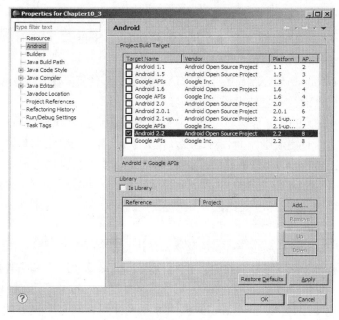

附图 2　选择相应的 Android 包

8. 智能手机品牌简介

　　智能手机如今已是人们购机的首选，而各大厂商数量众多的机型更是让人眼花缭乱。那么在众多搭载不同操作系统的智能手机中，哪些是大家比较关注的无疑是不少人希望了解的信息。下面是 2011 年 11 月 17 日腾讯数码网站给出的十大最受关注的智能手机情况及其排名（注：这里仅引用该新闻，不代表本书编者观点）。

　　第十名：中兴 U880：内置摄像头规格提高至 500 万像素，并且在网络功能提供了对 TD-SCDMA 网络的支持，提供了诸多 CMMB 手机电视和众多丰富的 G3 应用等功能。

　　第九名：HTC Rezound：配备了 4.3 英寸 720p 高清 Super LCD 触控屏，所带来的 1280×720 像素超高分辨率不仅为用户带来更出色的视觉体验，而且其触控屏达到的 342 ppi 的像素密度更是超越了苹果 iPhone4S。

　　第八名：8GB 版 iPhone4： 8GB 版 iPhone4 搭载了最新的 iOS 5 操作系统,较之过去增加了两百多项功能。

　　第七名：索尼爱立信 Xperia Arc S（LT18i）：该机配备有 1.4GHz 主频高通 MSM8255 处理器，并拥有 Adreno 205 图形处理芯片,同样提供给了诸如 512MB 的 RAM 和 1GB ROM 容量。

　　第六名：HTC HD2：这款手机几乎可以挑战任何操作系统，甚至最新的 WP7 Mango 系统也可以在该机之上运行。

　　第五名：HTC Desire S：作为经典机型 HTC Desire 的后续版本，HTC Desire S 无论在系统平台还是部分硬件配置上都有较大的幅度的改进。该机配备有 1GHz 主频高通 MSM8255 处理器，并集成 Adrono 205 图形处理芯片，相比过去在 3D 游戏和视频播放方面有着更出色的表现。

　　第四名：三星 GALAXY Note(GT-i9220)：该机配备了 5.3 英寸超大触控屏,并支持 WXGA（1280×800 像素）规格的高分辨率，屏幕像素密度更是达到 285ppi,可带来精细优异的画质。而为了获得更流畅的操控速度，三星还为该机配备了 1.4GHz 猎户座双核处理器，提供 1GB 的 RAM 容量和 16GB / 32GB 两种内存容量规格。

第三名：HTC Incredible S：该机采用了超薄设计，机身厚度仅为 11.7mm，并装载有 4.0 英寸 WVGA 分辨率 SLCD 触控屏，支持多点触控和 HTC Sense 2.0 界面，内置 800 万像素摄像头，支持自动聚焦和 720P 高清视频拍摄。

第二名：三星 i9100 GALAXY S II：三星 GALAXY S II 不仅有着全球最薄的机身和双核处理器等出类拔萃的特色，而且在全球市场已经突破了 1000 万部的销量。装载了 4.27 英寸触控屏和使用了 Super AMOLED Plus 屏幕材质，不仅在像素密度上会提升 50%，而且还会增加子像素数量，显示效果将比上一代更清晰，而且对比度及反光度也会同步得到提升。

第一名：苹果 iPhone4S：该机延续了过去的 3.5 英寸视网膜触控屏，并对手机的软硬件功能进行了大幅度升级，不仅采用了苹果 A5 双核处理器，而且还是首个采用双核处理器和双核显示芯片的智能手机，其速度要比过去快 7 倍。

9. 小结

本附录主要对 IDE 开发环境 Eclipse 及 XML 进行了简介，主要讲述了 Eclipse 的基本配置、Java 代码的自动完成和修复、打开和选择视图、设置普通断点和条件断点、插件的安装与使用、Java Web 应用程序的配置、XML 技术简介、Android 中基于 XML 的页面布局等。通过本附录内容的学习，可以为 Android 应用程序设计与开发打下良好的基础。最后引用相关网站资料，简单介绍了有关的智能手机品牌。

参考文献

[1] 石家庄新闻网. 我们能用智能手机做什么. http://yzwb.sjzdaily.com.cn/html/2011-02/18/content_311468.htm, 2011.

[2] 百度百科. 智能手机. http://baike.baidu.com/view/535.html?wtp=tt, 2010.

[3] 周健工. 移动互联三国杀. http://www.21cbh.com/HTML/2011-8-17/xOMDQxXzM1ODAxOA.html, 2011.

[4] 罗小卫. 摩托罗拉暗示诺基亚命运,传统手机格局颠覆. http://tech.sina.com.cn/t/2011-08-20/00055955100.shtml, 2011.

[5] 新浪网. 谷歌125亿美元收购摩托罗拉移动. http://tech.sina.com.cn/t/2011-08-15/19395931404.shtml, 2011.

[6] 靳岩, 姚尚朗. Google Android 开发入门与实战. 北京:人民邮电出版社, 2009.

[7] 沃达网. Android Market 简介&注册过程. http://www.opda.com.cn/thread-11201-1-1.html, 2010.

[8] 杨文志. Google Android 程序设计指南. 北京:电子工业出版社, 2009:364-378.

[9] 52HTC, Android 手机程序安装指南, http://www.52htc.com/thread-378490-1-1.html, 2010.

[10] 吴亚峰, 索依娜. Android 核心技术与实例详解. 北京:电子工业出版社, 2010.

[11] 萝卜根. Android 之 Bundle 传递数据详解与实例. http://www.cxybase.com/201103/android%E4%B9%8Bbundle%E4%BC%A0%E9%80%92%E6%95%B0%E6%8D%AE%E8%AF%A6%E8%A7%A3%E4%B8%8E%E5%AE%9E%E4%BE%8B/, 2011.

[12] 郭宏志. Android 应用开发详解. 北京:电子工业出版社, 2010.

[13] Snowdrop 博客园. Android Broadcast 学习. http://www.cnblogs.com/snowdrop/articles/1906709.html, 2010.

[14] 新浪博客. Android 基础:Android Content Provider. http://blog.sina.com.cn/s/blog_3f7f41d40100cnax.html, 2011.

[15] ajq1989. Android 数据存储之文件 I/O. http://www.linuxidc.com/Linux/2011-10/45817.htmhttp://www.linuxidc.com/Linux/2011-10/45817.htm, 2011.

[16] 高凯, 等. 数据库原理与应用. 北京:电子工业出版社, 2011.

[17] 谢亚力. Android 开发中使用 SQLite 数据库. http://www.ibm.com/developerworks/cn/opensource/os-cn-sqlite/.

[18] 安卓开发者门户. android SQLite 数据库简单的增删改. http://www.eoeandroid.com/thread-56200-1-1.html.

[19] 腾讯数码. Android 4.0 操作系统 21 项新特性图解. http://digi.tech.qq.com/a/20111019/001579.htm, 2011.

[20] CSDN. MediaRecorder 的生命周期. http://blog.csdn.net/gpcjava/article/details/6115967, 2011.

[21] 王世江, 余志龙, 等. Google Android SDK 开发范例大全. 北京:人民邮电出版社, 2010.

[22] 安卓巴士. android RSS 阅读器. http://www.apkbus.com/android-507-1-1.html, 2011.

[23] 救命稻草的博客. 使用 SAX 解析 XML. http://liulin888.blog.163.com/blog/static/27442181201071354613 54/, 2010.

[24] 安卓巴士开发网. android RSS 阅读器源码. http://www.apkbus.com/android-507-1-1.html, 2011.

[25] 害羞雏田. Android 中的 Handler 的具体用法. http://txlong-onz.iteye.com/blog/934957, 2011.

[26] eoe·Android 开发者门户. http://www.eoeandroid.com/thread-72666-1-1.html, 2011.

[27] 吴亚峰, 苏亚光. Android 2.0 游戏开发实战宝典. 北京:人民邮电出版社, 2010:63-66.

[28] 余志龙, 陈昱勋, 郑名杰, 等. Google Android SDK 开发范例大全. 2 版. 北京:人民邮电出版社, 2010:58-62, 140-143, 158-162.

[29] 移动开发频道. http://mobile.csdn.net/, 2011.

[30] 新浪博客. Android 开发之旅:view 的几种布局方式及实践. http://blog.sina.com.cn/s/blog_4b3c1f950100nnoc.html.2010.

[31] Android 类库常用类型解析. http://developer.51cto.com/art/201001/180365.htm, 2010.

[32] CSDN. Android 中 TextVIew 一些属性. http://blog.csdn.net/weichaohnu/archive/2010/05/27/5628184.aspx, 2010.

[33] 腾讯数码. 10 大最受关注智能手机 iPhone4S 居首. http://digi.tech.qq.com/a/20111117/000717_9.htm, 2011.